AF254222

DOUZE CENTS

FORMULES

FAVORITES

TRAVAUX DU MÊME AUTEUR

De l'oxalate de chaux dans les sédiments de l'urine, dans la gravelle et les calculs. Paris, 1859, gr. in-8, 104 pages.

De l'Inosurie. Paris, 1864, gr. in-8, 61 pages.

Recherches chimiques et physiologiques sur l'écorce de mançône (*Erythrophlœum guineense*), et sur l'Erythrophlœum couminga, par MM. N. Gallois et E. Hardy (*Archives de physiologie normale et pathologique*, mai et juin 1876, page 197).

Sur le principe actif du Strophantus hispidus, ou Inée, par MM. E. Hardy et N. Gallois (*Comptes rendus de l'Académie des sciences*, 5 février 1877).

CORBEIL. — Typ. et Stér. CRÉTÉ.

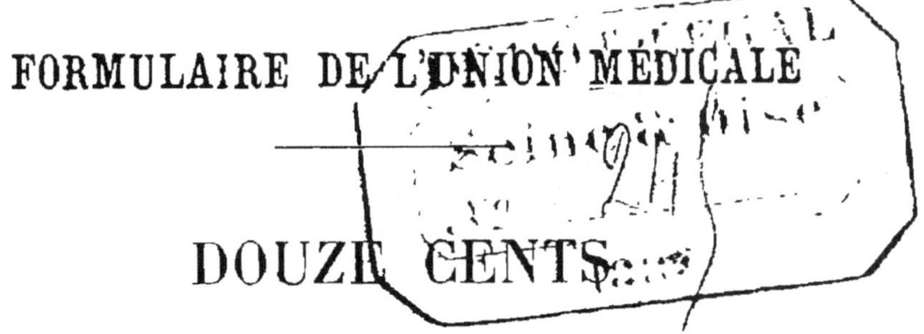

DOUZE CENTS

FORMULES

FAVORITES

DES MÉDECINS FRANÇAIS ET ÉTRANGERS

PAR

Le Dr N. GALLOIS

Lauréat de l'Institut,
Membre de la Société de Biologie

TROISIÈME ÉDITION

revue et augmentée

PARIS

LIBRAIRIE J.-B. BAILLIÈRE et FILS

19, rue Hautefeuille, près du boulevard Saint-Germain

1882

Tous droits réservés.

PRÉFACE DE LA TROISIÈME ÉDITION

En offrant au public médical ce Recueil de formules, j'ai voulu mettre aux mains de mes confrères un formulaire de poche, commode par son format et facile à consulter, grâce au plan que j'ai suivi.

La science marche si vite, et les ressources de la thérapeutique sont si variées, qu'un ouvrage de cette nature ne peut jamais être assez complet pour permettre au praticien de résoudre les difficultés si diverses, et souvent si imprévues, qui se dressent à chaque pas devant lui. Dans bien des cas, même, la multiplicité des formules constitue un embarras plutôt qu'un avantage. Pour éviter cet écueil, je me suis efforcé de ne publier que des formules rationnelles, dont l'expérience m'a fait reconnaître l'utilité, ou que j'ai empruntées aux médecins français les plus célèbres et les plus justement estimés, et aux médecins étrangers les plus connus.

Dans le désir de faciliter et d'abréger les recherches, j'ai classé les maladies par ordre alphabétique, et, sous le nom de chacune des maladies qu'on observe le plus fréquemment, j'ai groupé les formules qui s'y rapportent, et qu'il me paraissait important de vulgariser.

Médecin, j'ai fait un formulaire pour les médecins, et, placé sur le terrain de la pratique journalière, je n'ai donné que des formules magistrales. J'ai indiqué brièvement, à leur suite, l'ensemble des moyens auxquels il convient de recourir pour compléter le traitement. Dans plusieurs cas enfin, sous le titre de *traitement*, j'ai résumé les principales indications à remplir pour combattre efficacement certaines maladies. Je laisse aux médecins le soin de consulter le *Codex* (1), et les formulaires pharmaceutiques spéciaux, tels que ceux de

(1) *Codex medicamentarius, Pharmacopée française*. Paris, 1866, in-8. — Voyez aussi Gubler, *Commentaires thérapeutiques du Codex*, 2e édition. Paris, 1874.

Jeannel (1) ou de Bouchardat (2), pour les préparations qui sont particulièrement du domaine de la pharmacie.

La généreuse hospitalité que mes formules ont trouvée dans les colonnes de l'*Union médicale* depuis quinze ans, la bienveillance avec laquelle elles ont été accueillies par les lecteurs de cet estimable et estimé journal, et la publicité que leur a value une reproduction multiple, dans divers journaux français et étrangers, me font espérer qu'elles seront favorablement reçues par les médecins, et que ceux qui me feront l'honneur de consulter ce modeste recueil voudront bien me tenir compte du travail que je me suis imposé, dans l'intention de leur être utile.

Dans le cours des cinq années qui se sont écoulées, depuis la publication de la deuxième édition de ce volume, je me suis efforcé, en consultant les recueils périodiques et les ouvrages les plus récents, de me tenir au courant

(1) Jeannel, *Formulaire officinal et magistral international*, 2ᵉ édition. Paris, 1876.
(2) Bouchardat, *Nouveau Formulaire magistral*. Paris, 1881.

des conquêtes de la thérapeutique, et d'enre-
gistrer les remèdes qui ont été le plus particulièrement préconisés. Un certain nombre de
formules qui faisaient double emploi ont été
remplacées, dans cette troisième édition, par
350 formules nouvelles.

Paris, le 2 janvier 1882.

N. GALLOIS.

OUZE CENTS

FORMULES

FAVORITES

ABCÈS.

Pansement antiseptique des abcès (J. Lucas-Championnière).

Avant d'ouvrir un abcès, quel qu'il soit, on lave avec soin la région à l'eau phéniquée forte :

Acide phénique cristallisé...........	50 grammes.
Glycérine.........	50 à 75 —
Eau..............	1000 —

On se sert d'un bistouri plongé dans l'eau phéniquée ; on vide l'abcès, et on injecte dans sa cavité de la solution forte, en faisant en sorte que le liquide introduit puisse sortir librement. On dispose, dans l'orifice, un bout de tube de caoutchouc facile à extraire à l'aide d'un fil, et on couvre le tout d'un épais gâteau de charpie imprégné de la solution phéniquée faible :

Acide phénique cristallisé............	25 grammes.
Glycérine...........	25 —
Eau	1000 —

Ce pansement est couvert à son tour d'une feuille de taffetas gommé, convenablement fixée. — Au bout de 24 heures, on retire le tube pour le laver et le raccourcir, et on le recouvre d'un autre gâteau de charpie, imprégné d'eau phéniquée faible. — Grâce à ce mode de pansement, la suppuration est moindre, la rougeur de la plaie insignifiante, et la cicatrice moins apparente. Il est particulièrement applicable aux abcès du sein.

ACNÉ.

Frictions contre l'acné (LAILLER).

Le soir, en se couchant, le malade prend avec le doigt un peu de savon noir, et frictionne doucement les parties atteintes d'acné. Cette légère couche de savon est maintenue en place toute la nuit, et ce n'est que le lendemain matin, au réveil. qu'on l'enlève avec un peu d'eau tiède. Une seule application n'est pas suffisante ; on la répète quatre soirs de suite. Le cinquième jour, toute application de savon est suspendue, et on la remplace par des douches de vapeur, que l'on prend seulement pendant quatre jours, ou par des lotions émollientes d'eau de son ou d'amidon. Au début, le malade étale une très petite quantité de savon noir sur la face, et il doit être prévenu que les premières applications déterminent une poussée inflammatoire.

La durée moyenne du traitement est de six semaines à deux mois, pour les éruptions confluentes. Les formes dans lesquelles ce traitement réussit le mieux sont les acnés pustuleuses, tuberculeuses, pilaris et ponctuées, séparées ou réunies sur un même point. La couperose est surtout améliorée, quand elle est accompagnée de quelques boutons d'acné simple ou tuberculeuse.

Lotion contre l'acné rosacea (E. BESNIER).

Soufre sublimé et lavé.	20 grammes.
Alcool camphré......	20 —

Mêlez.

On plonge un pinceau dans ce mélange, et on le promène chaque soir, sur la face, dans le cas d'acné rosacea. L'alcool se volatilise et abandonne sur la peau une couche de camphre et de soufre, qui se détache le matin, au moyen d'un simple lavage.

Pour combattre la couperose, le Dr Besnier recommande encore le traitement suivant : avec des aiguilles tranchantes, on pratique, à plusieurs reprises, de très fines scarifications destinées à oblitérer une partie des vaisseaux qui se remarquent dans l'épaisseur de la peau. Ces scarifications multiples sont peu douloureuses, et ne laissent après elles aucune cicatrice.

Lotion contre l'acné sebacea (HILLAIRET).

Borate de soude.....	15 grammes.
Éther sulfurique.....	10 —
Eau................	250 —

Faites dissoudre.

Lotions plusieurs fois le jour, contre l'acné sebacea. — Douches de vapeur, tisane amère.

Lotion contre la couperose (HILLAIRET).

Soufre sublimé	30 grammes.
Alcool camphré, 8, 10,	
12 ou.............	15 —
Eau distillée........	200 —

Mêlez.

ACNÉ.

Le matin, on lave la figure avec de l'eau très chaude, ou bien on dirige sur la face, quatre ou cinq jours de suite, des douches de vapeur. Le soir, on lotionne le visage avec une éponge trempée dans le mélange ci-dessus. Chez les femmes à peau sensible, on peut remplacer l'alcool camphré par l'éther sulfurique camphré, à la dose de 10, 12 et 15 grammes. Après l'évaporation de l'alcool ou de l'éther, la figure reste couverte pendant la nuit d'une couche pulvérulente de soufre et de fins cristaux de camphre. Le lendemain, on nettoie la face avec de l'eau chaude, et on fait une onction avec une pommade composée de 2 à 3 grammes d'oxyde de zinc, pour 30 grammes d'axonge ou de glycérolé d'amidon, afin de prévenir les gerçures.
— Le traitement dure de soixante à soixante-quinze jours, avec des interruptions successives d'un jour ou deux, tous les six jours. — Lavage à l'eau chaude, matin et soir, pour éviter les récidives.

Lotion contre la couperose (HILLAIRET).

Chlorhydrate d'ammoniaque............	10 grammes.
Eau distillée........	250 —

Faites dissoudre.

Quand les pustules de la couperose ont disparu sous l'influence d'un traitement convenable (par exemple après les lotions pratiquées avec un mélange de soufre, d'alcool camphré et d'eau), et que la congestion de la face persiste seule, on applique sur le visage, matin et soir, pendant 10 minutes, des compresses trempées dans la solution ci-dessus.
— Éviter le vin, l'air trop vif, le bord de la mer, le séjour dans un appartement trop chaud, se livrer à un exercice modéré.

Pommade contre l'acné rosée (Auspitz).

Styrax liquide.......	5 grammes.
Soufre sublimé et lavé.	2 gr. 50 centigr.
Glycérine pure......	2 gr. 50 —
Onguent simple......	25 grammes.

F. s. a. une pommade.

Pour combattre l'acné rosée, l'auteur incise les vaisseaux hypertrophiés, dans le sens de leur longueur et transversalement, au moyen d'une grosse aiguille à cataracte, et il passe dessus un pinceau imbibé d'une solution de perchlorure de fer à parties égales. Dans l'intervalle des scarifications, il emploie la pommade ci-dessus ou l'emplâtre hydrargyrique.

Pommade contre l'acné indurata (Macdonnell).

Acide chrysophanique..	0 gr. 90 centigr.
Axonge...............	30 grammes.

Mêlez ; pour une pommade qu'on applique d'abord tous les deux jours, puis tous les jours.

Poudre contre l'acné (G. Parsons).

Soufre précipité.......	30 grammes.
Essence de citron ou de rose................	q. s.

Mêlez.

Tous les soirs, on étale cette poudre sur la face, au moyen d'une houppe de toilette. — Deux cas d'acné qui avaient résisté à d'autres modes de traitement ont cédé à celui-ci, et l'auteur préfère l'emploi de cette poudre au mélange de soufre, glycérine et eau, recommandé par E. Wilson, à cause de la facilité avec laquelle le soufre se sépare de ce mélange.

Savon contre la couperose (DAUVERGNE).

    Poudre de savon......   100 grammes.
    Sulfate de fer pulvérisé.   5   —
Mêlez avec soin.

Dans la couperose et la mentagre, on applique ce savon en mousse, au moyen d'un pinceau à barbe, le soir, au moment du coucher. On le garde toute la nuit, et on ne l'enlève que le matin, à l'aide d'un lavage alcalin. — Dans les cas rebelles, on remplace les 5 grammes de sulfate de fer par 3 grammes de sulfate de cuivre ; ou bien on emploie le mélange suivant :

    Glycérine pure.........   50 grammes.
    Bichlorure de mercure..   1 gramme.
    Essence de géranium...   10 gouttes.

On coupe la barbe avec des ciseaux, sans avoir recours à l'épilation. — Comme traitement général, abstinence de boissons alcooliques, régime herbacé, tisanes dépuratives, — purgatifs répétés, choisis parmi les eaux minérales naturelles ou artificielles.

Sirop contre la couperose arthritique (BAZIN).

    Bi-carbonate, benzoate,
      ou lactate de soude.   12 grammes.
    Sirop d'orme.........   500   —

ou bien encore :

    Bi-carbonate de soude.   10   —
    Sirop de saponaire....   500   —
Faites dissoudre.

Soir et matin, une cuillerée à soupe de l'un ou de l'autre de ces sirops, dans une tasse d'infusion de pensée sauvage. — Aux repas, le vin sera mélangé par tiers ou par moitié, avec de l'eau de Chateldon, de Vals ou de Vichy. — Tous les trois ou quatre jours, le matin à jeun, un verre d'eau de Birmenstorf, de Pullna ou de Friedrichshall, et, de temps en temps, une cuillerée à soupe d'huile de ricin ou d'hydrate de magnésie. — L'arsenic est indiqué, quand la couperose arthritique est compliquée de psoriasis. Le colchique et le sulfate de quinine sont efficaces dans les complications de goutte ou de rhumatisme.

Solutions contre l'acné rosacea.

1° Acide chlorhydrique .... 2 grammes.
   Alcool rectifié... 6 à 20 —

Mêlez.

2° Chlorate de potasse......... 4 —
   Eau distillée.... 100 —

Faites dissoudre.

Au moyen d'un pinceau trempé dans la solution n° 1, on touche rapidement les pustules d'acné, on essuie le caustique avec un tampon de coton, puis on humecte le point cautérisé, avec un pinceau de charpie imbibé de la solution de chlorate de potasse. Cette seconde application a pour effet de calmer l'irritation déterminée par l'acide chlorhydrique, et de prévenir la réaction inflammatoire qui pourrait se développer. — Répété tous les deux ou trois jours, ce pansement flétrit et dessèche les pustules, qui finissent par se détacher.

Solution contre l'acné de la face (Gentilhomme).

Bichlorure de mer -
    cure...............   1 gramme.
Eau distillée ....   100 grammes.
Faites dissoudre.

Tous les soirs, on pratique une onction avec de la pommade sulfuro-alcaline, afin de ramollir le bouchon qui existe au niveau de l'orifice externe du canal excréteur des glandes sébacées ; le lendemain matin, lavage à l'eau de son d'abord, pour enlever la pommade et la matière sébacée ramollie, puis lavage à grande eau. C'est alors seulement qu'on a recours à la solution de bi-chlorure de mercure. Cette lotion est destinée à détruire un parasite, le demodex, qui existe parfois dans les glandes sébacées. S'il n'est pas entièrement détruit, la récidive a lieu.

Solution contre l'acné rosacea (Neumann).

Acide phénique.....   3 grammes.
Alcool ....,.. 9 à 12   —
Faites dissoudre.

Cette solution s'emploie, trois fois la semaine, en badigeonnages sur la peau malade. Elle n'est pas applicable quand il existe un épaississement notable ou un œdème de la peau.

Solution contre la couperose arthritique (Bazin).

Borate de soude....   25 à 50 centigr.
Glycérine pure....   10 grammes.
Eau distillée......   300   —
Faites dissoudre.

Pour combattre la couperose arthritique de la face,

l'auteur conseille l'huile de cade, pure ou mélangée d'huile d'amandes douces, ou mieux, au début, l'huile de cade saponinée, qui est moins irritante. Les applications d'huile de cade sont renouvelées tous les quatre jours, au commencement du traitement, puis tous les trois jours, et même tous les deux jours, au fur et à mesure que la peau de la face s'habitue à son contact. Dans les intervalles de ces applications, les parties affectées sont lotionnées deux ou trois fois par jour, avec la solution boratée. — Dans certains cas, on recourt avantageusement aux douches pulvérisées, et on emploie à cet usage, soit l'eau de Saint-Christau, soit celle de Royat ou de Vichy. — Régime composé de viandes blanches et de légumes herbacés ; éviter les alcooliques et le poisson de mer.

Traitement de l'acné pilaris arthritique (E. Besnier).

1° Prendre chaque jour deux cuillerées à bouche du sirop suivant :

    Sirop de saponaire....   300 grammes.
    Bicarbonate de soude
      pulvérisé..........   10   —

Chaque cuillerée servira à édulcorer une demi-tasse d'infusion de pensée sauvage.

2° Prendre trois bains par semaine, additionnés chacun de 150 gram. de carbonate de soude.

3° Porter, pendant la nuit, une calotte de caoutchouc.

4° Régime sobre, dont sera exclu le poisson de mer. — Ni café, ni liqueurs, ni boissons acides.

Traitement de l'acné rosacée (Hébra).

L'acupuncture et le raclage à l'aide de la cuiller

tranchante, qui produisent des résultats favorables dans le traitement du lupus, sont conseillés par le professeur Hébra, contre l'acné rosacea, quand elle a résisté aux autres moyens dirigés contre elle, et produit de véritables difformités. Avec l'aiguille et la cuiller, on arrive à détruire les vaisseaux dilatés qui serpentent dans l'épaisseur de la peau, et à aplatir les pustules.

ADÉNITE.

Pommade fondante (BAZIN).

Iodure de plomb......	7 grammes.
Extrait de ciguë......	7 —
Axonge..............	60 —

Mêlez, pour une pommade avec laquelle on oindra, matin et soir, les ganglions engorgés et douloureux.

Pommade fondante (GRAY).

Iodure de potassium...	4 grammes.
Alcool..............	4 —

Triturez et ajoutez :

Axonge..............	30 grammes.
Pommade mercurielle.	30 —
Camphre.......,....	8 —

F. s. a. une pommade, conseillée comme fondante et résolutive.

Pommade fondante (HERVEZ DE CHÉGOIN).

Iodure de potassium..	2 grammes.
Extrait de belladone...	50 centigr.
Axonge..............	30 grammes.

Mêlez, pour une pommade recommandée contre

les engorgements douloureux des glandes et des
ganglions.

Pommade résolutive (Guéneau de Mussy).

Chlorhydrate d'ammoniaque.............	2 grammes.
Camphre.............	1 gramme.
Axonge..............	30 —

Mêlez.

Onctions, matin et soir, sur les ganglions enflammés, dans le cas d'adénite subaiguë. — Cataplasmes émollients ; bains.

ALBUMINURIE.

Mixture diurétique (Valleix).

Emulsion d'amandes douces.............	60 grammes.
Teinture de cantharides...............	8 gouttes.

Mêlez. A donner par cuillerées, dans les vingt-quatre heures, dans la néphrite albumineuse chronique. — On peut arriver à faire prendre une dose double et triple de teinture de cantharides, en ajoutant de la teinture d'opium à la mixture.

Potion contre l'albuminurie.

Acide tannique.......	4 grammes.
Laudanum de Rousseau...............	1 gr. 50
Décocté d'uva ursi....	120 grammes.
Sirop de gomme.....	60 —

Faites dissoudre.

De deux à quatre cuillerées par jour, dans l'albuminurie et le catarrhe chronique de la vessie.

Potion contre l'albuminurie scarlatineuse (H. ROGER).

Hydrolat de laitue....	60 grammes.
Oxymel scillitique....	10 —
Teinture de digitale .	10 gouttes.
Sirop de gomme......	30 grammes.

Mêlez.

A donner aux enfants, par cuillerées à café, de deux en deux heures. — Badigeonner la région lombaire avec de la teinture d'iode, frictionner les membres avec une flanelle imprégnée de vapeurs de benjoin, et administrer un laxatif doux, une ou deux fois par semaine.

Potion contre l'albuminurie scarlatineuse (H. ROGER).

Acide tannique.......	20 centigr.
Alcoolature d'aconit..	10 gouttes.
Julep gommeux	100 grammes.

F. s. a. une potion à donner par cuillerées à dessert, de deux en deux heures.

Pour boisson, de l'eau légèrement nitrée, édulcorée avec une cuillerée à dessert par tasse, du sirop suivant :

Oxymel scillitique....	15 grammes.
Sirop de digitale.....	20 —

Mêlez.

Potion diurétique (D'ORMAY).

Acide tannique.......	25 centigr.
Éther sulfurique......	30 gouttes.
Julep gommeux.......	120 grammes.

A donner par cuillerées, dans la journée, aux albuminuriques chez lesquels il existe de l'anasarque.

Traitement de l'albuminurie (G. Sée).

Dans l'albuminurie causée par la maladie de Bright, et qui s'accompagne d'œdème plus ou moins prononcé, l'auteur prescrit trois ou quatre litres de lait non écrémé et non bouilli, à prendre dans les vingt-quatre heures, et il fait continuer cette cure, pendant des mois, et même des années. Il administre en outre, suivant les cas, de l'iodure de potassium, du tartrate de potasse et de fer, ou des préparations de tannin.

Grâce à cette médication longtemps prolongée, on obtient quelquefois une amélioration sensible, dans une maladie qui, trop souvent, est au-dessus des ressources de l'art.

ALCOOLISME.

Mixture contre l'alcoolisme chronique (Brunton).

Teinture de perchlorure de fer..	60 centigr.
Teinture de noix vomique........	40 —
Teinture de capsicum	20 à 40 —
Infusion de gentiane.............	125 grammes.

Mêlez.

A donner par cuillerées, dans les vingt-quatre heures, pour calmer la soif et combattre le tremblement des personnes atteintes d'alcoolisme chronique. — Bromure de potassium pendant la nuit, s'il existe de l'insomnie. — Prises de sous-nitrate de bismuth associé à de la magnésie et à de la gomme adraganthe, pour remédier aux douleurs stomacales.

AMAUROSE.

Liniment contre l'amaurose (SICHEL).

Alcoolat de romarin....	30 grammes.
Baume de Fioravanti...	15 —
Essence de lavande	1 gramme.

Mêlez.

Trois frictions sur les tempes, avec une cuillerée à café de ce liniment, dans les cas d'amaurose causée par l'abus du tabac. — Vésicatoires répétés sur les régions frontale et temporale; laxatifs.

Pommade contre l'amaurose (SICHEL).

Oxyde noir de cuivre..	1 gramme.
Axonge	10 grammes.

Mêlez avec soin sur un porphyre.

Pour onctions, quatre fois par jour, sur le front et les tempes, dans les cas d'amaurose provoquée par l'abus du tabac. Une heure après la friction, enlever la pommade. — Bains de pieds salés deux fois par semaine. — Après l'emploi de la pommade, promener, sur le front et les tempes, une série de vésicatoires volants. Purgatifs répétés.

Traitement de l'amblyopie alcoolique (FUMAGALLI).

Dans trois cas d'amblyopie grave, causée par l'abus du vin, l'auteur a obtenu la guérison en peu de jours, à l'aide du bromure de potassium administré à doses progressives: 2 grammes le premier jour, et 1 gramme de plus chaque jour, jusqu'à l'apparition des premiers symptômes de bromisme. L'état ophthalmoscopique fut favorablement modifié, et la vision se rétablit.

AMÉNORRHÉE.

Pilules contre l'aménorrhée (COURTY).

Rue pulvérisée...		
Sabine pulvérisée.	ãã	5 centigr.
Ergot de seigle pulvérisé......		
Aloès pulvérisé...	2 à 5	--

pour une pilule.

On prescrit trois de ces pilules le premier jour, six le deuxième et neuf le troisième jour, toujours en trois fois, dans le cas d'aménorrhée idiopathique, sans grand retentissement sur l'économie, quand on a lieu de supposer que la suppression des règles est due soit à une fluxion insuffisante vers les organes génitaux, soit à un défaut d'évacuation par inertie de l'utérus. — Afin de préparer le mouvement fluxionnaire vers les organes génitaux, l'auteur conseille de faire précéder l'usage des pilules, de pédiluves, de bains de siège, de fumigations ; en outre, il fait appliquer des sangsues aux grandes lèvres, les trois jours pendant lesquels les malades prennent les pilules. Il est bon de prévenir que ces dernières provoquent ordinairement des coliques, et souvent un peu de diarrhée.

Pilules contre l'aménorrhée (GUÉNEAU DE MUSSY).

Salicine pulvérisée......	1 gramme.
Rhubarbe pulvérisée....	50 centigr.
Conserve de roses......	q. s.

F. s. a. 10 pilules.

D'une à trois par jour, dans le cas d'aménorrhée. Ferrugineux, régime azoté, exercice au grand air.

Pilules emménagogues.

Aloès socotrin..........	1 gramme.
Rue pulvérisée.........	50 centigr.
Sabine pulvérisée.......	50 —
Safran................	50 —

F. s. a. 10 pilules.

Une matin et soir, deux ou trois jours avant l'époque présumée des règles. — Bains de siège chauds, ventouses sèches sur la région lombaire et aux membres inférieurs, sangsues à la face interne et supérieure des cuisses, exercice à pied prolongé. Dans l'intervalle des époques menstruelles, régime lacté, usage du quinquina et du fer.

Pilules emménagogues.

Gomme ammoniaque.	5 grammes.
Extrait de sabine....	
Poudre de sabine....	$\tilde{a}\tilde{a}$ 1 gramme.

F. s. a 50 pilules.

De trois à cinq, matin et soir, durant les huit ou dix jours qui précèdent l'époque menstruelle. Sinapismes aux membres inférieurs, cataplasmes chauds sur le bas-ventre.

Pilules emménagogues (BRERA).

Iode....................	5 centigr.
Réglisse pulvérisée.......	1 gr. 20
Rob de sureau..........	q. s.

Faites 8 pilules.

En donner de quatre à huit par jour comme emménagogue.

Pilules emménagogues (Chaumet).

Extrait de gentiane..
Extrait de sabine....
Aloès socotrin......
Calomel à la vapeur. } ãã 75 centigr.

F. s. a. 15 pilules.

Deux ou trois par jour, pour rappeler les règles. — Bains de pieds sinapisés, infusion d'armoise pour tisane.

Pilules emménagogues (Lallemand).

Seigle ergoté pulvérisé.
Aloès succotrin pulvé-
risé............... } ãã 40 centigr.
Rue pulvérisée........
Gomme pulvérisée.....   q. s.

F. s. a. 12 pilules.

Une, trois fois par jour, contre l'aménorrhée. — Bains de pieds sinapisés, pendant les trois jours qui précèdent l'arrivée probable des règles. — Si l'aménorrhée tient à l'appauvrissement du sang, on conseillera les préparations ferrugineuses et une nourriture animalisée.

Pilules emménagogues (John Ware).

Aloès socotrin pulvé-
risé............... 1 gramme.
Sulfate de fer pulvérisé. 1 —
Calomel à la vapeur..... 25 centigr.

F. s. a. 16 pilules.

Deux à trois par jour, contre l'aménorrhée des jeunes filles chlorotiques. On variera la dose d'aloës suivant l'état de l'intestin, et on devra tenir le ventre libre, sans provoquer des selles trop abondantes. On pourra aussi modifier la dose de calomel, si on le juge nécessaire ; mais, en tout cas, il faudra surveiller avec soin l'état de la bouche.

Potion contre l'aménorrhée.

Iodure de potassium....	8	grammes
Vin de colchique........	4	—
Sirop de salseparcille...	50	—
Eau distillée..........	50	—

Mêlez.

Trois cuillerées à café par jour, dans l'aménorrhée, quand on suppose qu'elle dépend d'un rhumatisme de l'utérus.

Potion emmenagogue (Bossu).

Hydrolat de menthe poivrée	60	grammes.
Hydrolat de rue.......	60	—
Teinture de safran.....	8	gouttes.
Sirop d'armoise........	30	grammes.

F. s. a. une potion à donner dans la journée, pour rappeler les règles. — Cataplasmes sinapisés aux membres inférieurs, infusions aromatiques chaudes.

Potion emménagogue (Trousseau).

Teinture d'iode....	25 à 30	gouttes.
Infusion de menthe.	120	grammes.
Sirop de fleurs d'oranger.........	30	—

F. s. a. une potion à donner par cuillerées, dans

les vingt-quatre heures, l'avant-veille et la veille de
l'arrivée présumée des règles.

Poudre emménagogue.

Feuilles d'armoise pulvérisées....................	2 gr. 50
Millefeuille pulvérisée.......	2 — 50
Safran pulvérisé...........	1 — 25

Mêlez et divisez en 5 prises.

Dans le cas d'aménorrhée, on prescrira un paquet
chaque soir, pendant les cinq jours qui précéderont
l'arrivée probable des règles. On appliquera en
outre des cataplasmes chauds sur le bas-ventre, et
on promènera des sinapismes sur les membres
inférieurs. — Si l'aménorrhée est liée à la chlorose,
on prescrira, pour le reste du mois, le vin de quinquina et le fer.

Traitement de l'aménorrhée accidentelle (Fritz).

Si la suppression des règles a été causée par un
refroidissement, on administre un ou plusieurs bains
de siège chauds, des pédiluves irritants, des bains
de vapeur. On entoure les malades de vêtements
chauds; on leur prescrit des boissons sudorifiques
et des excitants diffusibles, tels que l'éther, l'acétate d'ammoniaque, les tisanes de sauge, de tilleul
et de romarin. On pratique des fomentations chaudes
et humides sur le bas-ventre et sur les parties gé-
nitales; on a recours aux lavements irritants, aux
sinapismes ou aux ventouses sèches appliquées à la
face interne des cuisses. On continue l'emploi de
ces moyens pendant plusieurs jours, et on y revient à l'époque suivante. — Si la femme est plé-
thorique, et que la suppression des règles ait dé-

terminé des phénomènes congestifs du côté des organes pelviens, on applique quelques sangsues au périnée ou aux grandes lèvres, ou bien des ventouses scarifiées aux lombes ou aux cuisses. On purge, s'il existe de la constipation. — Dans le cas où la suppression a été produite par une émotion morale, chez une femme très impressionnable, on s'attache à combattre les accidents nerveux, à l'aide des calmants et des antispasmodiques.

AMNÉSIE.

Traitement de l'amnésie (Falret).

L'amnésie récente qui se produit à la suite d'excès de travail ou de fatigue exige le repos le plus absolu. Les bains, l'exercice à pied, les voyages procurent souvent, dans ces cas, un prompt soulagement. Le principal but à atteindre est de découvrir les causes qui ont déterminé l'amnésie et de les combattre : c'est ainsi, par exemple, qu'on fera cesser les habitudes d'ivresse, les excès vénériens, l'onanisme ; qu'on s'efforcera de rappeler les hémorrhoïdes ou les règles supprimées ; qu'on atténuera le régime trop stimulant des uns, tandis qu'on prescrira des toniques aux personnes affaiblies par des causes débilitantes. En un mot, dans tous les cas d'amnésie symptomatique, on attaquera la maladie qui a produit l'amnésie.

AMYGDALITE.

Collutoire détersif (Pringle).

Infusion de roses rou-
ges.................... 45 grammes.
Borate de soude........ 12 —
Miel rosat............. 60 —

Faites dissoudre.

A l'aide d'un pinceau de charpie trempé dans ce mélange, on touchera, plusieurs fois chaque jour, les amygdales ou les gencives enflammées. En même temps, on appliquera des révulsifs sur la peau, et on agira sur l'intestin à l'aide de dérivatifs.

Solution contre l'amygdalite (Chitwood).

Hydrate de chloral.....   4 grammes.
Glycérine pure..........   30   —

Faites dissoudre. — Toutes les six heures, à l'aide d'un pinceau imbibé de ce mélange, on badigeonne le fond de la gorge et les amygdales, dans le cas d'inflammation simple et même d'inflammation diphthéritique. — On prescrit en outre un traitement interne approprié à l'état du malade.

ANÉMIE.

Voyez chlorose.

Des injections contre l'anémie des femmes en couche.
(Chantreuil).

Dans le cas d'insertion vicieuse du placenta, quand il s'est produit une hémorrhagie abondante, que la femme est exsangue, et qu'il faut se hâter tout à la fois de relever la température, et de stimuler les centres nerveux, l'auteur conseille d'injecter de l'éther sulfurique (à la dose de 4 gram. par exemple), dans le tissu cellulaire sous-cutané. Un peu plus tard, on pratique une ou plusieurs injections semblables de cognac. Sous leur influence, les syncopes cessent, la chaleur se rétablit et la malade se ranime. De sorte que si la transfusion devient indispensable, on a du moins gagné du temps,

ANGINE COUENNEUSE.

Voyez Croup et Diphthérie.

ANGINE ÉRYSIPÉLATEUSE.

Traitement de l'angine érysipélateuse (PETER).

L'angine érysipélateuse, qui n'est autre chose que l'érysipèle de la face, étendu au pharynx, n'a d'autre traitement que la médication palliative de l'érysipèle. — A l'intérieur, gargarismes émollients, qu'on emploie toutes les demi-heures, pour calmer la cuisson. A l'extérieur, cataplasmes tièdes appliqués sur le cou, ou, mieux encore, ouate arrosée de laudanum et recouverte de taffetas gommé. — Vomitif pour abattre la fièvre, puis purgatifs, pour déterminer une légère révulsion sur le tube digestif. — Pour tisane, des boissons légèrement acidulées. — Point d'émissions sanguines générales, rarement des émissions sanguines locales.

ANGINE GANGRÉNEUSE.

Gargarisme antiseptique (RENAULDIN).

Décoction de quinquina.............	240	grammes.
Oxymel simple.......	30	—
Alcool camphré.......	15	—
Chlorhydrate d'ammoniaque............	4	—

F. s. a. un gargarisme, à employer dans l'angine gangréneuse. — Préparations toniques à l'intérieur.

Gargarisme détersif.

Décoction   de   quin-
    quina................ 150 grammes.
Miel rosat............ 30   —
Acide chlorhydrique. 20 à 30 gouttes.
Mêlez.

Ce gargarisme est utile dans l'angine gangréneuse. — Préparations toniques à l'intérieur. —
Cautérisations répétées.

Mixture contre l'angine gangreneuse (WOLF).

Extrait de quinquina
    préparé à froid...... 6 grammes.
Ether sulfurique...... 2   —
Eau de cannelle vi-
    neuse................ 15   -
Décoction de quin-
    quina................ 180   —
Mêlez.

Une cuillerée à bouche, de deux en deux heures,
contre l'angine gangréneuse. De plus, chaque heure
environ, on touchera les parties affectées, avec un
pinceau trempé dans le mélange suivant :

Collutoire contre l'angine gangréneuse (STOERK).

Miel rosat............ 60 grammes.
Sirop de violettes...... 30   —
Acide chlorhydrique... 30 gouttes.
Mêlez.

Traitement de l'angine gangréneuse (PETER).

Le traitement de l'angine gangréneuse doit être

général et local. — Contre l'affection générale on prescrira les alcooliques, le quinquina, le vin, le café, un petit verre de punch chaud toutes les heures, jusqu'à légère ébriété, plusieurs tasses de thé de bœuf dans la journée; les jours suivants, des gelées succulentes. En un mot, on fera en sorte de nourrir le malade par tous les moyens possibles.

Les cautérisations les plus énergiques ont été essayées sans grand succès contre l'angine granuleuse. Il en a été de même des gargarismes antiseptiques ou astringents, à l'alun, au tannin ou au quinquina. L'auteur semble accorder plus de confiance aux gargarismes additionnés de un à six centièmes de permanganate de potasse, ou du soixantième d'hypochlorite de soude.

ANGINE GRANULEUSE.

Collutoire contre la laryngite (Mandl).

Acide phénique........	1 gramme.	
Iode métallique........	1	—
Iodure de potassium....	2 grammes.	
Glycérine	100	—

Faites dissoudre.

A l'aide d'un pinceau trempé dans cette solution, on fait un badigeonnage deux fois par jour, pour combattre la laryngite liée à l'angine granuleuse. — S'il survient de l'irritation, on suspend momentanément le badigeonnage. — Quant aux grosses granulations, on commence par les scarifier, puis on les touche avec la solution précédente ou avec une solution plus concentrée, suivant le degré d'ancienneté de l'affection, et suivant qu'elles ont déjà, ou non, été traitées par les caustiques.

1671   Traitement de l'angine granuleuse (PETER).

Le traitement local doit consister en aspirations prolongées, et plusieurs fois répétées dans la journée; vapeurs chaudes, en insufflations astringentes et cautérisations.

Les insufflations astringentes peuvent être faites avec : sucre candi ou sous-nitrate de bismuth insufflés purs; calomel uni à 12 fois son poids de sucre; précipité rouge ou sulfate de zinc ou sulfate de cuivre, mélangés à 36 fois leur poids de sucre; nitrate d'argent avec 72, 36 ou 24 fois son poids de sucre. — La cautérisation est pratiquée avec le crayon de nitrate d'argent, ou avec une solution du même sel, au dixième d'abord, qu'on renforce ensuite graduellement, dans la proportion d'une partie de sel pour 4 et même 2 parties seulement d'eau distillée. On emploie aussi les solutions de sulfate de cuivre, de nitrate acide de mercure étendu d'eau, surtout la solution d'iodure de potassium iodurée (iode 1 gramme, iodure de potassium 10 grammes, eau 100 grammes); le perchlorure de fer; l'acide phénique ou le permanganate de potasse au millième. On a soin d'espacer les cautérisations, de manière à ne pas exciter une trop vive réaction. — On peut aussi, à l'aide de la pulvérisation, faire pénétrer dans la gorge des décoctions émollientes, astringentes et substitutives, ou des eaux sulfureuses naturelles. — Enfin, en cas d'insuccès de ces divers moyens, on peut appliquer un vésicatoire à la partie antérieure du cou. Le malade doit s'abstenir de boissons alcooliques et de tabac, et prendre des précautions contre le froid. S'il peut faire une cure d'eau sulfureuse, il essaiera des Eaux-Bonnes, de Cauterets. de Bagnères de Luchon, d'Enghien ou d'Allevard, dont il usera en gargarisme et en boisson.

ANGINE INFLAMMATOIRE

Gargarisme astringent.

Sulfate d'alumine et de potasse............	4 grammes.
Vin blanc............	75 —
Décocté d'écorce de chêne............	125 —

Faites dissoudre.

Ce gargarisme s'emploie dans les affections inflammatoires chroniques de la gorge, avec relâchement de la luette.

Gargarisme résolutif opiacé (OPPOLZER).

Borate de soude pulvérisé...............	4 grammes.
Extrait d'opium.......	1 gr. 25
Miel blanc............	30 grammes.
Infusion concentrée de sauge	180 —

F. s. a. un gargarisme, à prescrire contre l'angine inflammatoire. — Révulsifs sur les membres et sur le thorax.

ANGINE SCARLATINEUSE.

Gargarisme et collutoire contre l'angine scarlatineuse (GRIFFITH).

Chlorate de potasse....	8 grammes.
Teinture de perchlorure de fer...............	15 —
Sirop simple.........	90 —
Eau distillée.........,...	60 —

Faites dissoudre. — Une cuillerée à thé dans de l'eau, pour se gargariser une fois toutes les deux heures. L'auteur suppose qu'il s'agit d'un enfant de 10 à 12 ans, de vigoureuse constitution, dont le palais, la luette et les amygdales sont rouges et gonflés, l'éruption bien développée, la langue sèche et la fièvre intense. — Soins extrêmes de propreté, changement fréquent de linge, ventilation et désinfection de la chambre. — S'il existe une ulcération douloureuse de la gorge et des amygdales, on la touche, plusieurs fois le jour, avec un pinceau trempé dans le collutoire suivant :

> Hydrate de chloral.....　4 grammes.
> Glycérine pure........　20　—

Faites dissoudre.
Ce collutoire procure un rapide soulagement.

Potion contre l'angine scarlatineuse (H. ROGER).

> Chlorate de potasse.....　1 gramme.
> Sirop de mûres.........　30　—
> Hydrolat de laitue ......　60　—

F. s. a. une potion, à prendre dans la journée.
Toucher, plusieurs fois par jour, le fond de la gorge avec un pinceau trempé dans le collutoire suivant :

> Borate de soude.......　6 grammes.
> Miel blanc............　12　—

ANGINE SCROFULEUSE.

Caustique contre l'angine scrofuleuse (ISAMBERT).

> Acide chromique........　1 gramme.
> Eau distillée...........　4 grammes,

Faites dissoudre. — Avec un pinceau légèrement mouillé de ce liquide, on cautérise le fond de la gorge, dans le cas d'angine scrofuleuse compliquée d'œdème de la glotte, et on réussit quelquefois, par ce moyen, à éviter la trachéotomie. A l'intérieur, on prescrit l'huile de foie de morue, l'extrait de quinquina, la viande grillée ou crue, les vins généreux, l'exercice au grand air, les bains sulfureux de temps en temps.

ANGINE SYPHILITIQUE.

Gargarisme antisyphilitique.

Bichlorure de mercure.	6 centigr.
Décoction d'orge......	240 grammes.
Miel rosat............	60 —

Faites dissoudre et filtrez.

Employé pour combattre les ulcérations syphilitiques de la bouche. — En cas d'insuffisance de ce gargarisme, on pourra prescrire le suivant, qui est mis en usage dans le même but, à l'hôpital des maladies de la peau, à Londres :

Bichlorure de mercure.	30 centigr.
Acide nitrique dilué...	2 grammes.
Teinture de myrrhe...	2 —
Eau distillée.........	240 —
Miel rosat............	60 —

Faites dissoudre et filtrez.

En même temps, on administrera à l'intérieur les remèdes qu'on croira les plus efficaces contre la diathèse syphilitique.

Gargarisme antisyphilitique (Biett).

Sublimé corrosif....	15 centigr.
Chlorhydrate d'am-moniaque........	1 gr. 25
Laudanum de Syden-ham............	4 grammes.
Eau distillée.......	150 —
Mucilage de gomme arabique......... } Miel blanc........	ãa 15 —

F. s. a. un gargarisme conseillé dans le cas d'angine syphilitique. — Traitement interne en rapport avec la période à laquelle la syphilis est arrivée.

Gargarisme antisyphilitique (H. Green).

Bichlorure de mer-cure.............	10 à 20 centigr.
Alcool rectifié......	2 grammes.
Teinture de myrrhe.	100 —
Décocté de quin-quina............	150 —
Miel rosat.........	45 —

Dissolvez le bichlorure dans l'alcool, et ajoutez les autres substances.

On prescrit l'usage de ce gargarisme, deux ou trois fois le jour, dans le cas d'ulcérations syphilitiques de la bouche et de la gorge. On ordonne en outre les préparations mercurielles à l'intérieur.

Gargarisme antisyphilitique (Langlebert).

Teinture d'iode.......	4 grammes.
Eau distillée.........	400 —
Sirop de mûres.......	40 —

F. s. a. un gargarisme, à employer dans le cas de plaques muqueuses et d'ulcérations secondaires des lèvres et de la cavité buccale.

Cette solution est préférable aú gargarisme de sublimé, dont l'efficacité est incontestable, mais qui a le double inconvénient de noircir les dents, et de laisser après lui un goût styptique des plus désagréables. — Quand les ulcérations sont rebelles, il y a lieu de les toucher légèrement avec le nitrate acide de mercure.

Gargarisme ioduré (Gauthier).

Iodure de potassium..	60 centigr.
Teinture d'iode	2 grammes.
Eau distillée..........	140 —

Faites dissoudre.

Contre les ulcères syphilitiques de la bouche et de la gorge, et contre l'ozène.

Gargarisme au sublimé (Gibert).

Hydrolat de laitue.....	180 grammes.
Miel rosat.............	30 —
Laudanum de Syden-ham...............	25 centigr.
Bichlorure de mercure.	25 —

Faites dissoudre.

Ce gargarisme produit les meilleurs effets, dans le cas d'ulcérations vénériennes de la gorge.

Gargarisme contre les plaques muqueuses
(Melchior Robert).

Décoction de ciguë...	200 grammes.

Bichlorure de mer-
    cure.............. 15 à 20 centigr.
Faites dissoudre.

Ce gargarisme est conseillé dans le cas de plaques muqueuses de la bouche. En outre, on touchera légèrement les ulcérations de la cavité buccale avec le nitrate acide de mercure.

Gargarisme ioduré (Cullerier).

Iodure de potassium.... 1 gramme.
Sirop de miel.......... 30 grandes.
Décoction d'orge....... 125 —
Faites dissoudre.

Employé pour combattre les ulcères syphilitiques de la bouche et de la gorge.

ANGINE DE POITRINE.

Gouttes antispasmodiques (Rotkin).

Liqueur d'Hoffmann.
Teinture éthérée de
    valériane......... ⟩ $\bar{a}\bar{a}$ 4 grammes.
Teinture de digitale.
Teinture de belladone.
Mêlez.

Dix à vingt gouttes, pendant l'accès d'angine de poitrine. — Frictions excitantes sur la région sternale, et, si l'accès se prolonge, injection souscutanée d'atropine, au niveau de la région douloureuse.

Dans l'angine de poitrine liée aux affections aortiques, le Dr Brunton a signalé plusieurs observations qui prouvent que l'inhalation de quelques gouttes de nitrite d'amyle, au début des attaques les plus violentes, a suffi pour les faire cesser. — En cas d'échec, on pourra recourir aux courants électriques continus, obtenus avec une pile de Gaiffe de deux, quatre ou six éléments.

Dans l'angine de poitrine pure, les inhalations de nitrite d'amyle peuvent, d'après le même auteur, faire disparaître, en quelques secondes, l'angoisse si pénible, et les violentes douleurs qui accompagnent les accès. Le malade en respire de deux à cinq gouttes, sur un morceau d'étoffe ou de papier brouillard.

Pilules contre l angine de poitrine (Lebert).

Sulfate de quinine.....	2 grammes.
Acide arsénieux........	30 milligr.
Extrait de valériane.....	q. s.

F. s. a. 30 pilules.

Deux à quatre par jour, aux personnes qui sont sujettes à l'angine de poitrine, pour éloigner le retour des accès.

Traitement de l'angine de poitrine (G. Sée).

Pour combattre l'attaque d'angine de poitrine, on injecte, sous la peau de la région précordiale ou du voisinage, dix gouttes d'une solution de sulfate de morphine au 50e, c'est-à-dire 1 centigr. du principe calmant, et, dans les cas graves, on répète deux et trois fois la même injection dans la journée. La morphine a pour effet de dissiper la douleur, et de faciliter la respiration. En même temps, afin de procurer du sommeil au malade, on lui prescrit le lavement suivant :

Hydrate de chloral...	2 à 3 grammes.
Hydrolat de laitue....	150 —

Mucilage de gomme
adragante .... q. s.

Un second lavement semblable est administré
dans la journée, si c'est nécessaire.

Pour essayer d'empêcher le retour des accès, on
prescrit le bromure de potassium et la digitale. Si
les accès paraissent provoqués par l'abus du tabac
ou de l'alcool, on en interdit sévèrement l'usage.

ANOREXIE.

Macération apéritive (FONSSAGRIVES).

Rhubarbe de Chine con-
cassée............... 4 grammes.
Écorces d'oranges amè-
res concassées...... 4 —
Eau commune........ 250 —

Faites macérer à froid pendant trois jours. —
Deux à quatre cuillerées à bouche par jour, une
heure avant le repas, pour stimuler l'appétit et combattre l'anorexie. — Si ce moyen est insuffisant,
l'auteur prescrit chaque jour, une heure avant le
repas, une ou deux pilules, contenant chacune
1 centigramme d'extrait alcoolique de noix vomique et 20 centigrammes d'extrait de gentiane, et il
les fait continuer jusqu'à ce que l'appétit soit convenablement développé.

Mixture contre l'inappétence (FONSSAGRIVES).

Alcoolé de colombo .... 60 grammes.
Alcoolé de noix vomique. 60 gouttes.
Mêlez.

Une cuillerée à café dans de l'eau, à chacun des

deux principaux repas, aux phthisiques qui ont
perdu l'appétit.

Mixture contre l'inappétence (Huchard).

Teinture de gentiane..........		
Teinture d'écorces d'oranges amères............	ãã	10 grammes.
Teinture de badiane..........	15	—
Teinture de cardamome composée.	3	—
Gouttes amères de Baumé	2	—
Hydrolat de menthe...........	10	—
Eau distillée......	250	—

Mêlez et filtrez.

Une cuillerée à soupe, dix minutes avant chaque
repas, pour réveiller l'appétit.

Pilules contre l'inappétence (Fonssagrives).

Extrait alcoolique de noix vomique...............	20 centigr.
Extrait de gentiane....	2 grammes.
Gomme pulvérisée.....	q. s.

Pour 20 pilules.

Une pilule avant chacun des deux principaux
repas, aux phthisiques qui ont perdu l'appétit.

Pilules stomachiques (Reece).

Extrait de gentiane.....   7 gr. 50
Carbonate de soude des-
     séché..............   1 — 25
Gingembre pulvérisé...   75 centigr.
Mêlez et divisez en 36 pilules.

On en donne deux, soir et matin, comme absor-
d bantes et stomachiques.

Pilules stomachiques (Schmidtman).

Fiel de bœuf épaissi..}
Extrait de gentiane...} āā 5 grammes.
Rhubarbe............   5   —
Carbonate de fer.....   2   —
F. s. a. des pilules de 10 centigrammes.

Huit à douze dans la journée, pour combattre
l l'inappétence.

Potion contre l'anorexie (Fonssagrives).

Extrait sec de quin-
     quina.............   2 grammes.
Teinture alcoolique de
     noix vomique.......   5 gouttes.
Vin de Bordeaux......   250 grammes.
Sirop d'écorces d'oran-
     ges amères.........   50   —
Faites dissoudre.

A prendre en trois ou quatre fois, au commen-
o cement des repas, pour stimuler l'appétit.

Poudre stomachique.

Rhubarbe pulvérisée...   3 grammes.
Craie préparée.........   3   —
Opium brut pulvérisé..   25 centigr.
Mêlez et divisez en 12 paquets.

Un paquet, une demi-heure avant chacun des deux principaux repas, pour stimuler l'appétit et calmer les aigreurs.

Poudre stomachique.

Noix vomique pulvérisée.   1 gramme.
Quassia amara pulv......   1   —
Rhubarbe de Chine pulv.   3 grammes.
Mêlez et divisez en 20 paquets.

Un paquet avant chacun des deux principaux repas, pour combattre l'inappétence, dans le cas d'embarras gastrique. On commence par administrer un purgatif.

Poudre stomachique.

Poudre de colombo......   1 gramme.
Poudre de quassia amara.   4 grammes.
Carbonate de chaux pré-
    paré..................   3   —
Oléo-saccharure de men-
    the poivrée..........   4   —
Mêlez et divisez en 12 paquets.

Un paquet par jour, une heure avant le principal repas, pour réveiller l'appétit et faciliter la digestion.

Poudre stomachique (Bossu).

Fer réduit par l'hydro-
    gène.................   2 grammes.

Poudre de cannelle...... 1 gramme.
Poudre de gentiane..... 1 —
Magnésie calcinée....... 1 —

Mêlez et divisez en 20 paquets.

Un paquet matin et soir, aux enfants, dans le cas d'atonie du tube digestif.

Prises contre l'apepsie (Caffe).

Extrait de noix vomique. 1 gramme.
Rhubarbe pulvérisée.... 4 grammes.
Craie préparée........ 3 —
Oléo-saccharure de men-
the................... 25 centigr.

Mêlez et divisez en 12 paquets.

Une prise, une demi-heure avant le repas, aux personnes qui n'ont pas d'appétit.

Vin tonique amer.

Extrait de colombo.... 2 grammes.
— de quassia..... 2 —
Vin de Malaga........ 500 —

Dissolvez et filtrez.

Deux cuillerées, une demi-heure avant chacun des deux principaux repas, pour stimuler l'appétit des personnes convalescentes de maladies graves et des dyspeptiques.

Traitement de l'anorexie (Béhier).

Parmi les moyens propres à combattre le symptôme anorexie, il faut citer les amers, tels que : la camomille, la petite centaurée, le quassia amara, le quinquina, la gentiane. La teinture amère de Baumé, à la dose de cinq à six gouttes avant les repas, constitue aussi un bon remède. Il en est de même des eaux minérales de Vichy, de Vals, de Pougues prises avant les repas, ou des eaux de Bussang, d'Orezza, de Spa, etc., bues pendant les repas, pures ou coupées avec le vin. — En général, les aliments froids sont mieux supportés que les chauds, et souvent il y a lieu de donner la préférence aux aliments demi-liquides, qui n'exigent pas une mastication prolongée. — L'exercice à pied ou en voiture, si l'état du malade le permet, et, dans le cas contraire, les frictions sèches, le massage ou l'hydrothérapie mitigée sont des moyens utiles, et qu'il ne faut pas négliger. Enfin, chez les enfants qui refusent absolument de manger, chez certaines femmes chlorotiques, l'alimentation d'abord forcée finit par réveiller ultérieurement l'appétit, et on peut soutenir le résultat obtenu, à l'aide de quelques lavements toniques ou vineux.

ANTHRAX.

Traitement abortif de l'anthrax (J. GUÉRIN).

Pour localiser l'anthrax à son début, l'auteur conseille d'appliquer sur la zone la plus enflammée un large vésicatoire percé à son centre, afin de permettre à un topique approprié de neutraliser le germe septique, qui résulte de la décomposition des bourbillons au contact de l'air.

Après l'élimination de ces derniers, s'il reste une excavation profonde, on en badigeonne le fond avec une solution d'azotate d'argent. Cette application a pour but d'oblitérer les orifices vasculaires béants au fond de la plaie, et de prévenir ainsi l'absorption des liquides altérés. Selon l'auteur, le vésicatoire a pour effet immédiat d'enrayer tous les accidents, de calmer la douleur, de changer la consistance de l'anthrax, de le transformer, en un

mot, en une tumeur bénigne, dont l'énucléation,
si favorisée, s'il y a lieu, par les moyens ordinaires,
se s'exécute sans qu'il soit besoin de recourir au bistouri.

APHONIE.

Cigarettes balsamiques.

Trempez un morceau de papier brouillard épais,
dans une solution de nitrate de potasse, et faites-le
sécher ; puis enduisez-le de teinture composée de
benjoin, coupez-le en morceaux de 10 centimètres
de long. sur 5 centimètres de large, avec chacun
desquels vous ferez une cigarette.

Ces cigarettes sont vantées contre l'aphonie.

Quant à la teinture de benjoin composée, elle se
prépare de la manière suivante :

Benjoin en poudre grossière...............	60 grammes.
Storax.................	45 —
Baume de tolu........	15 —
Aloès socotrin........	8 —
Alcool rectifié........	500 —

Faites macérer pendant 7 jours et filtrez.

APHTHES.

Collutoire contre les aphthes.

Borate de soude......	4 grammes.
Teinture de myrrhe...	8 —
Sirop de mûres.......	60 —

Faites dissoudre.

A l'aide d'un pinceau trempé dans ce collutoire,
on touchera légèrement, plusieurs fois le jour, les
ulcérations aphtheuses de la bouche. En cas d'in-

suffisance de ce remède, on aura recours au nitrate d'argent.

Gargarisme astringent (Kocker).

Infusion de feuilles de sauge..............	170 grammes.
Teinture de cachou...	8 —
Miel clarifié	30 —

Mêlez.

Conseillé contre la salivation mercurielle et la stomatite aphtheuse. Le malade fera usage en outre de boissons délayantes, telles que la décoction de gruau, coupée avec du lait ou du petit-lait.

Gargarisme astringent (Thomson).

Infusion de roses rouges...............	160 grammes.
Acide sulfurique dilué.	3 —
Teinture de cachou...	10 —
— d'opium.....	4 —

Mêlez.

Conseillé contre les ulcérations aphtheuses.

Gargarisme contre les aphthes.

Teinture de myrrhe...	20 grammes.
— d'opium camphrée.....	5 —
Miel rosat..........	30 —
Décoction d'orge......	150 —

Mêlez.

Conseillé dans le cas d'inflammation aphtheuse de la bouche et de la gorge.

ARTHRITE BLENNORRHAGIQUE.

Liniment résolutif (Ricord).

Teinture de scille.....	20 grammes.
Alcool camphré.......	20 —
Laudanum de Syden- ham..............	20 —

Mêlez.

En fomentations sur les jointures affectées d'arthrite blennorrhagique, quand les douleurs ont presque disparu, et qu'il ne reste plus que de l'empâtement et de la mollesse. — Pratiquer graduellement la compression.

Traitement du rhumatisme blennorrhagique (E. Besnier).

Parmi les moyens propres à combattre localement le rhumatisme blennorrhagique, l'auteur conseille les ventouses scarifiées, les vésicatoires volants répétés, la teinture d'iode ou la ouate iodée, et l'immobilisation. Il interdit les sangsues. — Traiter la blennorrhagie comme s'il n'y avait pas de rhumatisme, et, quand l'écoulement a cessé, recourir aux médicaments appropriés à l'état général du malade, tels que l'iodure de potassium, le quinquina, le fer, l'arsenic, l'huile de foie de morue. — Recommander aux personnes atteintes d'uréthrite, de se mettre à l'abri des refroidissements et d'éviter la fatigue.

ARTHRITIDES.

Traitement des arthritides (Bazin).

Le traitement curatif est général et local. — Les préparations alcalines occupent la première place dans la thérapeutique générale des arthritides. L'auteur prescrit le sirop suivant :

Sirop de saponaire..   500 grammes.
Bicarbonate de soude   6 à 10   —
Faites dissoudre.

Deux cuillerées à bouche par jour. A d'autres il conseille une simple solution de bicarbonate de soude, ou bien une eau minérale alcaline, à boire aux repas avec le vin. — Le traitement local doit varier suivant la forme de l'affection, sa modalité pathogénique, sa période, son siège, l'état de sécheresse ou d'humidité de la surface. Le mode inflammatoire réclame surtout les antiphlogistiques et les émollients ; le mode hypertrophique, les frictions et les fondants. Dans les arthritides squameuses, on se trouve bien de l'emploi de l'huile de cade, des bains alcalins et de vapeur. Dans les arthritides humides, on aura recours aux purgatifs doux, fréquemment répétés, aux poudres d'amidon et de fécule, et si la peau s'adosse à elle-même, on isolera autant que possible les surfaces malades. — Le sujet prédisposé aux manifestations de l'arthritis portera de la flanelle, évitera avec soin les variations de température. Son régime sera doux, composé surtout de légumes herbacés, de viandes blanches ; il évitera tous les excès.

ASCITE.

Pilules contre l'ascite (Hełm).

Gomme-gutte pulvérisée⎫
Digitale   —
Scille   —   ⎬ āā 2 grammes.
Soufre doré d'antimoine.
Extrait de pimprenelle.⎭
F. s. a. 100 pilules.

Une toutes les deux ou trois heures, dans l'ascite.

ASTHÉNOPIE.

Embrocation contre l'asthénopie.

Baume de Fioravanti...	30	grammes.
Alcoolat de lavande....	30	—
Camphre...............	1	—
Éther sulfurique.......	4	—

F. s. a. une solution, avec laquelle, trois ou quatre fois le jour, on frictionnera doucement le pourtour de l'orbite et les paupières fermées, dans le cas de fatigue des yeux, résultant d'un travail trop minutieux et trop prolongé. — Repos absolu de l'organe. — Chaque matin, douche d'une durée de trois minutes environ sur la région orbitaire, avec de l'eau à 18°, dont on abaissera progressivement la température jusqu'à 10°. — Affusions froides sur tout le corps, exercice au grand air, régime tonique, si le malade est anémique.

ASTHME.

Cigarettes de belladone opiacées.

Extrait d'opium.....	5 à 10 centigr.
Feuilles de belladone	4 grammes.

On dissout l'extrait d'opium dans une petite quantité d'eau, et on mouille les feuilles de belladone avec cette solution. On les fait sécher ensuite, et on les roule en cigarettes.

Trousseau substitue à la belladone la feuille de datura stramonium, et obtient une préparation analogue à la précédente, mais dans laquelle il fait entrer une plus forte proportion d'extrait thébaïque.

Ces cigarettes de belladone opiacées conviennent

dans l'asthme nerveux et les toux sèches et quin-
teuses.

Du citrate de caféine dans l'asthme (Thorowgood).

Dans les accès d'asthme, quand on n'a point réussi
avec les inhalations d'iodure d'éthyle, on peut recourir au citrate de caféine. On le prescrit, pour
commencer, à la dose d'un grain, puis de quatre et
cinq grains, dans une petite tasse d'infusion de café.
La caféine semble calmer l'excitabilité anormale des
centres nerveux, et amener ainsi le repos. —
Dans l'asthme emphysémateux chronique, les bains
d'air comprimé peuvent être employés avec succès.
Il en est de même des préparations de noix vomique
et de la strychnine.

Elixir antiasthmatique (Trousseau).

Polygala de Virginie...   5 grammes.

Faites infuser dans :

Eau.................. 100   —

Filtrez et ajoutez :

Iodure de potassium... 10   —
Eau-de-vie vieille...... 50   —
Sirop diacode........ 30   —

Dans les cas d'asthme essentiel, donner deux fois
par jour, une heure avant les repas, une cuillerée à
bouche de cette solution, étendue de trois ou quatre
cuillerées d'eau sucrée.

Pendant les accès, on pourra administrer de la
teinture de lobelia inflata, à la dose de vingt à
trente gouttes, de demi en demi-heure ; faire respirer du chloroforme ; toucher le pharynx avec de
l'ammoniaque étendue d'eau.

En cas d'échec de ces remèdes, on essaiera la solution d'arséniate de soude de Trousseau.

Inhalations antiasthmatiques (THOROWGOOD).

Éther sulfurique......	30	grammes.
Essence de térébenthine	15	—
Acide benzoïque......	15	—
Baume de tolu........	8	—

Toutes ces substances sont mélangées dans un flacon à large ouverture, et la chaleur de la main suffit pour les volatiliser. Le malade en respire les vapeurs pendant l'accès d'asthme.

Mixture antiasthmatique (BRUNER).

Gomme ammoniaque..	8	grammes.
Vin blanc............	50	—
Hydrolat d'hysope.....	125	—

On dissout la gomme ammoniaque dans le vin, on passe et on ajoute l'hydrolat. — Une cuillerée à bouche, de deux en deux heures, pendant l'accès d'asthme, pour faciliter l'expectoration. — Utile aussi dans le catarrhe chronique des bronches. — Pour tisane, deux ou trois tasses d'infusion de camphrée de Montpellier.

Mixture contre l'asthme (G. SÉE).

Sirop de digitale du Codex............	} āā 200 grammes.	
Sirop d'écorces d'oranges amères....		
Iodure de potassium.	20 grammes.	

Faites dissoudre.

Deux à trois cuillerées dans les vingt-quatre
heures, pour combattre l'asthme bronchique.

Pilules antiasthmatiques.

Extrait de suc de bella-	
done	1 gramme.
Myrrhe pulvérisée.....	2 grammes.
Ipéca —	2 —

F. s. a. 36 pilules.

Trois par jour, pour combattre l'asthme nerveux.
Faire brûler du papier nitré dans la chambre du
malade, et lui faire fumer des feuilles de datura
stramonium.

Pilules diurétiques (J. Simon).

Extrait de scille...		
Poudre de scille...	ãã 2 à 10 centigr.	
Gomme pulvérisée.	q. s.	

Pour 20 pilules.

Une à deux à chaque repas, aux enfants atteints
d'asthme, d'emphysème, d'œdème de la face. —
Dans le cas d'hydropisie consécutive à une affection
du cœur, on y associe de la poudre de digitale.

Potion antiasthmatique (Debreyne).

Infusion d'hysope...	100 grammes.
Kermès minéral....	10 centigr.
Extrait de belladone.	10 —
Sirop de capillaire..	
Oxymel scillitique..	ãã 25 grammes.

Mêlez.

Une cuillerée à bouche, de demi-heure en demi-
heure, pendant la crise d'asthme. — Après la crise,

continuer l'usage de la potion pendant vingt-cinq à trente jours.

Traitement de l'asthme cardiaque (Dujardin-Beaumetz).

La dyspnée à forme intermittente, véritable asthme cardiaque qui accompagne si fréquemment les affections aortiques, réclame l'emploi du bromure de potassium, auquel on peut associer de petites doses de chlorhydrate ou de bromhydrate de cicutine purs et cristallisés. — L'iodure de potassium est aussi appelé à rendre des services dans l'asthme des affections aortiques, à la dose progressive de 1 à 4 grammes. Quand les accès sont atténués, le malade n'en prend plus que $1^{gr},50$ par jour. — Un autre remède consiste dans les inhalations d'iodure d'éthyle, recommandées par le professeur G. Sée. Le malade en respire cinq à dix gouttes, six à huit fois par jour. Enfin les injections sous-cutanées de morphine peuvent être employées avec avantage.

Traitement de l'asthme (Parrot).

Dès que l'accès d'asthme a éclaté, surtout si l'affection est franchement intermittente, et ne s'accompagne pas de quelque grave complication du côté du cœur, on a recours aux fumigations narcotiques, anesthésiques et arsenicales. Si elles restent sans effet, on administre un vomitif, qui est indispensable, lorsqu'il existe un embarras des premières voies, puis on revient à l'usage des fumigations. — Pendant les paroxysmes, sinapismes, ventouses sèches, vésicatoires et quelquefois bains de vapeur, à moins qu'on n'ait constaté, chez le malade, de l'emphysème ou une maladie du cœur. En outre, on prescrit à l'intérieur, tantôt les narcotiques (opium, belladone) ; tantôt les stimulants (ammoniaque) ; tantôt les antispasmodiques (asa fœtida), auxquels on joint des boissons aromatiques (tilleul, hysope) ; tantôt enfin, le bromure de potassium, à la dose de $0^{gr},50$ à 2 gram., dans une potion à prendre en trois fois dans la journée. — Dans l'intervalle des accès, et pour en prévenir le retour, si on a affaire à un dartreux, on prescrira les préparations arsenicales, en même temps que les eaux thermales des Pyrénées et du Mont-Dore. Les goutteux seront mis à un régime tonique et à l'usage des alcalins. Aux malades chez lesquels on observe, dans l'intervalle des accès, une sécrétion bronchique abondante, on prescrira les balsamiques, la térébenthine, le goudron, les bains sulfureux, les frictions sèches et stimulantes sur la peau. Enfin, dans le cas de complication cardiaque, avec tuméfaction des membres inférieurs, on conseillera les toniques, associés aux préparations de scille et de digitale. — Les malades éviteront les refroidissements, les variations brusques de température et les exercices violents. Ils s'abstiendront de tous les aliments qui sont d'une digestion laborieuse. Ils se mettront à l'abri des poussières et des odeurs, dont l'expérience leur a appris la nocuité. Ceux qui sont sujets au catarrhe bronchique chronique habiteront de préférence les climats chauds.

ATAXIE LOCOMOTRICE.

De l'hydrothérapie dans l'ataxie locomotrice (Delmas).

Le traitement hydrothérapique est un des plus efficaces à opposer à l'ataxie locomotrice. Sans amener une guérison complète, il produit souvent des améliorations considérables et durables, ou tout au moins un soulagement manifeste. Il est bon d'y joindre l'application des courants continus, qui, dans certains cas, calment les accès névralgiques, et de persévérer dans l'emploi de ces deux médicaments, pendant un temps très prolongé. A ces deux moyens de traitement, on peut ajouter les ventouses sèches, les sudations modérées. La médication interne qui a pour base l'emploi du nitrate d'argent, de la belladone, de l'ergotine et du phosphore, rend habituellement peu de services. Quant au chloral, il doit être réservé pour endormir momentanément le malade épuisé par une période névralgique de trop longue durée.

ATHREPSIE.

Traitement de l'athrepsie aiguë (Parrot).

Pour soutenir les forces et ramener la chaleur, chez un enfant débilité, atteint d'athrepsie aiguë, on administre toutes les dix ou quinze minutes, alternativement, une cuillerée à café de l'une des deux boissons glacées suivantes :

    Eau sucrée............ 200 grammes.
    Cognac vieux.........:   10   —

Mêlez ; et :

Bouillon de bœuf dégraissé, préparé sans légumes et légèrement salé.

Deux ou trois fois dans la journée, on plonge l'enfant, durant quelques minutes, dans un bain chauffé à 35°, additionné de 50 à 60 grammes de farine de moutarde, pour 25 litres d'eau. — Dès qu'on a obtenu de l'amélioration, on fait de nouveau téter l'enfant, et on active ses digestions, en lui donnant, six fois par jour, une demi-cuillerée à café d'élixir de pepsine. Quant à la chaleur de la peau, on l'entretient à l'aide de frictions stimulantes.

BALANO-POSTHITE.

Solution contre la balano-posthite (Langlebert).

Eau distillée.......	100 grammes.
Azotate d'argent cris-	
tallisé	30 à 50 centigr.

Faites dissoudre.

Faire trois ou quatre lotions par jour, et maintenir, entre le gland et le prépuce, un linge fin imbibé de cette solution.

On l'emploiera sous forme d'injections, chez les
malades affectés de phimosis.

BLENNORRHAGIE.

Bols antiblennorrhagiques (Velpeau).

Poivre cubèbe pulvérisé.	20 grammes.
Baume de copahu.......	10 —
Magnésie calcinée......	q. s.

Pour 30 bols.

On en donne de quatre à six par jour, dans la
blennorrhagie, quand la miction n'est plus très
douloureuse.

Électuaire antiblennorrhagique.

Oliban pulvérisé.......	15 grammes.
Baume de copahu......	15 —
Conserve de cynorrho-	
dons...............	30 —
Sirop de baume de Tolu.	q. s.

Mêlez, de manière à obtenir un électuaire de
consistance convenable.

On administre 16 grammes de cet électuaire, e

deux ou trois fois, dans l'espace de vingt-quatre heures, aux malades atteints de blennorrhagie ; et, si c'est nécessaire, on soutient l'effet de ce remède par des injections astringentes.

Électuaire antiblennorrhagique.

Cubèbe pulvérisé......	60 grammes.
Baume de copahu......	30 —
Extrait thébaïque......	30 centigr.
Magnésie calcinée......	q. s.

F. s. a. un opiat antiblennorrhagique, dont on prendra gros comme une noix, trois fois par jour, dans du pain azyme.

Électuaire antiblennorrhagique (CASPAR).

Amandes douces blan-chies et pulvérisées..	24 grammes.
Guimauve — ..	4 —
Cachou — ..	2 —
Baume de copahu......	12 —

Mêlez, pour obtenir un opiat, dont le malade prendra, trois ou quatre fois le jour, gros comme une noisette.

Électuaire antiblennorrhagique (MAISONNEUVE).

Baume de copahu......	12 grammes.
Cubèbe pulvérisé.......	12 —
Diascordium..........	2 —
Conserve de cynorrho-dons...............	9 —
Essence de menthe....	5 gouttes.

Faites un opiat, à prendre en quatre fois dans les vingt-quatre heures.

Électuaire antiblennorrhagique (Melchior Robert).

Cubèbe pulvérisé.....	100 grammes.
Alun pulvérisé........	8 —
Extrait de ratanhia pulvérisé..........	4 —
Extrait thébaïque.....	25 centigr.
Camphre pulvérisé....	2 grammes.
Carbonate de soude pulvérisé.............	2 —
Sirop de gomme ou miel...............	q. s.

F. s. a. un électuaire assez consistant.

En prendre six doses par jour, en trois fois, dans ?r du pain azyme. Chaque dose sera au moins de la sf grosseur d'une noisette, et on portera graduelle--o ment le nombre des doses jusqu'à douze par jour...

Électuaire balsamique (Trousseau).

Oléo-résine de copahu.	15 grammes.
Poivre cubèbe pulvérisé...............	50 —
Tartrate ferrico-potassique....	5 —
Sirop de coings.......	q. s.

Mêlez, pour obtenir un opiat, dont on donnera chaque jour trois bols de la grosseur d'une noisette aux sujets atteints de blennorrhagie.

Injection antiblennorrhagique.

Sulfate de zinc cristallisé.................	1 gramme.
Acétate de plomb cristallisé..............	50 centigr.

Sulfate d'alumine et de
   potasse cristallisé...   50 centigr.
Camphre pulvérisé....   10   —
Gomme arabique pul-
   vérisée.............   20   —
Hydrolat de roses.....   125 grammes.
Faites dissoudre.

Cette solution, désignée vulgairement sous le
nom d'*injection du capitaine*, est en grande faveur,
chez les marins, dans le cas de blennorrhagie chronique.

Injection antiblennorrhagique.

Extrait d'opium.......   50 centigr.
Extrait de Saturne....   1 gramme.
Mucilage de semences
   de coings..........   10 grammes.
Eau distillée...........   100   —
Faites dissoudre.

Ce mélange sera injecté plusieurs fois le jour, au
début de la blennorrhagie aiguë, pour calmer la
douleur résultant du passage de l'urine, en même
temps qu'on administrera des boissons émollientes
et des bains.

Injection antiblennorrhagique (Van Holsbeck).

Acide salicylique......   50 cent. à 1 gr.
Laudanum de Rous-
   seau...............   4 grammes.
Hydrolat de roses.....   150   —

F. s. a. une solution, avec laquelle on pratique
trois injections par jour. — Si l'écoulement est
très abondant, on ajoute à l'injection 2 à 4 grammes
de sous-nitrate de bismuth. On recommande au

malade d'uriner avant l'injection, et de vider la seringue en trois fois, en gardant l'injection quelques secondes chaque fois. On diminue progressivement le nombre des injections, sans les supprimer brusquement.

Injection antiblennorrhagique (LANGLEBERT).

Laudanum de Rousseau	2 grammes.
Eau distillée.......	100 —
Sulfate de zinc.....	20 à 40 centigr.

Faites dissoudre.

Six injections par jour, de deux minutes au plus de durée chacune, au début de la blennorrhagie aiguë. Camphre à l'intérieur, pommade camphrée en frictions au périnée.

Injection antiblennorrhagique (LOCKE JOHNSON).

Teinture d'opium.....	4 grammes.
— de cachou...	2 —
Solution gommeuse...	60 —

Mêlez.

Deux injections par jour, contre les écoulements blennorrhagiques persistants.

Injection antiblennorrhagique (MELCHIOR ROBERT).

Eau distillée..........	100 grammes.
Cachou pulvérisé	q. s.

Pour une bouillie claire, qu'on injectera dans l'urèthre, à la période de déclin de la blennorrhagie. — On donnera en même temps, à l'intérieur, les préparations balsamiques.

Injection antiblennorrhagique (Reece).

Acétate de plomb cris-tallisé............	60 centigr.
Acétate de cuivre.....	60 —
Acide acétique........	5 gouttes.
Eau distillée.........	200 grammes.

F. s. a. une solution, avec laquelle on fera trois injections par jour, dans l'urèthre enflammé.

Injection antiblennorrhagique (Rollet).

Extrait de ratanhia....	2 grammes.
Sulfate de zinc........	20 centigr.
Eau distillée.........	200 grammes.

Faites une solution pour injections. — Trois à cinq par jour. Administrer en outre l'opiat de baume de copahu et de cubèbe.

Injection antiblennorrhagique (Rollet).

Extrait de Saturne....	4 grammes.
Sulfate de zinc	40 centigr.
Laudanum de Syden-ham.............	40 —
Eau distillée.........	200 grammes.

Faites dissoudre.

Faire de trois à cinq injections par jour, quand l'inflammation de l'urèthre et l'écoulement ont déjà notablement diminué.

Injection antiblennorrhagique (Pasqua).

Hydrate de chloral....	1 gr. 50
Hydrolat de roses.....	125 grammes.

Faites dissoudre.

Deux injections par jour. — Après trois ou quatre jours de traitement, les envies d'uriner sont moins fréquentes et moins douloureuses ; les érections sont aussi moins pénibles. L'écoulement devient de plus en plus clair, et cesse entièrement du huitième au dixième jour.

Injection astringente (Reece).

Sulfate d'alumine et de potasse............	1 gramme.
Acétate de plomb cristallisé.............	1 —
Eau distillée.........	180 grammes.

Faites dissoudre.

Trois injections par jour, dans la blennorrhagie, quand l'écoulement n'est plus verdâtre, et qu'on a calmé, à l'aide de boissons émollientes, les douleurs de la miction.

Injection astringente (Ricord).

Acide tannique.......	1 gramme.
Alun...............	1 —
Vin de Roussillon.....	100 grammes.
Hydrolat de roses.....	100 —

Faites une solution, avec laquelle on donnera trois injections par jour, dans l'uréthrite chronique. On explorera le canal, pour s'assurer qu'il ne présente pas de rétrécissement.

Injection émolliente antiblennorrhagique (Bauer).

Infusion de graine de lin (préparée avec 12 grammes de semences)...............	180 grammes.

Extrait aqueux liquide
   d'opium............   18 gouttes.
Mêlez.

Toutes les trois heures, on injecte ce liquide chaud dans l'urèthre, et on l'y conserve quelques minutes. En raison de sa viscosité, il couvre la région enflammée d'une couche protectrice ; dans un court espace de temps, il calme la douleur, et bientôt l'écoulement commence à diminuer. Afin que l'injection émolliente narcotique agisse plus efficacement, on la fait précéder immédiatement d'une simple injection d'eau chaude. — Lorsque l'écoulement blennorrhagique touche à sa fin, on prescrit alternativement, avec l'injection de graine de lin, une injection contenant $0^{gr},02$ d'acétate neutre de plomb, pour 30 grammes d'eau distillée.

Lavement opiacé camphré (Ricord).

Camphre pulvérisé....   50 centigr.
Extrait thébaïque.. ...   5   —
Jaune d'œuf......... nº 1
Décoction de graines de
   lin...............   150 grammes.

F. s. a. une solution, qui sera prise en lavement, pour faire cesser les érections douloureuses qui accompagnent la blennorrhagie aiguë. — Grands bains prolongés ; — boissons émollientes et diurétiques.

Pilules calmantes (Rollet).

Camphre............   3 grammes.
Extrait de jusquiame..   2   —
Mucilage.......... q. s.
F. s. a. 30 pilules.

Une à quatre le soir, dans la blennorrhagie aiguë,
pour combattre les érections douloureuses. —
Grands bains et bains locaux. — En cas d'insuccès
de ces pilules, on prescrira des quarts de lavement
laudanisés et camphrés.

Potion antiblennorrhagique (Langlebert).

Eau distillée de copahu.	300 grammes.
Eau distillée de laurier-cerise..............	10 —
Sirop simple..........	q. s.

A donner dans l'espace d'un ou deux jours, aux
malades qui ne peuvent supporter l'opiat de baume
de copahu et cubèbe.

Poudre calmante (Langlebert).

Cubèbe pulvérisé......	68 grammes.
Bicarbonate de soude pulvérisé..........	4 —

Mêlez et divisez en 36 paquets.

Six à douze par jour, pour combattre les douleurs
qui persistent dans l'urèthre, après la cessation
complète de l'écoulement blennorrhagique.

Faire en outre trois injections, d'une à deux minutes de durée, avec une solution composée de :

Eau distillée.......	100 grammes.
Sulfate d'atropine..	10 à 20 centigr.

Sirop de nymphæa alcalin (Ricord).

Sirop de nymphæa....	100 grammes.
Bicarbonate de soude pulvérisé..........	8 —

Faites dissoudre.

Ce sirop servira à édulcorer l'infusion de pariétaire, qu'on prescrit dans la période aiguë de l'uréthrite, en même temps que les bains répétés et les
quarts de lavement laudanisés. — Un peu plus
tard, on administrera les balsamiques, tels que le
cubèbe ou le baume de copahu associé au goudron,
sous forme de capsules.

Traitement de la blennorrhagie utérine (Rollet).

On examine la malade au spéculum, au moins
deux fois par semaine. Si la muqueuse du museau
de tanche est enflammée, excoriée, granuleuse, on
la cautérise avec le nitrate d'argent. Dans l'intervalle des cautérisations, on a recours aux injections
astringentes. Si l'inflammation s'est propagée à la
muqueuse de l'intérieur du col, on introduit le
crayon de nitrate d'argent dans la cavité même du
col, et, le plus souvent, on n'a pas besoin de pratiquer des injections dans la cavité utérine elle-
même. — Si la maladie se complique de pelvi-
péritonite, on recommande le repos absolu, on
applique des sangsues sur le point le plus douloureux de l'abdomen ; on conseille les cataplasmes de
farine de lin et les frictions d'onguent napolitain.
Quand la période aiguë est terminée, on prescrit
avec avantage un vésicatoire volant sur l'hypogastre.

BLENNORRHÉE.

Électuaire antiblennorrhéique (Beyran).

Baume de copahu.....	30 grammes.
Goudron de Norwège..	30 —
Magnésie calcinée.....	q. s.

F. s. a. un opiat, dont on prendra deux à trois
cuillerées à café par jour. — Cet opiat est diuré-

tique, et conseillé par l'auteur, dans la blennorrhagie chronique et le catarrhe de la vessie.

Injection contre la blennorrhée (DIDAY).

Nitrate d'argent cris-
   tallisé............ 40 à 60 centigr.
Eau distillée....... 20 grammes.
Faites dissoudre.

On mesure l'urèthre avec une sonde, qu'on introduit seulement jusqu'à l'entrée de la vessie, et on pratique l'injection à l'aide de cette sonde. — La même opération est répétée à trente-six ou quarante-huit heures de distance. — On fait ordinairement quatre ou cinq séances.

Injection contre la blennorrhée (LANGLEBERT).

Eau distillée de copahu. 100 grammes.
Tannin ou extrait de
   ratanhia........... 1 gramme.
Faites dissoudre.

Trois injections par jour, dans la blennorrhée chronique. Faire prendre, en même temps, deux grammes et plus, par jour, de térébenthine de Venise ou de Bordeaux, et de l'eau de goudron aux repas.

Injection contre la blennorrhée (LANGLEBERT).

Eau distillée de copahu. 100 grammes.
Sulfate de zinc........ 40 centigr.
Oxyde de zinc por-
   phyrisé............ 4 à 6 grammes.

F. s. a. une solution trouble, avec laquelle on fera quatre ou six injections par jour, dans la blennor-

rhée. — Si le malade est anémique, on lui administrera une préparation ferrugineuse, et en particulier le citrate de fer.

Injection contre la blennorrhée (Langlebert).

Eau distillée de co-
pahu............ 100 grammes.
Teinture d'iode .... 15 à 20 gouttes.
Mêlez.

Trois injections par jour, dans la forme de blennorrhagie décrite sous le nom de suintement habi-
tuel. Administrer, en outre, des préparations de
quinquina et de fer, si le malade est anémique.

Pommade astringente pour l'urèthre (Leroy d'Étiolles).

Axonge. .... 20 grammes.
Gomme kino......... 15   —
Sulfate de zinc........ 1 gramme.
Mêlez intimement.

On introduit cette pommade dans l'urèthre, à
l'aide d'une bougie à boule, dans les cas d'écoulements chroniques, qui tiennent à un rétrécissement.

Pommade de nitrate d'argent (Macdonald).

Nitrate d'argent cristal-
lisé................. 1 gramme.
Axonge récente....... 10 grammes.

Dissolvez le nitrate d'argent dans quelques gouttes d'eau distillée, et incorporez à l'axonge la solution ainsi obtenue.

On enduit des bougies avec cette pommade, et on
les introduit dans l'urèthre affecté de blennorrhée.
Mais s'il existe un rétrécissement de ce canal, il

faut avant tout s'occuper de le dilater, par l'introduction de bougies plus ou moins volumineuses.

BLÉPHARITE.

Collyre contre la blépharite (Sichel).

Borate de soude.......	1 gramme.
Mucilage de coings....	10 grmmes.
Hydrolat de laurier-cerise..............	5 —
Eau distillée.........	100 —

Faites dissoudre.

On emploie cette solution, de trois à huit fois le
jour, soit en instillations, soit en fomentations,
dans la blépharite simple ou scrofuleuse. On commence par l'étendre de six fois son volume d'eau,
puis, petit à petit, on arrive à l'employer pure ; purgatifs répétés ; huile de foie de morue aux scrofuleux.

Glycéré cathérétique (Muller).

Sulfate de cuivre por-phyrisé............	50 centigr.
Glycéré d'amidon.....	15 grammes.

Mêlez avec soin.

Onctions légères sur le bord des paupières, dans
la blépharite chronique des sujets scrofuleux. Médication interne dépurative et reconstituante.

Pommade contre la blépharite (Gibert).

Précipité blanc........	80 centigr.
Sulfure rouge de mer-cure pulvérisé......	40 —
Chlorhydrate de mor-phine..............	10 —

Cold-cream . . . . 12 grammes.
Mêlez sur le porphyre.

Onctions, soir et matin, sur le bord libre des paupières, dans les blépharites herpétiques.

Pommade contre la blépharite (VIDAL).

Précipité rouge . . . . 40 centigr.
Axonge . . . . 4 grammes.
Teinture de benjoin . . . 4 gouttes.
Mêlez avec soin sur un porphyre.

Onctions légères avec cette pommade, sur le bord libre des paupières, dans la blépharite chronique avec ou sans ulcérations, et dans l'eczéma des paupières.

Pommade contre la blépharite (WECKER).

Oxyde rouge de mer-
cure . . . . 50 centigr.
Sous-acétate de plomb
liquide . . . . 5 grammes.
Huile d'amandes dou-
ces . . . . 10 —
Axonge . . . . 30 —
Mêlez sur le porphyre.

Onctions légères sur le bord des paupières, une fois le jour, dans le cas de blépharite chronique.

Pommade contre la blepharite ciliaire (HAYER).

Iodoforme . . . . 1 gramme.
Vaseline . . . . 4 grammes.
Mêlez.

Onctions sur les paupières, dans la blépharite ciliaire chronique.

BRONCHITE ET CATARRHE.

Électuaire anticatarrhal (Bourdon).

Quinquina jaune pulvérisé....... ⎫
Soufre sublimé et lavé .... ⎬ ãã 10 grammes.

Sirop d'althæa.... q. s.

F. s. a. un électuaire, dont on prescrira 3 à 4
cuillerées à café par jour, aux personnes atteintes
de bronchite chronique, avec expectoration très
abondante. Le quinquina a pour effet de stimuler
l'appétit et de relever les forces.

Électuaire de quinquina et soufre (De Swet).

Quinquina pulvérisé... 20 grammes.
Soufre sublimé et lavé. 20 —
Sirop d'althæa........ q. s.

Pour un électuaire, dont on donnera trois à quatre cuillerées à café par jour, dans la bronchite chronique des vieillards, et des sujets affaiblis prédispo-
sés à la diarrhée.

Inhalations contre la bronchite chronique (Drvis).

Acide phénique cristal-
lisé................ 1 gr. 80 cent.
Teinture d'opium cam-
phrée............. 90 grammes.
Faites dissoudre.

Une cuillerée à thé, dans 240 grammes d'eau
chaude. — Ce liquide est introduit dans un pulvérisateur, et absorbé sous forme d'inhalations, dans

il le cas de bronchite chronique, avec expectoration
mucopurulente excessive.

La vapeur d'eau chargée d'acide phénique, de
camphre et d'opium calme promptement l'irritation
des bronches, et diminue à la fois la fréquence de la
toux et l'abondance de l'expectoration.

Inhalations contre la bronchite chronique (DEVIS).

Essence de pin d'Écosse.	4 grammes.
Teinture d'opium cam-	
phrée..............	90 —

Mêlez.

Une cuillerée à thé dans 240 grammes d'eau
chaude.

Ce mélange est introduit dans un pulvérisateur,
et absorbé sous forme d'inhalations, dans le cas de
bronchite chronique, caractérisée par une toux rude,
sèche et sans expectoration. — La plupart des oléo-
résines balsamiques peuvent être substituées à l'essence de pin.

Lait de poule expectorant (CLONER).

Hydrolat de laurier-	
cerise..............	8 grammes.
Rhum...............	8 —
Jaunes d'œufs	n° 2
Sirop de baume de	
Tolu..............	50 —
Eau chaude..,.......	200 —

F. s. a. une potion, qu'on prescrit au début de la
bronchite, pour provoquer de la transpiration et
calmer la toux. — Sinapismes répétés sur la région
sternale.

Mixture au vin d'ipéca (Cheyne).

Vin d'ipéca............	10 grammes.
Sirop de baume de Tolu...............	15 —
Mucilage de semences de coings..........	25 —

Mêlez.

Une cuillerée à café chaque heure, ou de deux en deux heures, aux enfants atteints de bronchite, pour faciliter l'expectoration.

Pour tisane, de la décoction de fruits pectoraux additionnée de lait.

Mixture béchique (Munro).

Elixir parégorique.....	15 grammes.
Éther sulfurique......	8 —
Teinture de baume de Tolu...............	8 —

Mêlez.

On en donne une cuillerée à café, dans une petite quantité de tisane tiède, pour calmer la toux.

Mixture contre la toux (Wood).

Extrait de réglisse.....	8 grammes.
Gomme arabique pulvérisée	4 —
Eau bouillante	100 —

Faites dissoudre et ajoutez :

Vin antimonié........	6 grammes.
Laudanum de Sydenham	1 gramme.

Une cuillerée à café de temps en temps, pour diminuer la toux.

Mixture diaphorétique contre la bronchite.

Feuilles concassées de
    jaborandi du Brésil.   5 à 6 grammes.
Eau bouillante.......   une tasse.

Faites infuser, et administrez l'infusion chaude ou froide.

Dix minutes après l'ingestion de cette tisane, si le malade est couché et bien couvert, la sudation commence, et dure 5 à 6 heures. En même temps, il se produit une abondante sécrétion salivaire, et une excrétion bronchique non moins abondante.

L'infusion de jaborandi est appelée à rendre d'importants services, dans les affections *à frigore*, à leur première période, dans les bronchites à râles vibrants avec ou sans emphysème, les hydropisies, les empoisonnements, les maladies dues à des miasmes ou à des poisons morbides, les fièvres éruptives entravées dans leur évolution, etc.

Mixture expectorante.

Poudre de polygala....   8 grammes.
Ipéca pulvérisé   4   —
Eau bouillante........   180   —

Faites infuser, filtrez et ajoutez :

Miel fin..............   60   —

A donner par cuillerées à café, au début de la bronchite, pour faciliter l'expectoration.

Pilules anticatarrhales (Paris).

Acide benzoïque......   75 centigr.
Extrait de pavots......   1 gramme.
Faites 6 pilules.

Une par jour, pour faciliter l'expectoration des personnes atteintes de catarrhe pulmonaire chronique. On conseillera en outre de respirer de temps en temps les vapeurs de goudron de houille.

Pilules anticatarrhales (John Williams).

Gomme ammoniaque...	1 gramme.
Carbon. d'ammoniaque.	1 —
Ipéca pulvérisé.......	25 centigr.
Chlorhydrate de mor-	
phine..............	10 —
Mucilage de gomme...	q. s.

F. s. a. 10 pilules, qu'on enduira d'un vernis composé de baume de Tolu dissous dans du chloroforme.

Une pilule, matin et soir, dans la bronchite chronique, surtout quand la sécrétion bronchique est visqueuse, et l'expectoration difficile.

Pilules calmantes (Davaine).

Extrait de belladone....	20 centigr.
— thébaïque......	10 —
Conserve de roses.....	q. s.

F. s. a. 10 pilules.

Deux à quatre par jour, pour calmer la toux, dans l'asthme et les affections inflammatoires des organes de la respiration.

Pilules calmantes (Heim).

Ipécacuanha pulvérisé..	25 centigr.
Digitale pulvérisée.....	25 —
Extrait d'opium........	10 —
— de jusquiame...	1 gramme.
Guimauve pulvérisée...	q. s.

Pour 20 pilules.

Une, toutes les trois heures, pour calmer la toux spasmodique de la bronchite aiguë. — Boissons chaudes, pour provoquer une diaphorèse abondante.

Pilules expectorantes.

Acide benzoïque.......	2 grammes.
Gomme ammoniaque...	2 —
Savon médicinal	q. s.

F. s. a. 20 pilules.

Quatre à huit dans les vingt-quatre heures, dans le catarrhe pulmonaire chronique. — Infusions chaudes de lierre terrestre ou d'hysope; — applications répétées de sinapismes sur la poitrine.

Potion anticatarrhale.

Infusion de lierre terrestre.............	100 grammes.
Extrait thébaïque	5 centigr.
Gomme ammoniaque..	50 — à 1 gr.
Jaune d'œuf..........	n° 1
Sirop de fleurs d'oranger...............	32 grammes.

F. s. a. une potion émulsionnée, que vous administrerez d'heure en heure, dans la bronchite catarrhale.

Potion anticatarrhale.

Décocté de polygala...	120 grammes.
Iodure de potassium ..	12 —
Teinture d'opium camphrée.............	15 —
Sirop de baume de Tolu..............	50 —

Faites dissoudre.

Deux cuillerées à café par jour, dans la bronchite chronique. — Révulsifs sur la poitrine.

Potion béchique.

Oxyde blanc d'an-
  timoine ....   4 grammes.
Émulsion d'aman-
  des douces   90   —
Sirop de baume de
  Tolu .... } āā 20   —
Sirop de mor-
  phine ....

F. s. a. une potion, à donner dans la bronchite, par cuillerées d'heure en heure, pour faciliter l'expectoration.

Potion calmante (DIEULAFOY).

Sirop de chloral ..
  — de morphine } āā 30 grammes.
Hydrolat de tilleul.
  — de fleurs d'oranger. q. s.
Mêlez.

Une cuillerée à soupe, toutes les 3 heures, pour calmer les quintes de toux et la douleur, dans la bronchite capillaire.

Potion contre le catarrhe des bronches (WISS).

Baume du Pérou ......   8 grammes.
Mucilage de gomme
  arabique   2   —
Jaune d'œuf .... n° 1
Eau distillée 210   —
Sirop de cannelle 30   —

F. s. a. une potion à donner par cuillerées, dans le catarrhe bronchique avec dyspnée.

On administre préalablément un vomitif, pour
désobstruer les bronches. Le baume du Pérou a fait
disparaître des catarrhes pulmonaires qui duraient
depuis plusieurs années; mais il est sans action sur
la tuberculose.

Potion expectorante (Delioux).

Carbonate d'ammonia-que.............	1 à 2 grammes.
Eau-de-vie..........	30 —
Eau de fleurs d'oran-ger...............	40 —
Sirop de gomme......	25 —
— de baume de Tolu.........	20 —
— de morphine....	15 —

F. s. a. une potion, à donner par cuillerées dans
la bronchite, quand la toux est sèche, douloureuse,
l'expectoration pénible, et qu'il existe une oppression plus ou moins prononcée.

Potion expectorante et calmante.

Gomme ammoniaque..	2 grammes.
Émulsion d'amandes douces...........	90 —
Sirop de sulfate de morphine	20 —

F. s. a. une potion, à donner par cuillerées
d'heure en heure, dans les inflammations aiguës
des voies respiratoires. — Révulsifs répétés sur le
thorax.

Potion pectorale.

Décoction de fruits pec-toraux	120 grammes.

Sirop de violettes..... 10 grammes.
— d'éther......... 15 —
Laudanum de Rous-
seau............... 15 gouttes.

F. s. a. une potion à donner en quatre ou cinq
fois, dans le courant de la soirée et de la nuit, contre la toux accompagnée de quintes nerveuses.

Poudre anticatarrhale (HÔPITAUX ALLEMANDS),

Soufre sublimé et lavé.. 8 grammes.
Crème de tartre soluble. 24 —
Soufre doré d'antimoine. 80 centigr.
Mêlez et divisez en 16 paquets.

On donne un à trois de ces paquets par jour, aux personnes atteintes de catarrhe des bronches, afin d'entretenir la liberté du ventre et de faciliter l'expectoration.

Poudre anticatarrhale (MEYER).

Résine de benjoin pulvé-
risée................. 5 grammes.
Soufre sublimé et lavé. 5 —
Oléo-saccharure de fe-
nouil............... 5 —
Guimauve pulvérisée... 20 —
Mêlez et divisez en 20 paquets.

Cette poudre est conseillée dans le catarrhe avec sécrétion abondante, et atonie locale et générale. — On peut la prescrire aussi dans l'asthme humide.

Poudre pectorale (SWÉDIAUR).

Soufre sublimé et lavé.. 12 grammes.
Réglisse pulvérisée.... 16 —
Iris — .... 8 —

Acide benzoïque....... 1 gr. 25
Essences de fenouil et
    d'anis, ãã........... 8 gouttes.
Sucre blanc pulvérisé.. 40 grammes.
Mêlez et divisez en 4 paquets.

Un ou deux par jour, incorporés à du miel, dans la bronchite catarrhale.

Sirop expectorant (SIREDEY).

Sulfate de strychnine.. 5 centigr.
Sirop simple......... 100 grammes.
Faites dissoudre.

Deux à quatre cuillerées à café par jour, aux vieillards qui ont de l'emphysème, du catarrhe, et qui éprouvent beaucoup de peine à expectorer. Cependant cette médication devra être surveillée, et ne sera pas donnée trop longtemps.

Traitement de la bronchite capillaire (BLACHEZ).

Au début de la maladie, si la fièvre est vive, ventouses scarifiées sur la poitrine, puis administration de vomitifs répétés (ipéca exclusivement aux enfants ; ipéca et émétique aux adultes), et révulsion à l'aide de vésicatoires volants. — Tisanes émollientes chaudes, juleps béchiques aromatisés avec le sirop de Tolu, ou de térébenthine. — Si l'expectoration se supprime, et que l'asphyxie soit imminente, on multiplie les révulsifs (ventouses et vésicatoires) et on administre les potions alcooliques. C'est surtout chez les enfants et les vieillards, que l'emploi de l'alcool trouve son application.

BRULURES.

Glycérolé contre les brûlures (Debreyne).

Hydrate de chaux fraî- chement précipité...	3 grammes.
Glycérine	150 —
Éther chlorhydrique chloré.............	3 —

F. s. a. une préparation qui devra être incolore, transparente, de consistance sirupeuse, d'odeur agréable, et à réaction alcaline. L'éther chlorhydrique chloré peut être remplacé par le laudanum ou tout autre narcotique.

Ce glycérolé calme la douleur des brûlures, en prévenant l'inflammation ou en en diminuant l'intensité.

Solution contre les brûlures (Peppercorne).

Sesqui-carbonate de soude	q. s.
Eau commune	1000 grammes.

F. s. a. une solution saturée. — On trempe de la charpie dans cette solution, et on l'applique sur la brûlure, aussi vite qu'on le peut, après l'accident. On continue à imbiber la charpie, jusqu'à cessation de la douleur et de la chaleur, résultat qui se produit, dans les brûlures légères, au bout de dix à vingt minutes environ.

La solution saturée de bi-carbonate de soude, qui est également recommandée, contient environ 1 gramme de sel, pour 6 grammes d'eau distillée. — Au lieu d'eau distillée, on peut se servir d'eau camphrée.

BUBON.

Traitement du bubon syphilitique (ROLLET).

Au début, dix ou quinze sangsues sur la glande suffisent quelquefois pour enrayer l'inflammation. Si on n'a point recours à ce moyen, on prescrit des frictions avec l'onguent mercuriel, ou avec des pommades contenant de la ciguë et de l'extrait de belladone, et on applique des cataplasmes. — Que l'inflammation de la glande ait cédé, ou bien qu'elle ne soit pas très aiguë, le traitement révulsif est indiqué, et les vésicatoires volants sur la tumeur, les frictions avec les pommades d'iodure de plomb ou de potassium, l'emplâtre de Vigo, les badigeonnages avec la teinture d'iode constituent les meilleurs moyens à employer dans cette période de l'adénite. — Lorsque la suppuration est établie, il ne faut point se hâter d'ouvrir l'abcès, surtout si la tumeur n'est ramollie qu'au sommet, et si elle reste phlegmoneuse et dure à la base. L'abcès s'est-il formé rapidement, l'auteur conseille de le ponctionner avec le bistouri, en faisant l'ouverture aussi étroite que possible. Si au contraire la suppuration est lente à s'établir, il conseille d'appliquer sur chaque point fluctuant une traînée de pâte de Vienne.

CACHEXIE.

Potion tonique (BARNICAUD).

Extrait mou de quinquina............	1 à 3 grammes.
Vin de quinquina au malaga...........	30 —
Sirop d'écorces d'oranges...........	30 —
Eau distillée........	90 —

On dissout l'extrait de quinquina dans le vin, et
la potion est claire sans filtration. — Par cuillerées
dans la chlorose, dans la convalescence des fièvres,
dans divers états cachectiques.

CAL.

Traitement du cal douloureux (Gosselin).

Quand les douleurs qui ont leur siège dans le cal
d'une fracture sont d'origine névralgique, on doit
chercher à les combattre par l'emploi des vésicatoires, des révulsifs cutanés et en particulier de la
teinture d'iode. On peut également recourir aux
douches chaudes ou froides, aux douches sulfureuses, aux eaux thermales, aux frictions avec le liniment chloroformé. Enfin, le bandage roulé et ouaté
jouit d'une efficacité incontestable. Il diminue sensiblement la douleur, en soustrayant le membre
aux petits chocs qui ont pour effet d'entretenir
l'état douloureux.

CALVITIE.

Embrocation contre l'alopécie (Wilson).

Eau de Cologne........	50 grammes.
Teinture de canthari-des	6 —
Essence de romarin....	10 gouttes.
— de lavande.....	10 —

Mêlez.

Frictionnez doucement le cuir chevelu avec un
petit morceau de flanelle trempé dans ce mélange,
afin d'activer la pousse des cheveux.

Liqueur américaine contre la calvitie (Shampoo).

Rhum.................	500 grammes.
Esprit-de-vin	75 —

Eau distillée........... 75 grammes.
Teinture de canthari-
des.... .... 3 —
Carbonate d'ammônia-
que.... .... 3 —
Sel de tartre.......... 5 —

Mélangez les liquides, faites-y fondre les sels et filtrez.

Étendez ce liquide sur le cuir chevelu, puis lavez à l'eau tiède, après quelques minutes de contact.

Lotion contre l'alopécie syphilitique (LANGLEBERT).

Rhum....... ...... 90 grammes.
Alcoolat de mélisse.. 10 —
Teinture de cantha-
rides............... 10 —
Sublimé corrosif.... 5 à 10 centigrammes.
Faites dissoudre.

Dans le cas d'alopécie syphilitique, survenant chez des sujets dont la chevelure, rebelle et naturellement huileuse, se prête mal aux onctions avec les pommades, on verse quelques gouttes de cette solution sur le cuir chevelu, et on les fait absorber en frictionnant avec les doigts pendant une ou deux minutes.

En outre, on prescrit à l'intérieur le traitement antisyphilitique.

Pommade contre l'alopécie.

Huile rosat............ 4 grammes.
Moelle de bœuf........ 6 —
Baume nerval.......... 6 —
Extrait alcoolique de can-
tharides....... ..... 1 gramme.

Dissolvez l'extrait dans quelques gouttes d'alcool, et incorporez-le aux corps gras fondus à une douce chaleur.

On frictionne le cuir chevelu, matin et soir, avec une petite quantité de cette pommade, pour faire pousser les cheveux.

Pommade contre l'alopecie syphilitique (LANGLEBERT).

Proto-iodure de mercure	1 gramme.
Axonge.............	20 grammes.
Teint. de cantharides.	3 à 5 —

F. s. a. une pommade avec laquelle on graissera le cuir chevelu, matin et soir, dans le cas d'alopécie syphilitique, avec éruption papulo-croûteuse. — En outre, on prescrira au malade un traitement général interne.

Pommade contre la calvitie (BAZIN).

Suc de citron..........	2 grammes.
Extrait de quinquina...	4 —
Teinture de cantharides.	2 —
Huile volatile de cédrat.	65 centigr.
— — de bergamote.	25 —
Moelle de bœuf...... .	30 grammes.

F. s. a. — Onctions, matin et soir, sur la tête préalablement lavée à l'eau de savon, pour combattre la calvitie à son début et prématurée.

Pommade contre la calvitie (CAZENAVE).

Moelle de bœuf purifiée.................	32 grammes.
Teinture de cantharides.................	4 —
Teinture de cannelle ...	4 —

F. s. a. une pommade, que vous appliquerez soir
et matin sur la tête, le cuir chevelu ayant été lavé
préalablement avec de l'eau salée. — Autant que
possible, on aura soin de maintenir les cheveux
courts.

Pommade contre la calvitie (Néligan).

Axonge purifiée........	60 grammes.
Cire blanche..........	8 —
Baume de Tolu........	8 --
Essence de romarin....	20 gouttes.
Teinture de canthari-des....	4 grammes.

Faites fondre l'axonge et la cire à une douce chaleur, et quand le mélange sera refroidi, ajoutez-y
le baume de Tolu dissous dans un peu d'alcool, la
teinture de cantharides et l'essence. — Onctions
matin et soir sur le cuir chevelu.

Pommade contre la chute des cheveux (Bouchut).

Extrait de jusquiame...	5 grammes.
Teinture d'iode........	5 —
Moelle de bœuf........	30 —
Essence de bergamote..	q. s.

F. s. a. une pommade, avec laquelle on frictionnera le cuir chevelu, matin et soir, quand la chute
des cheveux aura eu lieu à la suite de l'accouchement ou d'une maladie grave. On donnera en outre, à l'intérieur, les préparations de fer et de quinquina, et dans certains cas, le sirop d'arséniate de
soude.

Pommade stimulante.

Axonge récente........	60 grammes.
Cire blanche	15 —

| Baume du Pérou....... | 8 grammes. |
| Essence de lavande.... | 12 gouttes. |

Faites fondre la cire dans l'axonge, à une douce chaleur, et quand le mélange sera presque refroidi, incorporez-y le baume du Pérou, et l'essence de lavande.

Cette pommade est conseillée pour activer la pousse des cheveux. On en fait une application le soir, et le matin on lotionne le cuir chevelu avec de la teinture de quinquina étendue de son volume d'eau.

Pommade stimulante (CAP).

Extrait alcoolique de cantharides............	50 centigr.
Huile rosat...........	4 grammes.
Moelle de bœuf purifiée.	60 —
Essence de citron......	40 gouttes.

On fait fondre la moelle de bœuf à une douce chaleur, on y incorpore l'huile, puis l'extrait de cantharides et l'essence de citron. — Cette pommade est conseillée pour faire pousser les cheveux. On l'enlève tous les deux jours avec de l'eau de savon.

Teinture contre la calvitie (ROHE).

Savon vert........	60 grammes.
Alcool...........	60 —
Essence de lavande.	20 à 30 gouttes.

Faites dissoudre et filtrez.

Le matin ou le soir, on étale sur la tête une ou deux cuillerées de cette teinture. On ajoute ensuite de l'eau, et on frictionne avec les doigts, de manière à produire une mousse abondante. Après une friction de 4 ou 5 minutes, on enlève tout le savon

avec de l'eau chaude, et on sèche complètement les
cheveux, en les essuyant avec une serviette douce.
— Cette opération doit être répétée chaque jour,
pendant 3 ou 4 semaines.

CANCER.

Caustique au chlorure de zinc composé
(Hôpitaux de Londres).

Chlorure de zinc........	12	grammes.
— d'antimoine ...	8	—
Amidon en poudre.....	5	—
Glycérine	q. s.	

On peut ajouter de la poudre d'opium, pour diminuer la douleur causée par ce caustique, qui est
employé avec succès pour détruire les tumeurs
cancéreuses.

Caustique noir (Velpeau).

Poudre de réglisse.....	30	grammes.
Acide sulfurique.......	q. s.	

Triturez la poudre dans un mortier de porcelaine,
et incorporez-y petit à petit l'acide sulfurique, de
manière à obtenir une pâte ayant la consistance
du raisiné, et qui ne soit ni trop diffluente ni trop
compacte.

Cette pâte ne fuse point, et détermine des escarres bien circonscrites. On en applique une couche d'une épaisseur variable, suivant l'épaisseur des
tissus qu'on se propose de détruire, et on laisse le
caustique en place, jusqu'à ce qu'il se soit détaché,
et transformé en une escarre noire très dure.

La substitution de la poudre de réglisse à la poudre de safran rend le produit moins coûteux, sans
altérer en rien ses propriétés.

Epithème anticancereux (Richter).

Extrait de ciguë...........	15 grammes.
— de jusquiame...	7 —
Poudre de belladone...	2 —
Acétate d'ammoniaque.	q. s.

Mêlez, et étendez le mélange sur un morceau de sparadrap, qu'on pourra appliquer sur les tumeurs cancéreuses, afin de diminuer les douleurs dont elles sont le siège. On surveillera attentivement les malades, pour s'assurer que l'absorption n'est pas trop considérable.

Lavement alimentaire (Henninger).

On introduit dans un ballon de verre 500 grammes de viande aussi maigre que possible et finement hachée ; on verse dessus 3 litres d'eau ordinaire, et trente centimètres cubes d'acide chlorhydrique d'une densité de 1,15, enfin $2^{gr},50$ de pepsine du commerce au maximum d'activité, c'est-à-dire digérant environ 200 fois son poids de fibrine humide. On fait digérer pendant 24 heures, à la température de 45 degrés, soit au bain-marie, soit à l'étuve, puis on transvase dans une capsule de porcelaine. On porte à l'ébullition, et pendant que celle-ci s'opère, on ajoute une solution de carbonate de sodium (contenant 250 grammes de sel cristallisé par litre), jusqu'à ce que la solution présente une très faible réaction alcaline, c'est-à-dire 165 à 170 centimètres cubes.

On passe le liquide bouillant à travers un linge fin, et on exprime le résidu insoluble. Ce liquide dont le volume est d'environ deux litres et demi est concentré au bain-marie à 1500 ou 1800 centimètres cubes, dont on administre la moitié chaque jour, en 3 lavements. Il est bon d'y ajouter 200 grammes de sucre blanc pour les 24 heures.

Utile dans le cancer de l'estomac ou de l'œsophage, et dans tous les cas où le malade ne peut recevoir d'aliments par la bouche.

Lavement nutritif (Leube).

Prenez 150 à 300 grammes de viande hachée le plus finement possible, et 50 grammes de pancréas de bœuf haché très menu. — Broyez-les dans 100 à 150 grammes d'eau tiède, jusqu'à ce que vous ayez obtenu une sorte de bouillie, que vous injectez dans le rectum, aussi haut que possible, après avoir préalablement nettoyé l'intestin au moyen d'un lavement simple. — On peut y ajouter une petite quantité de carbonate de soude et de chlorure de sodium, pour en faciliter l'absorption. — Ce lavement est conseillé dans le cancer de l'estomac, et dans le cas où un rétrécissement de l'œsophage rend difficile ou impossible l'ingestion des aliments par la bouche.

Pilules de ciguë (Velpeau).

Poudre de semences de
    ciguë............... 2 grammes.
Thridace............... 6   —
Réglisse pulvérisée..... q. s.
F. s. a. 50 pilules.

On conseille ces pilules aux personnes qui portent des tumeurs cancéreuses non opérables, ou bien aux malades qui ont été opérés, et chez lesquels on veut essayer de prévenir une récidive.

La dose est d'une le matin et une le soir ; puis on augmente d'une tous les trois jours, jusqu'à ce qu'on arrive à en administrer six ou huit par jour.

Pilules d'opium composées (Hôpitaux de Londres).

Opium brut pulvérisé..   2 grammes.
Extrait de ciguë.......   4   —
Gomme pulvérisée.....   q. s.
F. s. a. 40 pilules.

Conseillées à la dose d'une à deux, le soir, pour combattre les douleurs du cancer qui ne peut être opéré, et certaines toux nerveuses.

Poudre contre les ulcères cancéreux (Hôpitaux anglais).

Myrrhe pulvérisée.
Calamine pulvéri-   } áá parties égales.
sée ....

Mêlez.

On saupoudre plusieurs fois le jour, avec ce mélange, les ulcères cancéreux ; et s'ils exhalent une odeur fétide, malgré ce pansement, on les recouvre en outre d'un gâteau de charpie imprégné d'une solution d'acide phénique.

CARIE DENTAIRE.

Baume anti-odontalgique (Beasley).

Extrait d'opium.............. 1^{gr},25
Essence rectifiée de térében-
thine.................   5 ,50
Essence de girofle..........   1 ,80
Huile de cajeput............   1 ,80
Baume du Pérou............   7 ,50
Mêlez.

On introduit un morceau de coton imbibé de ce baume, dans la cavité de la dent cariée, et on frictionne doucement la gencive avec la même préparation, dans le voisinage de la dent douloureuse.

Caustique contre la carie dentaire (Magitot).

Acide phénique.. |
Créosote pure.... | ãã 3 grammes.
Faites dissoudre.

Une très petite boulette de coton, imbibée de cette solution, est introduite dans le fond de la cavité de la dent malade, puis maintenue en place par une autre boulette de coton, imbibée de teinture de benjoin. Le pansement ainsi fait est renouvelé tous les jours, à moins qu'il ne soit un peu douloureux. Dans ce dernier cas. on le remplace, pendant quelques jours, par des pansements purement narcotiques.

Ciment pour les dents (Evans).

Étain................... 2 parties.
Cadmium............. 1 partie.

Faites fondre, coulez en lingots, et réduisez en limaille.

Formez, avec cette limaille et du mercure, un amalgame liquide, exprimez l'excès de mercure à travers une peau, pétrissez le résidu solide dans le creux de la main, et introduisez-le dans la cavité dentaire.

Ciment pour les dents (Gauger).

Mastic en larmes ...... 30 grammes.
Alcool absolu.......... 45 —
Baume de Tolu sec..... q. s.

On introduit l'alcool et le mastic dans un matras de verre, et on chauffe au bain-marie. Quand la dissolution s'est opérée, on fait tomber dans le matras assez de baume de Tolu sec pour obtenir un mélange épais, et on chauffe doucement.

Un morceau de coton plongé dans ce mélange visqueux, et introduit dans la cavité dentaire, préalablement nettoyée et séchée, y acquiert une grande dureté.

Élixir dentifrice (Cheltenham).

Camphre pulvérisé....	30 grammes.	
Myrrhe pulvérisée.....	15	—
Écorce de quinquina pulvérisée..........	30	—
Eau distillée..........	60	—
Alcool rectifié........	250	—

Faites macérer les poudres, pendant huit jours, dans l'alcool étendu d'eau, et filtrez pour obtenir un liquide, qu'on emploiera comme dentifrice.

Élixir anti-odontalgique (Righini).

Alcool.................	15 grammes.	
Créosote	22	—
Teinture de cochenille.	7	—
Essence de menthe poivrée	12 gouttes.	

Mêlez.

On imbibe de ce liquide une petite boulette de coton ou de charpie, et on l'introduit dans la cavité de la dent douloureuse.

Gouttes anti-odontalgiques (Copland).

Opium pulvérisé......	50 centigr.	
Camphre —	50	—
Alcool rectifié........	q. s.	
Essence de girofle.....	4 grammes.	
Huile de cajeput......	4	—

Dissolvez l'opium et le camphre dans la quantité d'alcool nécessaire, et ajoutez les deux autres liquides,

On imbibe du coton avec ce mélange, et on en introduit une boulette dans la cavité de la dent douloureuse.

Mixture contre la carie dentaire (MAGITOT).

Chloroforme.....	aa	2 grammes.
Créosote		
Laudanum de Sydenham.......		2 —
Teinture de benjoin..........		10 —

Mêlez.

On imbibe une boulette de coton avec ce mélange, et on l'introduit dans la cavité de la dent cariée. Le pansement est renouvelé chaque jour.

Mixture contre la carie dentaire (MAGITOT).

Teinture d'arnica.....	20 grammes.
Laudanum de Sydenham...............	1 gramme.
Eau distillée..........	300 grammes.

Mêlez.

On conservera cette mixture dans la bouche pendant quelques minutes, pour calmer les douleurs occasionnées par la carie dentaire généralisée, et quand ce résultat aura été obtenu, on pourra procéder à l'extraction des dents les plus malades.

Poudre dentifrice alcaline (MAGITOT).

Charbon végétal lavé et porphyrisé	20 grammes.
Carbonate de chaux pulvérisé..............	20 —
Quinquina rouge pulv,	12 —

> Magnésie calcinée.....   16 grammes.
> Essence de menthe...   10 gouttes.

Mêlez avec soin.

Cette poudre est utile quand la carie dentaire est imminente, chez les convalescents de maladies graves, la fièvre typhoïde par exemple. En outre, on conseille de laver fréquemment la bouche avec une eau alcaline artificielle, ou avec les eaux de Vichy ou de Vals.

Teinture anti-odontalgique (Brandes).

> Pyrèthre pulvérisé....   8 grammes.
> Camphre   —   6   —
> Opium   --   2   —
> Essence de girofle.....   1 gramme.
> Esprit-de-vin rectifié...   100 grammes.

Faites macérer dix jours, exprimez et filtrez.

On imbibe de ce liquide une petite boulette de coton ou de charpie, qu'on introduit ensuite dans la cavité de la dent douloureuse.

Traitement de la fluxion dentaire (Magitot).

Si la fluxion dentaire est purement œdémateuse, et sans accidents généraux, des précautions banales et des applications émollientes aident à la disparition du gonflement, dont la tendance naturelle est la résolution. — Dans le cas de fluxion phlegmoneuse simple, on commence par combattre les accidents locaux en pratiquant l'ouverture du foyer, son drainage ultérieur, la compression modérée et méthodique des parties. Puis, si on reconnaît l'existence d'un débris de racine dentaire, d'un fragment alvéolaire nécrosé, on se hâte de les faire disparaître. S'il s'agit d'une dent cariée avec périostite concomitante, on peut essayer du drainage de la carie, ou même extraire la dent, réséquer la racine malade, et la réimplanter immédiatement. Enfin, dans la forme grave de la fluxion, celle qui s'accompagne d'un phlegmon diffus, qu'il s'agisse d'une nécrose du bord alvéolaire, ou d'une dent de sagesse qui ne peut compléter son évolution, le chirurgien doit faire porter son intervention sur la cause initiale, et agir rapidement, avant que la dénudation du maxillaire et l'extension du foyer purulent aient désorganisé les tissus, jusqu'à en amener la mortification.

CARIE OSSEUSE.

Liqueur de Villate modifiée (NÉLATON).

Acide acétique........	100 grammes.
Sulfate de cuivre.....	10 —
— de zinc	10 —
Acétate de plomb.....	5 —

Faites dissoudre.

Il se produit un précipité considérable, qu'il faut mélanger par agitation avec la partie liquide, avant d'employer la liqueur. — Recommandée en injections, dans les trajets fistuleux, pour combattre la carie des os.

CARREAU.

Poudre contre le carreau (H. ROGER).

Calomel à la vapeur.	40 à 75 centigr.
Soufre sublimé et lavé............	30 à 40 —
Sucre blanc pulvérisé............	4 grammes.

Mêlez et divisez en huit prises égales.

Une prise matin et soir, dans la première période du carreau. Huile de foie de morue, bains salés,

CATARACTE.

Collyre belladoné (VELPEAU).

Hydrolat de laitue.....	100 grammes.
Acétate de plomb cristallisé.............	20 centigr.
Extrait de belladone...	50 —

Faites dissoudre.

On instille quelques gouttes de ce collyre dans les yeux des sujets qui ont été opérés de la cataracte par abaissement, afin d'empêcher les adhérences entre l'iris et le cristallin.

On emploie encore, dans le même but, la solution suivante :

Eau distillée.........	10 grammes.
Extrait de belladone...	4 —

Faites dissoudre.

On instille, tous les quatre ou cinq jours, quelques gouttes de ce mélange dans l'œil opéré, pour maintenir la pupille dilatée, et faciliter la résorption des fragments du cristallin et de sa capsule.

CÉPHALALGIE.

Eau chloroformée.

Chloroforme........	2 à 4 grammes.
Eau distillée........	200 —

Agitez vivement.

Imbiber des compresses avec ce mélange, et les appliquer sur le front des enfants ou des adultes, dans le cas de céphalalgie. En même temps, promener des sinapismes sur les membres supérieurs et inférieurs.

Mixture contre la céphalalgie (Lockeridge),

Bromure de potassium.	3 gr. 50 cent.
Teinture de racine d'a-	
conit...............	10 gouttes.
Eau distillée........	125 grammes.

Faites dissoudre. — A prendre en une fois, contre la céphalalgie idiopathique. — La même dose est suggérée de nouveau, au bout d'une heure ou deux, si la céphalalgie n'a pas diminué.

Pilules contre la céphalalgie (Hauches).

Sulfate de quinine........	1^{gr},20
Rhubarbe pulvérisée.....	1 ,75
Glycérine...............	q. s.

Pour 12 pilules.

Une pilule le soir, pour combattre les maux de tête qui sont sous la dépendance d'un état bilieux.

Potion contre la céphalalgie (Wright).

Acétate d'ammonia-		
que liquide......	15 grammes.	
Teinture d'écorces		
d'oranges amères.	ãã 20	—
Sirop d'écorces d'o-		
ranges amères....		
Eau distillée.......	500	—

F. s. a. une potion, à donner par cuillerées aux personnes qui éprouvent de la céphalalgie, à la suite d'excès alcooliques.

Remèdes contre la céphalalgie (Smith).

Le professeur Smith (de New-York) a indiqué

plusieurs remèdes propres à opposer à diverses formes de céphalalgie. Pour combattre la céphalalgie nerveuse, il préconise le bromure de potassium et la valériane, et s'il existe en même temps de l'insomnie : du camphre, du cannabis indica et de la jusquiame ; — pour la céphalalgie goutteuse : colchique et bromure de lithium ; — Pour la céphalalgie syphilitique, 6 milligrammes de calomel toutes les heures pendant un jour ou deux, et plus tard l'iodure de potassium ; — pour la céphalalgie rhumatismale, un faible courant électrique sur le cuir chevelu, et l'usage interne de l'iodure de potassium, du chlorure d'ammonium et de l'infusion de houblon ; — pour la céphalalgie alcoolique, une dose purgative de rhubarbe et de magnésie calcinée, puis de l'esprit aromatique d'ammoniaque, avec des teintures de camphre, de jusquiame et de lavande, toutes les heures, et enfin de la quinine et du capsicum avant chaque repas pendant plusieurs jours. En cas d'insomnie, du bromure de sodium et de l'hydrate de chloral.

CHANCRE (Voyez Phagédénisme).

Liquide prophylactique (Langlebert).

Alcool ordinaire.......	30 grammes.
Savon mou de potasse.	20 —
Essence de citron rectifiée.............	15 —

Faites dissoudre.

Recommandé en lotions sur les organes génitaux pour prévenir la contagion.

...liquide prophylactique contre l'infection du chancre (RODET).

Eau distillée......	32 grammes.	
Perchlorure de fer.		
Acide citrique	ãã 4 —
— chlorhydri-que....		

... Mêlez.

... Cette solution est employée, à l'Antiquaille de Lyon, pour prévenir l'infection du chancre. — On en imbibe un bourdonnet de charpie, qu'on laisse en contact, pendant deux heures environ, avec la plaie chancreuse.

Lotion contre le chancre (LANGLEBERT).

Hydrolat de laitue.....	100 grammes.	
Laudanum de Rous-seau..............	5 —	

... Mêlez.

... Ce liquide est conseillé pour panser les chancres enflammés et douloureux, que l'on ne peut traiter par les lotions astringentes. On en imbibe un bourdonnet de charpie, que l'on dépose sur la plaie, et qu'on renouvelle quatre fois par jour.

... En général, il faut éviter avec soin tout pansement susceptible de provoquer une douleur vive et persistante.

Pansement du chancre gangréneux (LANGLEBERT).

Décoction concentrée de quinquina jaune..	125 grammes.	
Extrait gommeux d'o-pium	1 gramme.	

... Faites dissoudre.

On imbibe des compresses avec ce liquide, et on les applique sur le chancre, quand il prend une teinte de plus en plus sombre et livide, et que la gangrène devient imminente.

Si la gangrène ne peut être conjurée, on remplace la décoction de quinquina opiacée par la liqueur de Labarraque étendue d'eau :

> Liqueur de Labarra-
> que................. 50 grammes.
> Eau distillée.......... 150 —

Pommade astringente.

> Extrait de ratanhia... 4 grammes.
> Camphre .... 1 gramme.
> Extrait thébaïque..... 2 à 4 grammes.
> Axonge............... 30 —

Mêlez.

Cette pommade a été conseillée pour le pansement du chancre phagédénique.

Pommade mercurielle opiacée (GIBERT).

> Onguent mercuriel.... 30 grammes.
> Cérat .... 30 —
> Laudanum de Syden-
> ham .... 1 gr. 50 centig.

Mêlez. — Pour le pansement des ulcères vénériens.

Solutions contre le chancre (ROLLET).

> 1° Perchlorure de fer
> à 30°.......... 12 grammes.
> Acide citrique.... 4 —
> Eau distillée...... 24 —

Faites dissoudre, ou bien :

2° Acide citrique...
— chlorhydri-
que..... } ãã 4 grammes.
Perchlorure de fer
à 30°......... }
Eau distillée.....   32   —
Faites dissoudre. — Pour le pansement du chancre.

Solution pour le pansement du chancre (Ricord).

Teinture d'iode.......   4 grammes.
Iodure de potassium...   1 gramme.
Eau distillée.........   200 grammes.
Faites dissoudre.

On panse le chancre et les ulcérations syphilitiques avec de la charpie imbibée de ce liquide, et on
augmente la proportion de teinture d'iode, jusqu'à
ce que le pansement détermine une chaleur prononcée.

Traitement du chancre simple phagédénique (A. Fournier).

Le traitement du chancre simple phagédénique
est le même que celui du chancre simple ordinaire.

1° Soustraire le chancre à toutes les causes d'irritation. 2° Calmer les symptômes inflammatoires
par le repos absolu. Régime sévère, boissons tem-
pérantes et laxatives, bains quotidiens d'une à deux
heures, bains locaux, pansements avec charpie imbibée d'eau de guimauve, de pavot et de laitue.
3° Après la sédation complète des symptômes inflammatoires, pansement du chancre avec la solution de nitrate d'argent (eau distillée 30 grammes,
nitrate d'argent cristallisé 1 gramme). Si cette solution paraissait irritante, on en emploierait une au
cinquantième ou au centième.

En outre du nitrate d'argent, il est encore deux topiques auxquels on peut avoir recours pour le pansement du chancre phagédénique. Ce sont le tartrate ferrico-potassique et l'iodoforme ; mais leur action est loin d'être certaine. — Lorsque le phagédénisme a résisté à tous les traitements, il ne reste plus que les caustiques, qui le transforment en une plaie simple.

CHLOROSE.

Bols ferrugineux (Velpeau).

Extrait de valériane...   30 grammes.
Sous-carbonate de fer..   4   —

F. s. a. 30 bols.

Deux bols par jour, peu de temps avant le repas, pour combattre la chlorose. — Exercice au grand air. — Bains de mer. — Viande rôtie et vin généreux aux repas.

Electuaire ferrugineux anticachectique (Bath).

Battitures de fer pulvé-
    risées.....................) ãa q. s.
Mélasse....................)

Pour obtenir une pâte ferme.

A 125 grammes de cette pâte, ajoutez :

Carbonate de magnésie.   8 grammes.
Gingembre pulvérisé...   8   —

On en administre une cuillerée à café deux fois par jour, pendant trois jours ; le malade se repose trois jours, puis revient à l'usage du remède.

Cet électuaire est conseillé dans la chloro-anémie et les différentes formes de cachexie.

Électuaire ferrugineux (Copland).

Sous-carbonate de fer...   15 grammes.
Sirop de gingembre....   15   —
Conserve d'écorces d'o-
ranges   60   —

Mêlez.

Gros comme une muscade, deux ou trois fois le jour, pour remédier à la chlorose.

Mixture contre la chlorose (Siredey).

Citrate de fer......   5 grammes.
Bromure de potas-
sium...........   10 à 12   —
Vin de Malaga.....   250   —

Faites dissoudre.

Une cuillerée à bouche, chaque jour, au commencement des deux principaux repas, aux femmes nerveuses et aux hystériques qui ont le sang appauvri.

Pilules amères ferrugineuses.

Extrait de gentiane.....   2 grammes.
Sulfate de fer purifié...   1 gr. 25
Poudre de réglisse.....   q. s.

F. s. a. 20 pilules.

Trois par jour contre la chlorose.

Conseiller en outre l'usage du vin de quinquina après les repas, ou de la macération de quinquina dans l'eau, si le vin n'était pas supporté.

Pilules de Blaud modifiées (Michiels).

Sulfate ferreux desséché
et pulvérisé..........   50 grammes.

Sous-carbonate de po-
tasse pulvérisé....... 50 grammes.
Sucre blanc pulvérisé.. 6 —

Mélangez intimement les deux sels, puis ajoutez
le sucre, et chauffez le tout dans un mortier de fer,
en remuant la masse jusqu'à évaporation suffisante
de l'eau de cristallisation, et obtention d'une masse
pilulaire convenable, qui ne renferme de cette manière aucune poudre inerte.

Pilules contre la céphalalgie chlorotique (SIREDEY).

Sulfate de quinine.)
Fer réduit par l'hy- } ãã 3 grammes.
    drogène ....)
Extrait de rhubarbe.   q. s.
Pour 60 pilules.

Quatre par jour, pour combattre la céphalalgie
due à l'anémie.

L'association du fer au sulfate de quinine réussit
très bien aux chlorotiques, et c'est à ce mélange
qu'il faut recourir, quand les diverses préparations
de fer ont échoué.

Pilules contre la chlorose.

Carbonate de fer...)
Extrait de quinquina } ãã 4 grammes.
Réglisse pulvérisée.   q. s.

F. s. a. 50 pilules.
Deux pilules, une demi-heure avant chacun des
deux principaux repas, pour combattre la chlorose.
— Nourriture animalisée. — Exercice au grand air.
— Hydrothérapie.

Pilules contre la gastralgie chlorotique (Scerlecky).

Masse pilulaire de Vallet....................	3 grammes.
Poudre de colombo.....	3 —
— de noix vomique.	60 centigr.
Réglisse pulvérisée.....	1 gr. 50

F. s. a. 60 pilules.

Quatre à dix par jour, aux chlorotiques dont les digestions sont laborieuses et accompagnées de douleurs au creux épigastrique.

Pilules ferrugineuses.

Tartrate ferrico-potassique....................	15 grammes.
Extrait de ratanhia.....	5 —
Conserve de roses......	q. s.

Pour 100 pilules.

Une à dix par jour aux chlorotiques qui éprouvent des métrorrhagies.

Pilules ferrugineuses.

Fer réduit par l'hydrogène....................	4 grammes.
Cannelle pulvérisée....	2 —
Aloès socotrin.........	50 centigr.
Extrait de taraxacum...	q. s.

Pour 30 pilules.

Une à quatre ou cinq par jour, dans la chlorose ou dans l'anémie qui s'accompagnent de constipation et d'atonie des voies digestives.

Pilules toniques et ferrugineuses (Gallard).

Sous-carbonate de fer............ }
Extrait mou de quinquina..... } ãã 10 grammes.

Extrait gommeux d'opium.......   1 gramme.

F. s. a. 100 pilules.

De deux à quatre par jour, et principalement au moment des repas.

Lorsqu'il y a de la constipation, cette formule doit être modifiée de la manière suivante :

Sous-carbonate de fer............   8 grammes.
Extrait mou de quinquina..... } ãã 6 —
Extr. de rhubarbe)
Extrait gommeux d'opium.......   1 gramme.

F. s. a. 100 pilules, à prendre comme les précédentes.

Pilules toni-purgatives (Beasley).

Sulfate de fer desséché.   2 grammes.
Extrait de rhubarbe....   5   —
Conserve de roses......   2 gr. 50
Mêlez et divisez en 40 pilules.

Une à trois chaque jour, pour faire cesser la constipation des chlorotiques, et stimuler les fonctions digestives.

Pilules toni-purgatives (Brandes).

Sulfate de fer purifié...   1 gr. 25
Carbonate de potasse...   1 gr. 25

Myrrhe............... 4 grammes.
Aloès socotrin......... 2 —

Mêlez et divisez en 30 pilules.

Deux à trois par jour, pour combattre la constipation des chlorotiques, et réveiller l'appétit.

Potion contre la chlorose (H. GREEN).

Citrate de fer......... 8 grammes.
Sirop de limons ou d'oranges............... 50 —
Hydrolat de menthe poivrée .... 50 —
Eau distillée.......... 100 —

Trois ou quatre petites cuillerées par jour, dans la chloro-anémie, et dans tous les cas où les ferrugineux sont indiqués.

Potion contre la chlorose (LE DIBERDER).

Extrait de gentiane... 5 grammes.
Teinture de gentiane.. 15 —
Tartrate ferrico-potassique................ 10 —
Sirop simple ou d'écorces d'oranges........ 70 —
Acide citrique........ 50 centigr.
Eau distillée.......... 200 grammes.

F. s. a. une potion, dont on fera prendre une cuillerée à bouche aux chlorotiques, une demi-heure avant chaque repas.

Poudre contre la chlorose.

Limaille de fer porphyrisée................... 3 grammes.

Quassia amara pulvérisé.   2 grammes.
Cannelle   —   2   —
Mêlez et divisez en 20 paquets.

Un par jour, un quart d'heure avant le repas. — Pour boisson, du vin coupé avec de l'eau minérale de Passy, de Spa ou d'Orezza. — Alimentation azotée. — Douches froides pendant l'été.

Poudre contre la chloro-anémie.

Carbonate de manganèse.   4 grammes.
     —   de fer.......   4   —
Sucre blanc pulvérisé...   8   —
Mêlez et divisez en 20 paquets.

Un à trois par jour, dans les chloro-anémies qui accompagnent les suppurations prolongées, les affections strumeuses, syphilitiques, cancéreuses, les fièvres intermittentes prolongées, et dans la chlorose qui se déclare à l'époque de la puberté ou de la ménopause, par suite d'hémorrhagies abondantes.

Poudre ferrugineuse composée.

Carbonate de fer.......   25 grammes.
Racine de valériane pulv.   10   —
Mêlez et divisez en 25 paquets.

Un à cinq par jour, dans la chlorose compliquée de névralgie.

Sirop ferrugineux (JACCOUD).

Tartrate ferrico-
    potassique.....   .   2 gr. 50
Rhum............ }
Sirop d'écorces } āā 100 grammes.
    d'oranges...... }

Faites dissoudre. — Chaque cuillerée de ce sirop renferme 20 centigrammes du sel de fer.

Une à deux cuillerées et plus, au besoin, quand on veut combiner l'action de l'alcool et du fer, dans le cas d'anémie ou de chlorose, et dans la convalescence des maladies graves.

CHOLÉRA.

Liniment contre le choléra (Bourgogne).

Teinture de cantharides...............	40	grammes.
Baume de Fioravanti..	150	—
Alcool camphré.......	60	—
Huile de térébenthine.	30	—
Teinture de benjoin...	4	—

On imbibe de ce mélange une flanelle qu'on applique sur toute l'étendue du rachis ; et on promène sur le tissu de laine, pendant une minute ou deux, un fer à repasser modérément échauffé. La même application est faite sur l'épigastre, pour calmer les vomissements des cholériques, et sur les membres inférieurs, pour faire cesser les crampes.

Liniment rubéfiant (Lewin).

Semences de moutarde noire pulvérisées....	180	grammes.
Essence de térébenthine...............	360	—

Faites digérer 4 jours, filtrez et ajoutez à la solution :

Camphre en poudre...	120	grammes.

Ce liniment s'emploie en frictions, quand on veut produire une révulsion sur la peau.

On obtient une révulsion encore plus énergique, avec vingt gouttes d'essence de moutarde, dissoutes dans 20 grammes d'alcool, ou avec cinq ou six gouttes d'essence de moutarde dissoutes dans 4 grammes d'huile d'amandes douces.

On étend ces mélanges sur la peau, et on la recouvre avec des compresses pendant dix minutes environ. — A essayer dans la période algide du choléra.

Potion contre le choléra (DESPREZ).

Chloroforme	1	gramme.
Alcool	8	grammes.
Acétate d'ammoniaque.	10	—
Eau	110	—
Sirop de chlorhydrate de morphine	40	—

F. s. a. une potion, qu'on administrera dans la période algide et cyanique du choléra asiatique.

Potion contre le choléra infantile (PARROT).

Acétate d'ammoniaque.	2	grammes.
Eau de chaux	30	—
Eau distillée..	50	—
Sirop de coings	30	—

Mêlez.

A donner par cuillerées, dans le choléra infantile. — Infusion de café. — Glace pour arrêter les vomissements. Réchauffer par tous les moyens possibles. Dans certains cas, appliquer un vésicatoire sur le ventre.

CHOLÉRINE.

Pilules contre la cholérine (BOURGOGNE).

Tannate de quinine	1	gramme.
Opium pulvérisé	5	centigr.

Essence d'anis..........   2 gouttes.
Sirop de sucre..........   q. s.
F. s. a. 10 pilules.

Les personnes atteintes de cholérine prendront
0I00 grammes de vin de Malaga en deux fois, à une
demi-heure d'intervalle, puis les dix pilules de tannate de quinine, dans l'espace d'une heure et demie
ou de deux heures au plus. — Cataplasme sinapisé
sur le ventre. — Quarts de lavements amidonnés.

Potion contre la cholérine (Bourgogne).

Vin de Malaga..........   60 grammes.
Sirop simple...........   25   —
Alcool parégorique.....   25 gouttes.
Tannate de quinine....   1 gramme.
Hydrolat de tilleul.....   60   —

F. s. a. une potion à prendre en trois ou quatre
fois, dans l'espace d'une heure. On commence par
faire boire au malade atteint de cholérine, de 80 à
100 grammes de vin de Malaga en deux fois, à une
demi-heure d'intervalle.

Potion contre la cholérine (Bourgogne).

Vin de Malaga.. .....   120 grammes.
Alcool parégorique de
    Londres ....   30 gouttes.
Eau distillée de men-
    the ....   20 grammes.
Sirop de fleurs d'oran-
    ger.................   30   —

F. s. a. une potion à donner par cuillerées, de
quart en quart d'heure, aux malades atteints de
cholérine. Eau de riz additionnée de vin de Bor-

deaux pour boisson. — Cataplasme sinapisé sur le
ventre ; lavements amidonnés.

Potion contre la cholérine (DELIOUX).

Éther sulfurique......	4 grammes.
Extrait de ratanhia....	4 —
Sirop d'opium........	30 —
Hydrolat de menthe...	60 —
Hydrolat de mélisse...	60 —

F. s. a. une potion, à donner par cuillerées à
bouche, de quart d'heure en quart d'heure au début,
puis à de plus longs intervalles, aux personnes
atteintes de cholérine.

CHORÉE

Pilules antispasmodiques.

Extrait de jusquiame ..	2 grammes.
Valérianate de zinc.....	2 —
Sous-nitrate de bismuth.	4 —

F. s. a. 40 pilules.

Trois ou quatre par jour, dans le traitement de
la chorée, des névralgies et d'autres maladies nerveuses.

Pilules contre la chorée.

Extrait de jusquiame...	2 grammes.
Valérianate de fer......	4 —

F. s. a. 40 pilules.

Trois par jour, dans le traitement de la chorée,
chez les chlorotiques, et pour combattre les douleurs névralgiques des femmes anémiques et débilitées.

Pilules contre la chorée.

Extrait de jusquiame...	40 centigr.
— de belladone....	40 —

Extrait thébaïque......   5 centigram.
—   de réglisse .....   1 gramme.
F. s. a. 12 pilules.

De une à trois par jour, pour combattre la cho-
ée. — Hydrothérapie, gymnastique.

Autre formule :

Asa fœtida..............   5 grammes.
Extrait de valériane....   5   —
Oxyde de zinc.........   1 gramme.
Castoreum ....   3 grammes.
Extrait de belladone ...   40 centigram.

F. s. a. 80 pilules.

Une à deux, matin et soir, contre la chorée.

Potion contre la chorée (Anan).

Liqueur de Boudin (au
    millième).........   5 à 6 grammes.
Julep gommeux......   60   —

F. s. a. une potion à donner par cuillerées à café,
à intervalles rapprochés, à un enfant de six à dix
ans, atteint de chorée.

Cette potion doit être épuisée dans les vingt-quatre
heures.

La tolérance s'établit; mais comme la guérison
ne s'obtient qu'en saturant l'économie d'arsenic, on
augmente chaque jour la dose, de 2 grammes de
liqueur de Boudin, jusqu'à ce qu'il survienne des
nausées, des vomituritions ou de la diarrhée. On
suspend alors pendant deux, trois ou quatre heures,
l'usage de la potion, puis on la reprend quand
l'état nauséeux a disparu, mais à intervalles plus
éloignés qu'au début. C'est le moment où cessent
les secousses musculaires. La guérison est obtenue
généralement en quatre ou cinq jours; rarement

elle se fait attendre une semaine. On diminue alors progressivement la dose du médicament. Il suffit de maintenir pendant un jour l'état nauséeux, pour que la guérison soit définitive.

Le Dr Siredey, qui a adopté la méthode d'Aran, débute chez l'adulte, à partir de quinze à vingt ans, par 15 à 20 grammes de liqueur de Boudin, et il augmente progressivement de 5 grammes par jour. Il atteint ainsi souvent 35 grammes de liqueur, soit 35 milligrammes d'acide arsénieux par jour, sans autre accident que l'état nauséeux, qui, dès que la guérison est obtenue, cesse à mesure qu'on diminue la dose de l'arsenic ingéré.

En résumé, le Dr Siredey prescrit, dans la chorée, l'acide arsénieux d'emblée à dose élevée : 5 à 15 milligrammes, selon l'âge, et administré, par petites quantités à la fois, à intervalles très rapprochés. Il augmente chaque jour la dose, de 2 à 5 milligrammes, jusqu'à la manifestation des symptômes de saturation. A partir de ce moment, il diminue progressivement la dose d'acide arsénieux, qu'il supprime tout à fait deux ou trois jours plus tard. — Le seul inconvénient de cette médication est de nécessiter une surveillance des plus attentives, ce qui empêche d'y avoir recours pour des malades qu'on n'a pas constamment sous la main.

Potion contre la chorée (H. Roger).

Arséniate de soude....   1 milligr.
Julep gommeux....... 125 grammes.

Faites dissoudre.

Une cuillerée à bouche, d'heure en heure, dans la chorée. On peut augmenter progressivement la dose du sel arsenical jusqu'à 1 centigramme par jour.

Remède contre la chorée (Lawson Tait).

I Le moyen conseillé par l'auteur anglais n'est ǀmtre chose qu'un jet d'éther lancé sur la colonne ꝟertébrale du sujet atteint de chorée. — Cette apǀƥlication a toujours eu pour effet de procurer au ꝣoalade une ou deux heures de sommeil, et de ꝡiiminuer la violence des secousses. La guérison a ꝓété obtenue dans l'espace d'un à deux mois, et, ꝡsans un cas, après quelques jours seulement de ꝣtraitement par le jet d'éther.
ǀ Un autre auteur a conseillé contre la chorée l'apǀꝫlication répétée de la glace, le long du rachis.

Traitement de la chorée par le chloral (Bouchut).

[Dans le traitement de la chorée, M. Bouchut presǀꝫrit l'hydrate de chloral, à la dose de 3 grammes ꝣoar jour, et pendant le sommeil qu'il provoque ꝡiƦinsi, aucun mouvement choréique ne se produit. ꝣ᾽L'auteur affirme que, quand on emploie de l'hydrate ꝍle chloral bien préparé, on peut en administrer aux ꝥenfants de douze à quinze ans des doses de 2 à ŏ grammes, répétées pendant dix et quinze jours ꝍle suite, sans qu'il se produise aucun effet fâcheux.

Traitement de la chorée (G. Sée).

᾽ Dans les formes légères, le traitement interne est ǀ à peu près inutile, et on doit se contenter de presǀꝫrire des bains sulfureux. — Quand la maladie a ꝯlꝫduré un certain temps, et que les sujets sont deveꝫmus anémiques, il est indiqué de leur administrer ꝍꝫdes toniques de toute sorte, et en particulier du ꝯꝫfer. Enfin, dans les cas graves, on a recours aux ꝡiinhalations de chloroforme, pour calmer les mouveꝫmments trop pénibles. — Les préparations arsénicales ꝯꝣsont aussi douées d'une certaine efficacité ; mais il

est juste de dire, d'une manière générale, que la
chorée guérit toute seule, et que les traitements divers qu'on lui oppose abrègent peu sa durée.

CHUTE DU RECTUM.

Injection hypodermique contre le prolapsus du rectum
(VIDAL).

Ergotine de Bonjean....   1 gramme.

Hydrolat de laurier-
cerise..............   5 grammes.

Faites dissoudre.

Chaque injection est faite avec quinze ou vingt
gouttes, exceptionnellement vingt-cinq gouttes de
la solution, et renferme de 0^{gr},20 à 0^{gr},25 cent. d'ergotine. Elle détermine une sensation de cuisson
plutôt que de brûlure. — La solution d'ergotine
Yvon paraît mieux tolérée.

Traitement de la chute du rectum (DE SAINT-GERMAIN).

On réduit la tumeur, on applique le pouce sur
l'anus pour la maintenir réduite, et on fait donner
une douche percutante sur l'anus et le périnée. On
répète la même manœuvre chaque matin, pendant
vingt ou trente jours. Ce traitement a réussi sur
plusieurs enfants de quatre à sept ans, et sur un
vieillard affecté de chute du rectum avec hémor-
roïdes.

COEUR (Maladies du).

Capsules de goudron et copahu (DUJARDIN-BEAUMETZ).

Goudron de Norvège....   25 centigr.

Baume de copahu......   50   —

Pour une capsule. — Quatre à huit par jour, pour

combattre la congestion passive des poumons des personnes atteintes d'affections mitrales. — Le goudron atténue les renvois nidoreux provoqués par le copahu, le rend plus tolérable pour l'estomac et diminue les chances de diarrhée. — Les sirops de goudron, de térébenthine, de bourgeons de sabin seront employés à édulcorer les tisanes dites pectorales, telles que les infusions d'hysope, de lierre terrestre, de polygala, de capillaire, etc. On y ajoutera une à deux pilules de cynoglosse, le soir, pour calmer la toux et amener le sommeil.

Inhalations de nitrite d'amyle dans les affections aortiques (Dujardin-Beaumetz).

Pour combattre les vertiges, la tendance aux syncopes des personnes atteintes d'affections aortiques, les accès d'angine de poitrine auxquels elles sont sujettes, l'auteur préconise, après les préparations opiacées, les inhalations de nitrite d'amyle. On en répand 5, 6, 7 et même 10 gouttes sur un mouchoir, et on les fait respirer doucement au malade. Ces inhalations peuvent être répétées plusieurs fois dans la journée, mais avec précaution, par de fortes doses affaiblissent le cœur, et sont susceptibles de congestionner l'encéphale, au point d'amener des ruptures vasculaires. — On évitera de les prescrire aux femmes hystériques ou épileptiques, de crainte de provoquer une attaque violente, au moment même où on les administre.

Lavement de chloral (Dujardin-Beaumetz).

Hydrate de chloral.....   5 grammes.
Eau distillée...........   50   —

Faites dissoudre.

Dans un verre de lait additionné d'un jaune d'œuf,

on verse d'une à trois cuillerées de cette solution pour un lavement, destiné à combattre l'insomnie des personnes atteintes d'affections mitrales. — Du reste, que l'on administre le chloral par le rectum ou par la bouche, il importe de ne le donner ni trop longtemps ni à doses trop élevées, de peur de déterminer des accidents graves du côté du cœur lui-même. C'est pour éviter ce fâcheux résultat, que l'auteur recommande de prescrire alternativement le chloral et le bromure de potassium. Seulement, le malade doit être prévenu que les effets calmants de ce dernier sont lents à se produire, que le sommeil n'apparait qu'au bout de quatre ou cinq jours, et que le repos ne s'obtient qu'au prix d'une médication prolongée pendant des semaines et même des mois entiers.

Macération diurétique (Hérard).

Digitale en poudre grossière..............	25 centigr.
Eau froide...	200 grammes.

Faites macérer douze heures et filtrez. — A donner en cinq ou six fois, à distance des repas, pour combattre l'anasarque des sujets atteints d'affections cardiaques. On dépasse rarement la dose de $0^{gr},25$ de digitale ; cependant on peut aller jusqu'à $0^{gr},75$. — Cette macération, administrée pendant cinq ou six jours et même davantage, ne provoque habituellement ni nausées, ni vomissements, ni gastralgie. Elle ne doit point être prescrite dans le cas de dégénérescence graisseuse du cœur.

Mixture diurétique (Halle).

Vin de colchique......	6 grammes.
Teinture de digitale...	15 —

Iodure de potassium..	10 grammes.
Sirop de salsepareille composé............	50 —
Eau distillée.........	75 —

F. s. a. une solution, dont on donnera trois ou quatre cuillerées à café par jour, dans le traitement des différentes formes d'anasarque, et principalement de celle qui est symptomatique d'une maladie du cœur. On purgera en outre le malade, tous les trois jours, avec de la poudre de jalap composée.

Pilules contre les palpitations nerveuses.

Asa fœtida.............	2 gr. 50
Feuilles de digitale pulvérisées.............	20 centigr.
Extrait de valériane....	50 —

F. s. a. 18 pilules.

Donner chaque jour deux de ces pilules, une le matin et une le soir, pour remédier aux battements de cœur qui s'observent souvent chez les personnes nerveuses.

Si le sang est plus ou moins appauvri, on prescrira en outre l'usage d'une eau minérale ferrugineuse, telle que l'eau de Spa, de Bussang ou d'Orezza, qui sera bue aux repas, mêlée avec le vin.

Pilules sédatives (Bouchut).

Feuilles de digitale pulvérisées............	5 grammes.
Chlorhydrate de morphine...............	30 centigr.
Camphre pulvérisé.....	2 grammes.
Conserve de roses......	q. s.

F. s. a. 40 pilules.

On en administre une, matin et soir, et on élève
successivement la dose, si elles sont supportées,
dans le cas d'anévrysme de l'aorte, et dans certaines
affections organiques du cœur.

Pommade contre la cardialgie (BOLKIN).

Vératrine	15 centigr.
Extrait thébaïque	75 —
Essence de térébenthine.	2 grammes.
— de menthe.....	10 gouttes.
Axonge.................	30 grammes.

F. s. a. une pommade, conseillée contre les diverses formes de cardialgies. — On peut, en cas
d'insuffisance du remède, recourir à l'emploi de
petits vésicatoires volants, qu'on panse avec de la
morphine.

Potion contre la dyspnée cardiaque (G. SÉE).

Iodure de potassium..	1 gr. 25 à 2 gr.
Hydrate de chloral....	2 à 4 gr.
Julep gommeux......	120 gr.

F. s. a. une potion, à donner par cuillerées, de
deux en deux heures, dans la journée, pour remédier à la dyspnée continue des personnes atteintes
d'affections du cœur. On peut remplacer le chloral
par 0^{gr},05 à 0^{gr},10 centigrammes d'extrait d'opium.
— Lorsque la dyspnée revient par accès, l'iodure
de potassium est également utile ; on peut enfin
essayer des inhalations d'iodure d'éthyle, qui réussissent particulièrement dans la dyspnée des asth-
matiques.

Potion contre l'hypertrophie du cœur (H. GREEN).

Iodure de potassium...	10 grammes.	
Teinture de digitale...	12	—
— de jusquiame.	12	—
Sirop de salsepareille composé...........	100	—

F. s. a. une potion, dont on donnera une cuillerée à café, matin et soir, dans le cas d'hypertrophie du cœur, et dans d'autres maladies de cet organe, où il est important de ralentir la circulation.

Potion diurétique (CRUVEILHIER).

Digitale pulvérisée....	1 gramme.	
Éther azoteux.........,	2 grammes.	
Sirop des cinq racines.	30	—
Eau bouillante,.......	125	—

Infusez la digitale dans l'eau bouillante, filtrez, et quand l'infusion sera refroidie, ajoutez-y l'éther et le sirop.

Une cuillerée à bouche, d'heure en heure, pour combattre les infiltrations séreuses déterminées par les affections organiques du cœur.

Potion diurétique (GUBLER).

Caféine...............	50 centigr.	
Sirop de menthe.......	30 grammes.	
Hydrolat de menthe....	90	—

F. s. a. une potion, à prendre par cuillerées dans les vingt-quatre heures, dans le cas d'anasarque symptomatique d'affection cardiaque.

Sirop bromuré (DUJARDIN-BEAUMETZ).

Bromure de potassium.   15 grammes.
Sirop d'écorces d'oran-
    ges amères......... 250   —
Faites dissoudre.

Une cuillerée dans de la tisane, aux femmes nerveuses qui, au début des affections mitrales, éprouvent des douleurs, de l'oppression et de l'insomnie. — Dans le cas d'anémie, on prescrit en outre les préparations arsénicales ou les préparations de quinquina.

Solutions de morphine pour injections hypodermiques (DUJARDIN-BEAUMETZ).

Chlorhydrate de mor-
    phine............... 1 gramme.
Hydrolat de laurier-
    cerise.............. 50 grammes.
Faites dissoudre.

Un gramme de cette solution, c'est-à-dire le contenu de la seringue de Pravaz, renferme 2 centigrammes de sel de morphine. On commence par en injecter de 5 à 10 milligrammes, dans le cas de lésions aortiques (rétrécissement ou insuffisance), pour combattre la douleur cardiaque, la dyspnée, les accès angineux, et les symptômes de l'anémie cérébrale, tels que vertiges et lipothymies. On pratique l'injection à la face dorsale de l'avant-bras, ou sur la paroi abdominale, ou mieux encore au niveau même de la douleur.

Quand la morphine est mal supportée et provoque des vomissements, on lui associe l'atropine, comme dans la solution suivante :

> Chlorhydrate de mor-
> phine.............. 10 centigr.
> Sulfate d'atropine...... 1 —
> Hydrolat de laurier-
> cerise.............. 20 grammes.

Faites dissoudre.

Un centimètre cube de cette solution renferme un demi-centigramme de sel de morphine, et un demi-milligramme de sel d'atropine. On en injecte un gramme, et on obtient souvent des résultats plus avantageux qu'avec la morphine seule. — On peut y recourir aussi pour combattre des phénomènes douloureux divers, tels que névralgies, coliques hépatiques ou néphrétiques, etc.

Ces injections présenteraient de l'inconvénient si les reins fonctionnaient mal. L'attention doit donc être tenue en éveil de ce côté.

Traitement des affections mitrales (DUJARDIN-BEAUMETZ).

> Feuilles de digitale pul-
> vérisées .... 50 centigr.
> Eau froide.......... 120 grammes.

On fait macérer pendant six à douze heures, et on fait prendre dans la première journée. — Le second jour, on prépare la macération avec $0^{gr},40$ centigrammes ; le troisième jour avec $0^{gr},30$ centigrammes ; le quatrième jour avec $0^{gr},20$ centigrammes ; le cinquième et le sixième jour avec $0^{gr},10$. Ces macérations sont prescrites ainsi à doses décroissantes, afin de ne point provoquer de phénomènes d'intolérance, dans les cas d'affections mitrales arrivées à la seconde période. Elles ont pour effet de tonifier le cœur, et de compenser les désordres résultant du rétrécissement mitral et de l'insuffisance aortique. — — Après six jours d'emploi de la digitale, on prescrit pendant le même laps de temps le bromure de potassium, à la dose de 1 à 2 grammes par jour, en solution dans un verre de lait. — On accorde un jour de repos, puis on revient alternativement à la digitale et au bromure, en laissant le malade se reposer une journée à la fin de chaque série.

On peut conseiller en outre l'infusion de café torréfié (20 grammes pour un litre d'eau bouillante), afin de faciliter les digestions, en ayant soin toutefois d'en surveiller l'effet chez les personnes nerveuses.

On cesse l'emploi de la digitale, dès qu'on soupçonne une dégénérescence granulo-graisseuse du muscle cardiaque, car elle deviendrait alors plus nuisible qu'utile.

Traitement de l'asystolie (Parrot).

Le traitement de l'asystolie doit avoir pour but de rendre au muscle cardiaque la force qui lui manque, et de le débarrasser du sang qui le distend. Le moyen le plus prompt d'y arriver est la saignée; mais l'affaiblissement qu'elle détermine la rend dangereuse. Au lieu d'enlever du sang à la circulation, il est préférable d'en changer le cours, et on y réussit à l'aide des ventouses sèches que l'on applique en grand nombre et à diverses reprises, sur les parois du thorax. Les frictions sèches, stimulantes, les rubéfiants promenés sur les régions non-infiltrées agissent de même. La digitale est le médicament le plus précieux en pareil cas. On l'administre en poudre (5 à 10 centigrammes); sous forme de teinture éthérée (1 à 4 grammes): sous forme d'extrait aqueux (10 à 40 centigrammes), ou alcoolique (5 à 30 centigrammes); et sous forme de digitaline (1 à 5 milligrammes). S'il survient des épanchements séreux, on prescrit les diurétiques, et parmi eux

ces préparations de scille; de temps en temps des
laxatifs, et dans certains cas des purgatifs drastiques.
— Repos absolu au physique et au moral; aliments
réparateurs et de digestion facile, arrosés de vins
généreux.

COLIQUES.

Mixture rouge de Standert.

Carbonate de magnésie.	16	grammes.
Rhubarbe pulvérisée..	8	—
Teinture de rhubarbe..	45	—
— d'opium	4	—
Essence d'anis........	24	gouttes.
— de menthe poi-vrée	30	—
Eau distillée...........	750	grammes.

Mêlez.

Remède populaire, dans l'ouest de l'Angleterre,
pour combattre les douleurs d'entrailles. — Trois à
six cuillerées par jour.

Potion antispasmodique.

Laudanum de Sy-denham.......	15	gouttes.
Essence d'anis...	10	—
Sirop d'éther....		
Sirop d'écorce d'o-range.........	̄aa 15	grammes.
Hydrolat de til-leul..........	100	—

F. s. a. une potion à donner par cuillerées, dans
ce cas de coliques flatulentes d'origine nerveuse. —
Lavement frais avec infusion de camomille.

Potion contre les coliques des enfants (Steiner)

Bicarbonate de soude...............	50 à 80 centigr.
Hydrolat de fenouil.	80 grammes.
Sirop diacode......	10 —

F. s. a. une potion, à donner par cuillerées à café, toutes les deux heures, aux enfants dyspeptiques qui se plaignent de douleurs intestinales. — S'il existe de l'embarras gastrique, on administre tout d'abord un vomitif.

COLIQUE HÉPATIQUE.

Liniment calmant.

Baume de Fioravanti...	32 grammes.
Chloroforme..........	8 —

Mêlez. — Versez une certaine quantité de ce mélange sur une feuille de ouate, et appliquez-la rapidement sur le point douloureux, sur la région du foie par exemple, dans le cas de colique hépatique, au creux épigastrique dans la gastralgie et les crampes d'estomac, etc.

Potion au chloroforme.

Chloroforme...........	2 grammes.
Huile d'amandes douces.	3 —
Sirop de gomme.......	40 —

Mêlez.

Bien agiter chaque fois, et faire prendre par cuillerées à café tous les quarts d'heure, ou toutes les demi-heures, dans la colique hépatique.

Un autre moyen d'administrer le chloroforme consiste, comme l'a conseillé M. Jaillard, à verser tout simplement la quantité de chloroforme prescrite, dans 100 ou 120 grammes de lait, pur ou édulcoré, et aromatisé avec quelques gouttes d'eau de laurier-cerise. On agite vivement, et le chloroforme se divise en une infinité de globules, tout à fait semblables aux globules gras du lait, au milieu desquels il reste indéfiniment suspendu.

Potion au chloroforme (TOURASSE).

Chloroforme..........	1	gramme.
Alcool à 90°..........	8	grammes.
Hydrolat de laurier-cerise.............	10	--
Hydrolat de laitue.....	120	—
Sirop de fleurs d'oran-ger	30	—

On dissout le chloroforme dans l'alcool, et on le verse dans la potion.

On administre cette potion, par cuillerées, aux personnes qui souffrent de coliques hépatiques, et on en obtient en général de bons résultats, toutes les fois qu'il s'agit de combattre le symptôme douleur.

Prises calmantes (VOLLANT).

Chlorhydrate de morphine.	10 centigr.	
Sucre pulvérisé..........	80	—

Mêlez soigneusement, et divisez en huit doses.

Quand la colique hépatique dure depuis quelques heures, et qu'on présume que le calcul est engagé, on administre une prise, et on recommande au malade le repos le plus complet dans la position horizontale. Si la première dose n'a pas produit de calme, on en donne une seconde, une demi-heure ou une heure après.

COLIQUE DE PLOMB.

Électuaire de soufre (Lutz).

Soufre sublimé et lavé.   125 grammes.
Miel blanc..............   125   —
Mêlez.

On administre 50 grammes de cet électuaire, trois jours de suite, pour combattre la colique de plomb, puis on donne des doses successivement décroissantes. Dès le troisième jour, la douleur si vive de la colique saturnine a disparu. Les selles sont rendues noires, et contiennent du sulfure de plomb, comme M. Lutz s'en est assuré par l'analyse chimique. — L'électuaire de soufre est un remède plus sûr que celui dit de la Charité, parce qu'il provoque l'expulsion de tout le métal toxique qui existait dans l'économie.

Pilules purgatives (Van den Corput).

Podophylline.........   30 centigr.
Extrait de noix vomi-
    que................   30   —
Extrait de belladone...   30   —
F. s. a. 10 pilules.

En donner deux ou trois par jour, pour remédier à la constipation douloureuse des ouvriers qui travaillent le plomb. En même temps, administrer des bains sulfureux.

Potion purgative (Bosse).

Scammonée pulvé-
    risée...........   )
Résine de jalap...   } āā 25 centigr.
)
Huile de croton
    tiglium.........   2 gouttes.

Eau de fleurs d'oranger.........	4 grammes.
Hydrolat de menthe...........	100 —
Sirop de chicorée composé.......	40 —

F. s. a. une potion, à administrer par cuillerées, aux sujets atteints de coliques saturnines, quand les autres purgatifs sont restés sans effet.

Traitement de la colique saturnine (Niemeyer).

Dans le cas de colique saturnine, l'auteur donne, de deux en deux heures, une cuillerée du mélange suivant :

Huile de ricin	60 grammes.
— de croton tiglium	3 gouttes.

Mêlez.

Il fait prendre en outre, dans les vingt-quatre heures, trois pilules d'opium de 25 à 50 milligrammes. — Bains tièdes, fomentations narcotiques, lavements tantôt purgatifs, tantôt narcotiques.

CONJONCTIVITE.

Collyre astringent (Desmarres).

Acide tannique........	50 centigr.
Hydrolat de laurier-cerise.............	10 grammes.
Eau distillée.........	50 —

Faites dissoudre.

Baigner l'œil avec ce collyre, et en instiller quelques gouttes, soir et matin, entre les paupières, dans la conjonctivite catarrhale, quand les symptômes inflammatoires sont atténués.

Collyre au sulfate de cuivre (Debreyne).

Sulfate de cuivre...... 25 centigr.
Eau distillée.......... 30 grammes.
Faites dissoudre.

En instiller quelques gouttes dans les yeux, matin et soir, dans la conjonctivite oculaire ou palpébrale, passée à l'état chronique.

Collyre au sulfate de cuivre (Wharton Jones).

Sulfate de cuivre...... 10 centigr.
Laudanum de Syden-
ham.................. 4 grammes.
Eau distillée.......... 32 —
Faites dissoudre.

Dans l'ophthalmie purulente et la conjonctivite chronique, on applique trois fois par jour ce collyre sur la conjonctive, à l'aide d'un pinceau. On lave fréquemment les yeux à l'eau fraîche, et on administre des purgatifs répétés.

Collyre au sulfate de zinc (Velpeau).

Eau distillée de bleuet. 125 grammes.
Sulfate de zinc cristal-
lisé .... 25 centigr.
Mucilage de psyllium.. 4 grammes.
Faites dissoudre et filtrez.

On en fait tomber quelques gouttes dans les yeux, trois ou quatre fois par jour, dans les cas de conjonctivite légère. En même temps, on administre un purgatif salin, et on promène des sinapismes matin et soir, sur les membres supérieurs et infé-rieurs.

Quand l'inflammation de la conjonctive est plus

nense, on substitue au collyre précédent une so-
ioon de nitrate d'argent contenant de 5 à 10 cen-
ɪ.rammes do ce sel, pour 30 grammes d'eau dis-
ᵭée.

Collyre au sulfate de zinc camphré (Hôpitaux anglais).

> Sulfate de zinc cristal-
> lisé............... 1 gr. 25
> Teinture de camphre.. 3 grammes.
> Eau distillée......... 200 —

Faites dissoudre et filtrez.

En instiller quelques gouttes dans les yeux, deux
ɪɪ trois fois par jour, contre la conjonctivite.

Collyre au tannin (Cavarra).

> Acide tannique..... 10 à 15 centigr.
> Eau distillée....... 24 grammes.

Faites dissoudre.

En instiller quelques gouttes dans les yeux, soir
ɪ matin, pendant la seconde période des conjoncti-
ɪes catarrhales.

Collyre contre la conjonctivite des foins (Galezowski).

> Sulfate neutre d'ésérine. 2 centigr.
> Eau distillée......... 10 grammes.

F. s. a. un collyre, dont on instillera, soir et
matin, une goutte dans l'œil, pour combattre la con-
ɪonctivite de la fièvre des foins.

Il peut arriver que la conjonctivite persiste seule,
après la disparition des autres symptômes du *hay
fever*, et comme elle est rebelle au traitement ordinaire de la conjonctivite catarrhale, l'auteur a cru
devoir recourir à l'ésérine, pour faire cesser la pho-

tophobie intense qui la caractérise. Ce collyre d'ésérine a été en effet appliqué avec succès ; mais comm
il détermine des maux de tête et des vertiges, o
peut, s'il est mal supporté, le remplacer par un co
lyre de pilocarpine, qui agit dans le même sen
quoique doué d'une moindre efficacité.

Collyre contre la conjonctivite diphthéritique.

    Hydrolat de roses.....   125 grammes.
    Acide tannique ou bo-
       rate de soude.......   25 centigr.

F. s. a. une solution, avec laquelle on lavera le
yeux toutes les heures, dans la conjonctivite diph
théritique. On commencera par une application
sangsues aux tempes ; on pratiquera, si c'est né
cessaire, des scarifications à la conjonctive, et o
maintiendra des compresses glacées sur les pau
pières.

Collyre opiacé.

    Hydrolat de roses.....   10 grammes.
    Teinture d'opium.....   10   —
Mêlez.

Instiller, tous les jours, une goutte de ce colly
dans l'œil, pour remédier à la conjonctivite chronno
que et à la blépharite.

Collyre résolutif (ROSENBAUM).

    Sulfate de cadmium..   5 à 10 centigr.
    Hydrolat de roses...   30 grammes.
Faites dissoudre.

Trois ou quatre fois par jour, instiller quelqu
gouttes de cette solution dans les yeux atteints

ronjonctivite. — Bains de pieds sinapisés. — Pur-
satifs répétés.

Solution contre la conjonctivite granuleuse (Agnew).

Acide tannique........	25 centigr.
Glycérine	6 grammes.
Borate de soude.......	2 —
Eau camphrée........	32 —

Faites dissoudre. — Une fois par jour, on applique cette solution sous forme de pulvérisation, dans
e cas de conjonctivite granuleuse.

CONSTIPATION.

Électuaire de soufre.

Soufre sublimé et lavé.	30 grammes.
Bitartrate de potasse...	15 —
Miel blanc	90 —

Mêlez.

Une cuillerée à café, une ou deux fois le jour, pour
finire cesser la constipation habituelle.

Lavement contre la constipation.

Dans un verre à boire, à moitié rempli d'eau à la
température ambiante, on verse quelques gouttes
d'alcool camphré, c'est-à-dire assez pour la rendre
rapide, et on achève de remplir le verre avec de
l'eau. — On emplit de cette eau alcoolisée camphrée
une petite seringue de la contenance de 60 grammes environ, et on prend ce lavement, pour remédier
à la constipation habituelle. Au bout de 5 à 10 minutes, le besoin de défécation se fait sentir et devient irrésistible.

Les lavements d'eau alcoolisée camphrée sont également utiles pour faire cesser la diarrhée, à la condition qu'ils soient un peu plus chargés d'alcool camphré. On en prend plusieurs de 60 grammes, jusqu'à ce qu'on réussisse à en conserver un.

Mixture cathartique (PEASLEE).

Extrait d'aloès........	8	grammes.
— de pissenlit....	15	—
Follicules de séné.....	30	—
Rhubarbe concassée...	12	—
Noix vomique pulvérisée	4	—
Eau bouillante........	300	—

Faites infuser pendant une heure, passez et ajou-tez :

Sulfate de magnésie...	45	grammes.
Genièvre de Hollande..	120	—

Une cuillerée à bouche, de deux en deux heures, jusqu'à ce qu'on obtienne un effet suffisant, dans la constipation qui provient de l'inaction du foie ou de toute autre cause. Tous les soirs, en se couchant, on continue à prendre une cuillerée à bouche de cette mixture, pour prévenir le retour de la constipation.

Mixture contre la constipation.

Aloès socotrin pulvérisé...............	20	grammes.
Bicarbonate de soude pulvérisé..........	6	—
Teinture de lavande composée..........	12	—
Eau distillée..........	300	—

F. s. a. une mixture, qu'on administrera à la dose d'une cuillerée à bouche, pour faire cesser la consti-

ittion, et quand ce résultat aura été obtenu, il suf-
ra d'en donner une cuillerée à café, le soir, pour
entretenir la liberté du ventre. — Cette préparation
est recommandée, en Amérique, comme un purgatif
très efficace.

Mixture contre la constipation.

Extrait d'aloès pulvérisé.	12 grammes.
Bicarbonate de potasse.	25 —
Sirop de rhubarbe aromatique...........	50
Sirop de lavande composé	6 —
Eau distillée..........	150 —

Faites dissoudre.

Une petite cuillerée à midi et le soir, aux personnes dont la constipation est accompagnée de flatuosités ou d'aigreurs.

Opiat sulfuro-magnésien (MIALHE).

Soufre sublimé et lavé.	10 grammes.
Carbonate de magnésie.	20 —
Miel blanc............	60 —

Mêlez.

Une cuillerée, le matin, à jeun, aux personnes
dartreuses, qui sont sujettes à la constipation.

Pastilles laxatives (BEASLEY).

Calomel à la vapeur...	3 grammes.
Scammonée pulvérisée.	4 —
Jalap pulvérisé........	2 —
Gingembre pulvérisé..	40 centigr.
Cannelle pulvérisée...	20 —

> Sucre pulvérisé....... 20 grammes.
> Mucilage de gomme adragante.......... q. s.

On mélange avec soin les poudres médicamenteuses, on y ajoute le sucre, puis on y incorpore le mucilage, et on divise en 40 tablettes, qui contiennent chacune 7 centigrammes de calomel, 10 centigrammes de scammonée, et 5 centigrammes de jalap. — Une à trois par jour, contre la constipation habituelle.

Pilules amères laxatives.

> Asa fetida........ ... 2 grammes.
> Extrait d'absinthe. .... 2 —
> Quassia amara........ 1 —

F. s. a. 20 pilules argentées.

Deux ou trois, une heure avant chacun des deux principaux repas, pour exciter les fonctions de l'estomac et empêcher la constipation.

Pilules cathartiques (DICKSON).

> Extrait de belladone.... 30 centigr.
> Rhubarbe pulvérisée... 1 gramme.
> Extrait d'aloès........ 1 —

F. s. a. 12 pilules.

Une ou deux, tous les soirs, au moment du coucher, aux personnes qui souffrent d'une constipation habituelle.

Pilules contre la constipation.

> Extrait d'aloès pulvérisé. 4 grammes.
> Gomme-gutte pulvérisée 4 —
> Calomel à la vapeur..... 2 —
> Jalap pulvérisé........ 2 —
> Savon médicinal....... 2 —

F, s. a. 60 pilules.

℧ Deux à trois le soir, pour combattre la constipation habituelle.

Pilules contre la constipation (C. Paul),

Podophylline	30 centigr.
Miel	q. s.

℣ F. s. a. 10 pilules.

℧ Une le soir en se couchant, dans le cas de constipation habituelle. Cette pilule suffit pour procurer une garde-robe le lendemain ; mais si on veut purger, il faut en administrer deux ou trois.
℧ La podophylline ne produit pas de constipation consécutive, et peut être employée pendant longtemps, sans perdre de son efficacité.

Pilules contre la constipation (J. Ware).

Extrait d'aloès pulvérisé	1 gramme.
Rhubarbe pulvérisée.	1 —
Jalap pulvérisé......	1 —
Scammonée pulvérisée.............	1 —
Tartre stibié........	6 à 12 centigr.
Gomme-gutte.......	40 —
Huile de croton tiglium	1 à 2 gouttes.

℣ F. s. a. 64 pilules.

℧ Une ou deux par jour, après le dîner, aux personnes habituellement constipées.

Pilules laxatives (Davis).

Extrait d'aloès...........	3 grammes.
Sulfate de fer.........	3 —

Extrait de jusquiame...   3 grammes.
Extrait de noix vomique. 60 centigr.
F. s. a. 60 pilules.

Une le soir, ou une matin et soir, pour obtenir une selle chaque jour, dans le cas de digestion imparfaite, compliquée de constipation habituelle.

Pilules toni-purgatives.

Aloès succotrin .
Rhubarbe........
Myrrhe .... } ãã   2 grammes.
Extrait de camo-
  mille........
Essence de camo-
  mille.........   10 gouttes.
F. s. a. des pilules de 20 centigrammes.

De une à trois, pour entretenir la liberté du ventre.

Poudre contre la constipation (COUTARET).

Soufre sublimé et lavé.. 10 grammes.
Magnésie calcinée...... 10   —
Sucre de lait pulvérisé.. 10   —
Mêlez avec soin.

Les personnes sujettes à la constipation prendront de temps en temps, le soir en se couchant, une cuillerée à café plus ou moins pleine de cette poudre laxative.

Sirop contre la constipation (BOUCHUT).

Podophylline...........   5 centigr.
Alcool rectifié.........   5 grammes.
Sirop de guimauve..... 95   —
Faites dissoudre.

Une demi-cuillerée au plus, à un enfant, pour combattre la constipation ; une cuillerée entière pour l'adulte.

Suppositoire laxatif (Phœbus).

Sulfate de soude desséché...................	8 grammes.
Savon blanc pulvérisé...	16 —
Miel épaissi............	q. s.

Faites quatre suppositoires, que vous enduirez d'huile, avant de les introduire dans le rectum.

Ces suppositoires sont utiles dans la constipation habituelle.

CONTUSIONS

Embrocation résolutive (Beasley).

Chlorhydrate d'ammoniaque	30 grammes.
Vinaigre distillé.......	50 —
Alcool rectifié.........	50 —
Eau distillée..........	500 —

Faites dissoudre.

En lotions et sous forme de compresses, sur les contusions et sur les bosses sanguines, pourvu que la peau ne présente point de plaies.

Fomentations aromatiques.

Espèces aromatiques..	125 grammes.
Vin rouge	1000 —
Alcoolat vulnéraire....	64 —

Faites macérer huit jours et filtrez.

Imbiber des compresses de ce liquide, et les ap-

pliquer sur les bosses sanguines, pour en activer
la résolution.

Liniment albumineux (Christison).

Blanc d'œuf.....
Esprit-de-vin.... } ãã parties égales.
Mêlez en agitant.

Ce liniment est conseillé pour panser les excoriations qui résultent d'une pression violente ou d'une contusion.

CONVULSIONS

Lavement contre les convulsions (J. Simon).

Musc...............	20 centigr.
Camphre..........	1 gramme.
Hydrate de chloral.	30 à 50 centigr.
Jaune d'œuf.......	n° 1
Eau...............	150 grammes.

F. s. a. un lavement qu'on donne, après un lavement simple, aux enfants pris de convulsions, et auxquels on ne peut rien faire avaler. — Faire respirer de l'éther, plonger le malade dans un bain sinapisé, jusqu'à ce que la peau commence à rougir.

Potion contre les convulsions.

Musc...........	15 à 20 centigr.
Hydrolat de laitue	80 grammes.
Sirop d'éther....	
— simple.... } ãã 10 —	

F. s. a. une potion, à donner par cuillerées, d'heure en heure, aux enfants atteints de convulsions. — Sangsues aux oreilles, si le sujet est robuste ; compresses froides sur le front.

Potion contre les convulsions (J. Simon).

Bromure de potassium..........		1 gramme.
Musc		20 centigr.
Hydrolat de tilleul	ãã	50 grammes.
Hydrolat de fleurs d'oranger		
Sirop simple		20 —

F. s. a. une potion, à donner par cuillerées à café, de quart d'heure en quart d'heure, aux enfants atteints de convulsions, et leur faire respirer de l'éther. — Si les accidents persistent, plonger le malade dans un bain sinapisé, et l'y maintenir quelques minutes, jusqu'à ce que la peau devienne rouge, mais pas assez longtemps pour provoquer de la douleur. — Si on a lieu de penser que l'indigestion soit pour quelque chose dans les convulsions, administrer un lavement purgatif, ou provoquer un vomissement en titillant la luette. L'indigestion est en effet la cause la plus fréquente des convulsions sans fièvre.

Traitement de l'éclampsie des enfants (A. Ferrand).

Les moyens conseillés par l'auteur pour combattre l'éclampsie des enfants sont : le bain, le bromure de potassium à l'intérieur, quelques inhalations de chloroforme, en cas de violence extrême des convulsions, des onctions belladonées dans les creux axillaires. S'il y a indication d'agir sur l'intestin, on prescrit le calomel, au lieu et place de bromure, ou alternant avec lui. — Dans les formes graves, il y a avantage à appliquer des sangsues derrière les oreilles.

COQUELUCHE

Des bains d'air comprimé dans la coqueluche
(Moutard-Martin).

Le bain d'air comprimé agit efficacement à toutes les périodes de la coqueluche. Parfois les quintes de toux diminuent des quatre cinquièmes en deux jours. Chez trois malades de sept, douze et quatorze ans, l'auteur a employé l'air comprimé dès le début, et il a constaté que la coqueluche avait été bénigne et de courte durée. Il compare les effets du bain d'air à ceux du changement de milieu, à la fin de la coqueluche.

Mixture contre la coqueluche (N. Guéneau de Mussy).

Bromure de potassium.	2 à 3 grammes.
Musc................	20 centigr.
Sirop de fleurs d'oran- ger	45 grammes.
Sirop de codéine.....	30 —
— de belladone...	30 —
— d'éther........	15 —
Hydrolat de laurier- cerise.............	6 —

F. s. a. une mixture, dont on donnera, aux enfants de huit à dix ans, trois cuillerées d'entremets (10 grammes) dans les vingt-quatre heures, une le soir, une pendant la nuit, et une le matin. On suspendra l'usage pendant le jour, afin de ne point enrayer l'appétit. — Pour empêcher les vomissements qui suivent le repas, l'auteur prescrit, quinze à vingt minutes avant l'ingestion des aliments, une à quatre gouttes de teinture de belladone, dans une petite infusion amère. — S'il existe des paroxysmes débriles périodiques, le sulfate de quinine est inpiqué. — Enfin, si l'enfant est menacé d'une bronchite capillaire, on applique un révulsif, thapsia ou huile de croton.

Pilules contre la coqueluche (Bouchut).

Belladone pulvérisée...	1 gramme.
Oxyde de zinc.........	1 —
Extrait de serpolet	2 —

F. s. a. 40 pilules. — De une à six par jour.

Potion contre la coqueluche.

Extrait de suc de belladone...............	10 centigr.
Extrait aqueux d'opium.	2 —
Gomme adragante pulvérisée	40 —
Infusion de fleurs pectorales.............	100 grammes.
Hydrolat de fleurs d'oranger.............	10 —
Sirop de guimauve....	30 —

F. s. a. une potion dont on donnera une cuillerée toutes les heures, ou à des intervalles plus éloignés, selon l'effet produit, aux enfants atteints de coqueluche.

Potion contre la coqueluche (A. de Beaufort).

Iodure de potassium..	90 centigr.
Alcoolature d'aconit ...	75 —
Sirop de baume de Tolu..............	60 grammes.

Faites dissoudre.

Une cuillerée à café par jour, pour un enfant de

un an, deux pour un enfant de deux ans, cinq pour un enfant de sept ans, huit pour un enfant de quatorze ans. On y associe les vomitifs et les toniques, tels que le sirop d'iodure de fer, quand on a affaire à des sujets scrofuleux et menacés de tuberculisation.

Potion contre la coqueluche (JEANNEL).

Hydrolat de tilleul.....   100 grammes.
Hydrolat de laurier-
    cerise.............   15   —
Sirop de belladone....   30   —
Mêlez.

Une cuillerée à bouche toutes les deux heures, en augmentant la dose du sirop, selon les effets obtenus.

Potion contre la coqueluche (K. LOREY).

Hydrate de chloral....   5 grammes.
Sirop d'écorces d'oran-
    ges amères.........   15   —
Eau distillée..........   150   —
Faites dissoudre.

De une à trois petites cuillerées, selon l'âge de l'enfant. Le chloral aurait pour effet, selon l'auteur, de diminuer le nombre et l'intensité des quintes, et d'abréger par conséquent la durée totale de la maladie.

Potion contre la coqueluche (H. ROGER).

Hydrate de chloral...   1 à 2 grammes.
Sirop de morphine...   20   —
Eau distillée........   30   —

F. s. a. une potion, dont on donnera trois cuille-

vées à dessert par jour, pour combattre la coque-
onche. En cas d'insuccès, l'auteur conseille encore
e sirop suivant, à la dose d'une cuillerée à café,
matin et soir :

    Sirop de belladone.....   20 grammes.
    Musc ....   10 centigr.

₰ Mêlez.

Potion contre la coqueluche (WACHLT).

    Cochenille............   50 centigr.
    Bitartrate de potasse..   50   —
    Sucre pulvérisé.......   30 grammes.
    Eau bouillante.......   120   —

₰ F. s a. une potion à donner par cuillerées à café
toutes les deux heures.

₰ Pendant l'épidémie de Genève, en 1851, le
D' Rilliet a administré la cochenille à la dose de
0ᵍʳ,50 dans les vingt-quatre heures, et sous l'influence de cette médication, la coqueluche a paru
plus légère et plus courte. Le Dʳ Pavesi, qui en a
fait également usage, pendant une épidémie de
Lombardie, déclare que la maladie n'a été ni arrêtée
dans son cours, ni abrégée dans sa durée, mais
que les accès ont perdu beaucoup de leur intensité.

Poudre contre la coqueluche (BROCHIN).

    Fleurs de narcisse des
      prés pulvérisées....   2 grammes.
    Racine de belladone
      pulvérisée.........   1   —
    Oxyde de zinc sublimé.   2   —

₰ Mêlez et divisez en 36 paquets.

₰ Un paquet, de quatre en quatre heures, aux enfants atteints de coqueluche.

Poudre contre la coqueluche (HECKER).

Poudre de racine de
belladone............   8 centigr.
Musc pulvérisé........   30   —
Camphre pulvérisé....   30   —
Sucre blanc pulvérisé.   2 grammes.
Mêlez et divisez en 8 paquets.

On en donne de un à trois paquets par jour, aux
enfants âgés de plus d'un an, qui sont atteints de la
coqueluche.

Poudre contre la coqueluche (KOPP).

Poudre de racine de
belladone ....   12 centigr.
Poudre d'ipécacuanha.   12   —
Soufre sublimé et lavé.   2 grammes.
Sucre de lait pulvérisé.   2   —
Mêlez et divisez en 12 pilules.

On en donne de une à trois par jour, aux enfants
âgés de deux à quatre ans, qui sont atteints de la
coqueluche.

Prises contre la coqueluche (ARCHAMBAULT).

Soufre sublimé et
lavé..........   30 centigr.
Sucre de lait pul-
vérisé .... } āā   60   —
Iris pulvérisé....)
Mêlez et divisez en 3 paquets.

Un à trois dans les vingt-quatre heures, à la période de déclin de la coqueluche.

Prises contre la coqueluche (Blache).

Calomel à la vapeur..........	20 centigr.

Jalap pulvérisé.. ⎫
Ipéca   —   .. ⎬ ãā   1 gramme.
Rhubarbe—   .. ⎭

℣ Mêlez et divisez en 16 prises.

℟ Une, matin et soir, aux enfants atteints de coqueluche.

℟ On leur donne, en outre, quatre à cinq petites tasses dans la journée, d'une infusion préparée avec :

Fleurs de narcisse des
prés fraîchement des-
séchées.............. n° 4
Fleurs de tilleul........ 2 pincées.

Sirop contre la coqueluche (Archambault).

Extrait de bella-
done.......... 20 centigr.
Sirop d'opium ... ⎫
Sirop de fleurs ⎬ ãā 30 grammes.
d'oranger...... ⎭

℟ Faites dissoudre.

℟ Une cuillerée à café, matin et soir, pour combattre la toux quinteuse et spasmodique de la coqueluche.

Sirop contre la coqueluche (Greepenkerl).

Seigle ergoté con-
cassé.......... 50 centigr. à 2 gr.

℟ Faites bouillir dans suffisante quantité d'eau, pour obtenir 32 grammes de colature, et ajoutez :

Sucre blanc pulvérisé.   48 grammes.

F. s. a. — Une cuillerée à café, toutes les deux heures, pour un enfant de 5 à 7 ans, atteint de coqueluche.

Pour des enfants plus jeunes, réduire la dose du seigle ergoté à 1 gramme ou 0^{gr}, 75 centigrammes.

Éviter avec soin, pendant toute la durée du traitement, les aliments qui contiennent du tannin, et interrompre le traitement au bout de quinze jours, sauf à le reprendre plus tard. — Selon l'auteur, ce mode de traitement ne jouit de son efficacité qu'au commencement de la troisième semaine de la maladie.

Sirop contre la coqueluche (TROUSSEAU).

Sirop d'opium...
Sirop de bella-
done.........
Sirop de fleurs
d'oranger.....
Sirop d'éther....   ãã   20 grammes.

Mêlez.

De 10 à 20 grammes par jour, par petites cuillerées à café, aux enfants atteints de coqueluche.

Sirop contre la coqueluche (P. VIGIER).

Cochenille..............	2 gr. 50
Carbonate de potasse..	2 grammes.
Eau distillée bouillante.	140 —
Sucre blanc..........	225 —

F. s. a. un quart de litre de sirop. — Deux à quatre grandes cuillerées par jour.

2 Solution bromurée contre la coqueluche (Wintrebert).

> Bromure de potassium.   5 grammes.
> Eau distillée.......... 100   —

Faites dissoudre.

Après chaque quinte, aussitôt que les mucosités bronchiques ont été expulsées, on fait pénétrer la solution bromurée dans le fond de la gorge, à l'aide d'un pulvérisateur. On diminue ainsi le nombre des quintes, et on abrège la durée de la maladie.

CORYZA

Efficacité de l'eucalyptus contre le coryza (Rudolphi).

Après de nombreux essais pratiqués sur lui-même et sur d'autres personnes, le Dr Rudolphi recommande l'eucalyptus globulus, comme un remède propre à guérir rapidement le coryza aigu. On mâche une petite quantité de feuilles sèches d'eucalyptus, et on avale lentement la salive. Le coryza est promptement amélioré et souvent même dissipé dans l'espace d'une demi-heure. — Ce moyen ne réussit que dans le cas de coryza aigu.

> Liniment contre le coryza (Van Holsbeck).
>
> Acide salicylique......   50 centigr.
> Acétate de morphine..   5   —
> Glycérine...........   30 grammes.

Faites dissoudre. — En badigeonnages sur la membrane pituitaire, pour combattre le coryza

> Poudre contre le coryza.
>
> Poudre d'iris.........   4 grammes.
>   —   de guimauve...   4   —

Tannin................. 20 centigr.
Teinture de vanille..... 16 gouttes.

Mêlez. — Priser cette poudre trois ou quatre fois par jour, et plus souvent si c'est nécessaire, pour atténuer les symptômes les plus pénibles du coryza.

Pour les enfants, on peut recourir à la pommade suivante, qu'on introduit dans les fosses nasales au moyen d'un cylindre de papier.

Acide tannique........ 5 centigr.
Axonge............... 5 grammes.
Teinture de vanille..... 5 gouttes.

Poudre contre le coryza (Ferrier).

Chlorhydrate de mor-
    phine...... .... 10 centigr.
Gomme pulvérisée..... 8 grammes.
Sous-nitrate de bismuth. 24 —

Mêlez. — Priser, dans les vingt-quatre heures, le quart et jusqu'à la moitié de ce mélange, au début du coryza aigu, et dans le coryza chronique. Avant d'en faire usage, on lave les fosses nasales, en reniflant de l'eau tiède.

Les solutions astringentes, l'eau de goudron, les eaux sulfureuses ou arsénicales, injectées au moyen d'un pulvérisateur, produisent aussi de bons effets dans la forme chronique de la maladie. Il en est de même des douches naso-pharyngiennes, administrées avec l'appareil Weber. Grâce à l'emploi de ce moyen, les deux fosses nasales sont soumises à un courant continu, qui les lave énergiquement, entraîne tous les dépôts morbides, et modifie la vitalité de la muqueuse, selon la composition du liquide employé.

Poudre contre le coryza (Van den Corput).

Sous-azotate de bismuth.	8 grammes
Benjoin pulvérisé......	4 —
Chlorhydrate de mor-	
phine...............	10 centigr.

M. Mêlez avec soin et divisez en 2 paquets.

Dans le coryza, priser chaque jour un ou deux paquets.

Topique astringent (Vogt).

Sulfate d'alumine et de	
potasse pulvérisé.....	50 centigr.
Extr. de ratanhia pulv..	8 grammes.
Écorce de chêne pulv...	8 —
Miel simple...........	10 —

F. s. a. un mélange, qui est employé contre le coryza ulcéreux.

On y plonge un pinceau, et on touche trois fois le jour les ulcérations. Si le malade a des antécédents syphilitiques, on lui administre en même temps des préparations mercurielles.

Traitement du coryza ulcéreux (Brochin).

Dans la forme ulcéreuse du coryza, qu'il s'agisse d'ulcères simples ou d'ulcères spécifiques, on aura recours aux lavages fréquents avec l'eau de goudron, le phénate de soude ou le permanganate de potasse; aux insufflations pulvérulentes avec l'alun, le calomel ou le nitrate d'argent; aux injections avec l'eau phagédénique, le sublimé, le sulfate de cuivre ou de zinc, et enfin aux cautérisations.

Trousseau prescrivait 1 gramme de bi-chlorure de mercure pour 100 grammes d'alcool; ou bien encore du sulfate de cuivre ou de zinc, 0^{gr},05 centigrammes pour 100 grammes d'eau distillée, à employer en injections.

Les eaux sulfureuses et alcalo-arsénicales rendent souvent des services. Enfin les eaux minérales du Mont-Dore, sous forme de bains, de douches, d'inhalations ou d'injections à l'aide du pulvérisateur, méritent de fixer tout particulièrement l'attention du praticien.

Traitement du coryza des nouveau-nés (DEPAUL).

Le traitement symptomatique consiste à favoriser par tous les moyens possibles l'alimentation, et à prévenir les troubles respiratoires. Pour faciliter la respiration, on débarrasse les fosses nasales des mucosités et des croûtes, au moyen d'injections d'eau de guimauve et de graine de lin, et en introduisant dans le nez de l'huile un peu dégourdie. — Le traitement curatif consiste dans des applications locales, astringentes ou caustiques : injections de solution de nitrate d'argent (Rilliet et Barthez), d'alun, de sulfate de zinc, de borax. On peut aussi insuffler des poudres astringentes.

COUP DE CHALEUR

Traitement du coup de chaleur (LEROY DE MÉRICOURT).

Dans les cas légers, le malade est placé dans une position à peu près horizontale, dans un milieu relativement frais. On enlève toutes les pièces du vêtement qui entretiennent la chaleur ou qui gênent la circulation; on fait des lotions avec de l'eau fraîche, sur le visage, le cou, la poitrine, pendant qu'on pratique des frictions énergiques sur la surface des membres. A l'intérieur, on administre une boisson aromatique. — Dans les cas graves, avec perte de connaissance et résolution des membres,

outre les moyens précédents, on pratique de larges
affusions froides sur la surface des membres, afin
d'en abaisser la température, en même temps qu'on
s'efforce de réveiller les centres nerveux. On met en
œuvre la respiration artificielle, et on administre un
lavement purgatif à peine tiède. — Si le coma tend
à s'établir ou existe déjà, on couvre les membres
inférieurs de sinapismes, puis on applique des vésicatoires. Dans les cas les plus graves, on peut recourir au marteau de Mayor. Enfin, si le pouls se
relève, on pratique une saignée peu abondante,
qu'on renouvelle plus tard, quand la respiration est
devenue plus ample et plus régulière.

CROUP (voyez Diphthérie)

Potion contre le croup (Trideau).

Extrait de cubèbe....	1 à 3 grammes.
Carbonate d'ammonia-que	60 centigr.
Sirop de polygala.....	30 grammes.
Looch blanc	70 —

F. s. a. — Une cuillerée à café, toutes les heures
ou toutes les deux heures, aux enfants atteints du
croup.

CYSTITE

Injection antiputride (Mallez).

Hyposulfite de soude..	5 grammes.
Eau distillée..........	500 —

Faites dissoudre.

Cette solution s'emploie en cinq injections, dans
le catarrhe chronique de la vessie.

Injection contre le catarrhe de la vessie (Deecke).

Acide lactique......... 50 cent. à 1 gr.
Eau distillée.......... 100 grammes.

Faites dissoudre. — Deux injections de suite dans la vessie avec cette solution, dans le cas de catarrhe chronique. En même temps, administrer à l'intérieur l'acide lactique, à la dose de 1 gramme, un gramme et demi ou 2 grammes, trois fois par jour, dans de l'eau sucrée ou dans une infusion amère.

Injection contre la cystite (Mallez).

Permanganate de po-
tasse .... 3 grammes.
Eau distillée.......... 300   —

F. s. a. une solution, avec le tiers de laquelle on pratiquera une injection vésicale, trois jours de suite, dans le catarrhe chronique de la vessie, quand l'urine est purulente et ammoniacale.

Au permanganate de potasse, on peut substituer la même dose d'hyposulfite de soude. — Les liquides injectés dans la vessie seront d'autant plus tièdes, que la fréquence des envies d'uriner sera plus considérable.

Injection contre la cystite (Mallez).

Teinture d'iode....... 3 grammes.
Iodure de potassium... 1   —
Eau distillée.......... 300   —

F. s. a. une solution, avec le tiers de laquelle on fait une injection vésicale, trois jours de suite, dans le cas de cystite chronique, avec catarrhe muqueux léger. — Quand cette injection provoque de la douleur, on réduit la dose de la teinture d'iode à 1

…gramme, et on ajoute 1 gramme d'extrait de belladone.

Injection contre la cystite chronique (Mercier).

    Nitrate d'argent cristal.   30 centigr.
    Eau distillée..........   125 grammes.
Faites dissoudre.

On injecte cette solution en trois séances, à trois
ou quatre jours d'intervalle, dans la cystite chronique, quand il existe des besoins d'uriner trop
fréquents, et que l'urine laisse déposer un sédiment
muqueux ou muco-purulent. Dans ce cas, on constate souvent aussi un suintement uréthral plus ou
moins abondant. Il est bon que le malade s'abstienne
de faire usage d'eaux gazeuses en boisson.

Injection contre la cystite chronique (Ricord).

    Nitrate d'argent cristal.   50 centigr.
    Eau distillée..........   100 grammes.
Faites dissoudre.

A l'aide d'une sonde introduite dans la vessie, on
injecte de l'eau dans cet organe ; on la laisse sortir
immédiatement, puis on la remplace par la moitié
de la solution caustique, qui est évacuée à son tour,
après une minute environ de séjour.

Le lendemain et le surlendemain, on fait des injections, avec un mélange à parties égales d'eau de
goudron et de décoction de pavot ; puis, le troisième ou le quatrième jour, on revient, s'il y a lieu,
à l'injection de nitrate d'argent.

Injection contre la cystite chronique (Ségalas).

    Acide phénique.......   5 grammes.
    Eau distillée   100   —
Faites dissoudre.

Une cuillerée dans un ou deux verres d'eau, pour une injection qu'on pratiquera chaque jour dans la vessie, dans le cas de cystite chronique. — On augmentera graduellement la proportion d'acide phénique, si l'injection est bien supportée. On administrera en outre, dans la journée, de trois à six perles d'essence de térébenthine.

Mixture contre la cystite (W. Gross).

Baume de copahu.....	4 grammes.
Acide benzoïque......	5 —
Gomme arabique......	8 —
Sucre pulvérisé	8 —
Essence de gaultheria.	20 gouttes.
Eau camphrée.........	200 grammes.

Mêlez.

Une cuillerée à bouche toutes les cinq heures, aux personnes atteintes de cystite, quand les symptômes inflammatoires ont perdu de leur acuité. — Laver la vessie à l'aide d'injections d'eau tiède, à laquelle on ajoutera 6 centigrammes de permanganate de potasse pour 30 grammes, si l'urine est fétide et trouble. — Plus tard, on injectera une solution de borate de soude ou de nitrate d'argent.

Mixture contre la cystite chronique (Deecke).

Acide lactique.	1 gr., 1 gr. 50 ou 2 gr.
Eau sucrée....	q. s.

Faites dissoudre.

A prendre trois fois par jour.

On peut remplacer l'eau sucrée par du lait de beurre, ou par une infusion amère.

L'acide lactique se retrouve dans l'urine, dès qu'il en a été ingéré 3 ou 4 grammes. Il en arrête rapidement la décomposition ammoniacale dans la vessie, aussi bien qu'en dehors de cet organe, dissout les sels qui y abondent, détruit les végétaux microscopiques qui s'y développent, et, par conséquent, agit efficacement sur le catarrhe de la cystite chronique.

Pilules de baume du Canada.

Baume du Canada......   20 grammes.
Magnésie calcinée......   q. s.
F. s. a. 100 pilules.

Dix à vingt par jour, dans l'uréthrite chronique avec cystite du col.

Pilules calmantes (RICORD).

Extrait de belladone....   30 centigr.
—   de valériane....   4 grammes.
F. s. a. 30 pilules.

Trois par jour, une le matin, une à midi et une le soir, dans la cystite chronique, quand le malade supporte mal l'opium. Injections de décoction de guimauve et pavot dans la vessie. — Suppositoires belladonés.

Pilules contre la cystite.

Térébenthine de Venise.   4 grammes.
Castoreum............   2   —
Camphre.............   4   —
Magnésie calcinée......   q. s.
Pour 40 pilules.

Trois à six par jour, dans la cystite chronique, avec phénomènes nerveux prédominants.

Pilules opiacées camphrées (TULLY).

Opium brut pulvérisé...	3 grammes.
Camphre pulvérisé.....	1 —
Savon blanc...........	7 —

F. s. a. 60 pilules, qui contiennent chacune 5 centigrammes d'opium. Cette masse pilulaire conserve longtemps la même consistance, et on peut y ajouter des astringents, ou toute autre espèce de médicaments.

De une à trois dans la cystite aiguë, et dans la toux spasmodique.

Potion contre la cystite chronique (GOSSELIN).

Acide benzoïque.....	1 à 3 grammes.
Glycérine neutre.....	4 à 6 —
Julep gommeux......	150 —

F. s. a. une potion, à donner par cuillerées, dans le cas de cystite du col, pour empêcher l'urine d'exhaler une odeur ammoniacale. On commence par 1 gramme d'acide benzoïque, pour arriver rapidement à 3 et 4 grammes par jour.

Potion contre la cystite hémorrhagique (MOLFESE).

Ergotine de Bonjean...	1 gramme.
Eau distillée..........	100 —
Sirop d'écorces d'oranges	50 —

F. s. a. une potion, dont on donnera une cuillerée à bouche de demi en demi-heure, pour combattre l'hémorrhagie de la vessie. On pourra, en outre, injecter dans la cavité vésicale une solution très diluée d'acide salicylique.

Suppositoire contre la cystite.

Stéarine..............   2 grammes.
Beurre de cacao.......   3   —
Extrait de belladone...   20 centigr.

I F. s. a. un suppositoire conseillé contre la cystite
aiguë. — Pilules opiacées camphrées à l'intérieur.
— Cataplasmes émollients sur le ventre.

Suppositoires contre la cystite (W. Gross).

Opium pulvérisé.....   70 centigr.
Camphre   —   ....   1 gr. 80
Extrait de belladone...   18 centigr.
Beurre de cacao.......   q. s.

I Pour six suppositoires. Un, le soir, en se couchant, dans la cystite subaiguë. Fomentations
chaudes sur le bas-ventre, boissons émollientes,
aliments doux et de facile digestion, bains. — Si
l'inflammation est aiguë, on prescrit une application
de sangsues au périnée.

DÉLIRIUM TREMENS

Du chloral dans le délirium tremens (G. Balfour).

I Dans les cas de délirium tremens, l'auteur prescrit 2 grammes 40 centigrammes d'hydrate de chloral
chaque heure, et il administre trois fois cette dose
si c'est nécessaire. Rarement la première dose réussit à calmer le malade; mais le plus souvent deux
doses suffisent, et il est rare qu'on soit obligé de
recourir à la troisième. Si les battements du cœur
sont faibles, on fait prendre chaque dose de chloral
dans une demi-once ou une once d'infusion de digitale. Le chloral agit sûrement, prévient l'épuise-
ment qui résulte d'une insomnie ou d'une diète

longtemps prolongées, diminue les chances de sui--i
cide et les risques divers, qui sont toujours à re--c
douter chez un maniaque. — La dose de 120 grains
(7 grammes 20 centigrammes) d'hydrate de chloral
administrée en trois doses n'est point considérée
par l'auteur comme dangereuse, parce que l'élimi--i
nation du chloral a lieu dans la proportion de sept
grains environ par heure.

Potion contre le délirium tremens.

Extrait thébaïque.....	50 centigr.
Sirop d'éther..........	15 grammes.
— de gomme.......	25 —
Hydrolat de laitue.....	100 —

F. s. a. une potion, dont on donnera une cuille--el
rée toutes les demi-heures, pour calmer l'agitation
des malades atteints de delirium tremens. On ces--
sera la potion, dès que l'agitation sera en voie de
diminution. — Limonade tartrique pour boisson.

DENTITION

Collutoire boro-saffrané (DELIOUX).

Safran pulvérisé.......	50 centigr.
Borate de soude porphy-risé...............	1 gramme.
Teinture de myrrhe..:	10 gouttes.
Glycéré d'amidon......	10 grammes.

F. s. a. — Frictions douces et plusieurs fois répé--
tées sur les gencives, pour combattre les douleurs
vives et tenaces qui accompagnent l'éruption des
dents de sagesse.

Collutoire bromuré calmant (Peyraud).

Bromure de potas-
    sium..........   2 à 3 grammes.
Miel ....   15 à 20   —
Eau...............   q. s.

On dissout le bromure dans une petite quantité
d'eau, on ajoute le miel, et on évapore en consistance épaisse, puis on additionne d'alcool, pour
assurer la conservation du produit. — Dans le cas
de dentition pénible et irrégulière, on frictionne les
gencives des enfants, trois, quatre ou cinq fois le
jour. — Le bromure paraît agir en anesthésiant la
muqueuse, et en calmant le prurit dont elle est le
siège.

Glycérolé de chloroforme safrané (Debout).

Chloroforme.... ......   1 gramme.
Alcoolé de safran......   1   —
Glycérine   30   —

Mêlez.

En frictions sur les gencives, pour calmer les
douleurs de la première dentition.
Si la gencive est très douloureuse, qu'on constate
en même temps une chaleur brûlante de la bouche,
une soif ardente et de la fièvre, on prescrit des boissons laxatives miellées, des cataplasmes légèrement
sinapisés aux membres inférieurs, et des sangsues
derrière les oreilles. Dans le cas où malgré l'emploi de ces moyens, la gencive reste aussi gonflée,
aussi douloureuse, et paraît comme soulevée par la
couronne de la dent, il est souvent utile de pratiquer une incision cruciale, afin de faire cesser
par ce débridement, l'engorgement local, et de pré-

venir les convulsions qui pourraient être provoquées par la douleur. Cependant, on ne doit y recourir, que quand on a employé sans succès les
émollients et les calmants.

DÉSINFECTION

Liquide désinfectant.

Créosote........		
Acide acétique	ãa	10 grammes.
cristallisable...		
Alcool méthyli-		
que....		40 —
Eau		3800 —

Mêlez.

Ce liquide est recommandé pour désinfecter les
chambres qui ont été habitées par des personnes
atteintes de maladies contagieuses. Son odeur est
moins désagréable que lorsqu'on y fait entrer de
l'acide phénique, et grâce à l'acide acétique qu'il
renferme, il tend à neutraliser les vapeurs d'ammoniaque répandues dans l'atmosphère.

Poudre désinfectante (COLLIN).

Chlorure de chaux sec.. 20 grammes.
Alun calciné.......... 10 —

Mêlez.

On dispose cette poudre sur des assiettes, avec
ou sans eau, dans les pièces que l'on veut désinfecter.

DIABÈTE

Pilules toniques laxatives (Bouchardat).

Aloès des Barba-
des pulvérisé..
Extrait alcoolique
de noix vomi-
que............. $\tilde{a}\tilde{a}$ 1 gramme.
Lactate de fer....
Sulfate de quinine   2   —

.F. s. a. 40 pilules.

Une à trois au repas du soir, aux diabétiques,
pour maintenir la liberté du ventre et relever les
forces. — Exercice au grand air, alimentation
phtique.

Traitement du diabète par l'acide lactique (Balfour).

Le Dr Balfour rapporte une série de cas de diabète sucré, traités avec un succès marqué par la
méthode de Cantani. Cette méthode consiste d'a-
bord à soumettre le malade à une nourriture exclusivement animale, composée de viande rôtie ou
bouillie, sans lait ni œufs, surtout sans pain, sans
farine et sans aucune substance végétale. Les seuls
assaisonnements permis sont le sel, l'huile et un
peu de vinaigre. La boisson est l'eau pure ou additionnée d'une petite quantité d'alcool ; ni café, ni
thé, ni vin.

Le traitement médical consiste dans l'administration de l'acide lactique, à la dose de $3^{gr},85$ à
$0^{gr}70$ par jour, en solution dans 8 ou 10 onces
d'eau. — L'acide lactique employé par le Dr Balfour
est de consistance fluide et non sirupeuse. Sa pe-
santeur spécifique est de 1027, et il a l'odeur carac-
téristique du lait aigri.

Potion contre le diabète sucré (Schultzen).

Glycérine très pure.   20 à 30 grammes.
Eau distillée.......   64   —
Acide citrique ou tar-
    trique..........   5   —
Faites dissoudre.

Cette potion, qui doit être bue dans la journée, peut être administrée sans inconvénient pendant des mois entiers, tandis que si on élevait la dose de glycérine jusqu'à 60 grammes, on pourrait voir survenir de la diarrhée. — Abstinence de substances amylacées.

DIARRHÉE

Bols antidiarrhéiques (Velpeau).

Diascordium...........   10 grammes.
Sous-nitrate de bismuth   5   —
F. s. a. 15 bols.

On donne trois à six de ces bols, dans les vingt-quatre heures, aux personnes atteintes de diarrhée; et si elles se plaignent de violentes coliques, on leur prescrit en même temps un quart de lavement amidonné, additionné de dix à quinze gouttes de laudanum de Sydenham.

Eau de chaux à la myrrhe (Delioux).

Myrrhe pulvérisée.....   2 grammes.
Eau de chaux........   100   —

Laissez en contact pendant huit jours, en agitant souvent, et filtrez. — Cette préparation est recommandée particulièrement aux enfants, dans le cas de diarrhée acide avec coliques. On la prescrit aux mêmes doses que l'eau de chaux simple.

Électuaire antidiarrhéique (JEANNEL).

Conserve de roses.	10 grammes.	
Quinquina calisaya pulvérisé.......	} āā 5 —	
Sous-phosphate de chaux pulvérisé.		
Écorces d'oranges pulvérisées.....	2 —	
Sirop de cachou...	q. s.	

.F. s. a. un électuaire, dont on donnera de 4 à 8 grammes, en deux ou trois fois, pour combattre la diarrhée. — Décoction blanche ou eau albumineuse pour boisson.

Électuaire astringent.

Diascordium...........	8 grammes.
Cachou pulvérisé.......	4 —
Colombo pulvérisé......	3 —
Sirop de ratanhia......	q. s.

.F. s. a. un électuaire, à prendre en trois ou quatre jours, pour faire cesser la diarrhée séreuse, et ramener l'appétit.

Électuaire astringent.

Diascordium...........	15 grammes.
Cachou pulvérisé.......	10 —
Sous-nitrate de bismuth.	10 —
Opium brut pulvérisé...	50 centigr.
Sirop de coings........	q. s.

.F. s. a. un électuaire, qui sera donné, en cinq jours environ, aux personnes atteintes de coliques ou de diarrhée. Boissons peu abondantes, nourriture principalement composée de viandes rôties.

De la douche chaude dans la diarrhée (Schorstein).

Dans la diarrhée, l'auteur recommande la douche chaude à pression élevée, dirigée sur la région ombilicale. La température est d'abord de 50° et peut être portée jusqu'à 72°. La douche dure de trois à cinq minutes, après quoi le malade prend un bain de siège de 50 à 62°. La douche et le bain ne doivent pas être répétés plus de deux fois par jour.

Ce mode de traitement est applicable à la diarrhée avec ténesme et à la dysenterie elle-même. Il procure un calme plus rapide et plus durable que les préparations opiacées.

Des lavements d'eau froide dans la diarrhée chronique (Messemer).

Dans la diarrhée chronique qui s'accompagne de coliques et de ténesme, soit chez l'enfant, soit chez l'adulte, alors que l'amaigrissement est extrême, et qu'on a échoué avec les préparations de tannin, de cachou, de bismuth et d'opium, alors qu'on a employé sans succès le lait, l'eau de chaux, les boissons alcooliques glacées, les injections hypodermiques de morphine, etc., l'auteur préconise les lavements d'eau froide. — Il recommande d'administrer après chaque selle, un quart de lavement (180 gram. environ) d'eau froide ou même glacée, en ayant soin de pousser doucement et en plusieurs fois l'injection, afin qu'elle ne provoque pas de contraction péristaltique de l'intestin. Une main appliquée sur le ventre exerce ensuite une douce pression, destinée à favoriser la sortie du liquide. Sous l'influence de l'eau froide, les selles deviennent bientôt moins fréquentes, et l'assimilation commence à se faire. A l'intérieur, on prescrit le bi-carbonate de

nude, et on donne comme aliment le lait addi-
tonné d'eau-de-vie, le pain grillé et le thé de bœuf.

Mixture antidiarrhéique (BLACHE).

Huile de ricin. .. \
Sirop de gomme.. / ãã   15 grammes.

Mêlez. — Une cuillerée à café, chaque matin,
pendant trois ou quatre jours, aux enfants atteints
de diarrhée. Si les selles se répètent douze à quinze
fois dans les 24 heures, on double la dose de sirop,
et on y ajoute une à deux gouttes de laudanum de
Sydenham, suivant l'âge. Dans le cas d'embarras
gastrique manifeste, on prescrit un vomitif à l'ipéca,
et si la fièvre et les symptômes nerveux font craindre les convulsions, on administre le calomel, à
doses fractionnées, avant l'huile de ricin. — En tout
cas, quelle que soit la nature de la diarrhée, on
diminue l'alimentation, on conseille les lavements et
les cataplasmes.

Pilules antidiarrhéiques.

Thériaque............ .   5 grammes.
Poudre de colombo.....   1   —
Extrait d'opium........ 20 centigr.
F. s. a. 20 pilules.

Une matin et soir contre la diarrhée. — Eau albumineuse pour boisson.

Pilules astringentes.

Diascordium...........   3 grammes.
Extrait de ratanhia pulv.   1   .
Extrait thébaïque....... 25 centigr.
Mêlez et divisez en 25 pilules.

Cinq par jour, dans la diarrhée muqueuse qui s'accompagne d'épreintes et de coliques. Lavements amidonnés et laudanisés.

Potion antidiarrhéique (ARCHAMBAULT).

Teinture de rhubarbe...	10 grammes.
Sulfate de magnésie....	6 —
Hydrolat d'anis.........	45 —
Sirop de gomme........	15 —

F. s. a. une potion, dont on donnera une cuillerée à café, trois fois par jour, à un enfant de 1 an, pour remédier à la diarrhée rebelle qu'on observe parfois après le sevrage. — Pour calmer la soif, de petites quantités d'eau albumineuse édulcorée avec le sirop de coings. — Lavements amidonnés.

Potion antidiarrhéique.

Extrait thébaïque....	5 centigr.
Sous-nitrate de bis-muth.............	2 à 4 grammes.
Eau distillée........	75 —
Sirop de coings...... Sirop de menthe.....	āā 15 —

F. s. a. une potion, qu'on donnera par cuillerée d'heure en heure, en agitant chaque fois la bouteille. — Pour boisson, de l'eau albumineuse. — Lavements d'eau albumineuse laudanisée.

Potion antidiarrhéique.

Hydrolat de laitue.....	80 grammes.
Extrait thébaïque	5 centigr.
— de ratanhia.....	60 —
Sirop de coings........	32 grammes.

Faites dissoudre.

A donner par cuillerées d'heure en heure. — Si la diarrhée est accompagnée de vomissements, on prescrit l'usage de l'eau de Seltz, édulcorée avec le sirop de coings, et prise en petite quantité à la fois. Si les coliques sont vives, on administre un quart de lavement amidonné et laudanisé, et on fait appliquer des cataplasmes sur le ventre.

Potion antidiarrhéique.

Colombo pulvérisé....	4	grammes.
Laudanum de Syden-		
ham	1	—
Sirop de coings.......	30	—
Eau.................	150	—

Infusez la racine de colombo dans l'eau bouillante, filtrez et ajoutez le laudanum et le sirop. — Cette lotion sera administrée dans la journée, comme topique et antidiarrhéique.

Potion antidiarrhéique (Delioux).

Éther sulfurique.......	4	grammes.
Extrait de ratanhia.....	4	—
Sirop d'opium.........	30	—
Hydrolat de menthe....	60	—
— de mélisse ou		
d'oranger...	60	—

Une cuillerée à bouche de quart en quart d'heure, pour combattre les diarrhées qui surviennent souvent pendant les grandes chaleurs. — Dose moindre, également fractionnée, s'il y a rejet par les vomissements, puis administration de la potion à de plus longs intervalles, à mesure que les accidents diminuent. — Pour tisane, de l'infusion de thé noir, édulcorée avec le sirop de coings. On y ajoutera de

30 à 50 grammes de rhum par litre, dans le cas de
symptômes cholériformes.

Potion antidiarrhéique (Dujardin-Beaumetz).

Sous-nitrate de bismuth.	10 grammes.
Laudanum de Sydenham.................	10 gouttes.
Hydrolat de menthe....	10 grammes.
— de laitue......	70 —
Sirop de ratanhia......	30 —

F. s. a. une potion, à donner pour faire cesser la
diarrhée.

Potion antidiarrhéique (Monti).

Bicarbonate de soude...	60 centigr.
Teinture d'opium (pharmacopée de Vienne)..	1 goutte.
Eau de fontaine........	70 grammes.
Sirop simple..........	12 —

F. s. a. une potion, dont on donnera une cuillerée
à thé, toutes les deux heures, aux enfants atteints
de catarrhe intestinal, avec vomissements et selles
acides.

S'il n'existe point de symptômes de dyspepsie,
l'auteur remplace le bicarbonate de soude par 20
gouttes de teinture de ratanhia.

Quand le catarrhe de l'intestin est chronique,
et que les enfants sont anémiques, le fer produit
souvent des résultats favorables, à la condition
toutefois de ne pas être administré à dose trop
élevée.

Potion contre la diarrhée (Archambault).

Eau de chaux........	30 grammes.
Hydrolat de fenouil.,	40 —

> Laudanum de Syden-
>   ham .... 1 à 2 gouttes.
> Sirop de cachou ..... 25 grammes.

F. s. a. une potion, à donner par cuillerées, dans le cas de diarrhée liée à la dentition. — Cataplasmes sur le ventre, lavements d'amidon; diminuer le nombre des tetées, et calmer la soif à l'aide de petites quantités d'eau gommée sucrée.

Potion contre la diarrhée chronique (BOURGOGNE).

> Extrait de ratanhia.... 4 grammes.
> Eau de Rabel......... 1 —
> Alcool parégorique de
>   Londres............. 30 gouttes.
> Vin de Malaga........ 40 grammes.
> Sirop de fleurs d'oran-
>   ger................. 30 —
> Eau distillée de men-
>   the .... 20 —
> Eau distillée de tilleul. 130 —

F. s. a. une potion, à prendre par cuillerées de demi en demi-heure, dans le cas de flux intestinaux rebelles. Régime tonique.

Poudre antidiarrhéique.

> Sous-nitrate de bismuth. 5 grammes.
> Rhubarbe de Chine tor-
>   réfiée .... 1 gr. 50
> Simarouba pulvérisé.... 2 grammes.

Mêlez, et divisez en 10 paquets.

Deux à trois par jour, dans la diarrhée chronique. — Régime azoté, eau albumineuse pour boisson.

 DIARRHÉE.

Poudre antidiarrhéique.

Craie préparée......... 10 grammes.
Sous-nitrate de bismuth. 10 —
Opium brut pulvérisé.. 20 centigr.
Mêlez et divisez en 10 paquets.

Un paquet une heure avant chacun des deux principaux repas, dans la diarrhée chronique.

Poudre antidiarrhéique (MONTI).

Poudre de Dower...... 8 centigr.
— d'yeux d'écrevisses........ 2 grammes.
Sucre blanc pulvérisé... 3 —
Mêlez et divisez en 8 paquets.

Un paquet toutes les deux heures, aux enfants de trois mois, qui ont du catarrhe de l'intestin, avec vomissements et selles acides.

S'il n'y a point de vomissements, et que les selles renferment de la caséine non digérée, l'auteur remplace la poudre d'yeux d'écrevisses par 80 centigrammes de paullinia.

Dans le cas où on observe, en même temps que le catarrhe aigu ou chronique de l'intestin, de l'inappétence, des éructations, du hoquet, des selles décolorées, le docteur Monti conseille la poudre suivante :

Rhubarbe pulvérisée 20 à 40 centigr.
Poudre de Dower... 7 à 14 —
Sucre pulvérisé.... 3 grammes.

Mêlez et divisez en 5 ou 8 paquets. — Quatre à six par jour, à un enfant âgé de moins d'un an.

Poudre antidiarrhéique (RAYER).

Sous-nitrate de bismuth.	4 grammes.
Quinquina jaune pulvérisé..............	2 —
Charbon végétal pulvérisé................	4 —

℟ Mêlez et divisez en 20 paquets.

℞ Deux à trois par jour, dans l'intervalle des repas, dans la diarrhée chronique. Régime azoté, dans lequel on fera entrer la viande crue, s'il le faut. — Frictions sèches sur la peau.

Poudre antidiarrhéique (WERTHEIMBER).

Craie précipitée........	90 centigr.
Sous-nitrate de bismuth.	60 —
Sucre pulvérisé........	1 gr. 80

℟ Mêlez et divisez en 10 prises.

℞ Deux ou trois par jour, aux jeunes enfants qui font des selles liquides et d'odeur aigre. — Si l'enfant est soumis en partie ou exclusivement à l'allaitement artificiel, on lui donne, à 2 mois, une partie de lait et trois parties d'eau d'orge; entre 2 et 4 mois, une partie de lait et deux d'eau d'orge; plus tard, parties égales des deux. — Lorsque les selles sont moins séreuses, et sont plutôt caractérisées par la présence de nombreux grumeaux blancs jaunâtres de caséine, de faibles doses d'acide chlorhydrique produisent de meilleurs résultats. Cependant, il est des cas, rebelles à tout traitement, dont on ne triomphe que grâce à l'intervention d'une bonne nourrice.

Poudre astringente aromatique.

Cachou pulvérisé.......	8 grammes.
Kino pulvérisé.........	4 —
Extrait de ratanhia pulvérisé..............	4 —
Cannelle pulvérisée	2 —
Noix muscade pulvérisée.	2 —

Mêlez.

Cette poudre est administrée à la dose de 1 à 3 grammes, pour combattre la diarrhée chronique. Régime fortifiant, massage, exercice au grand air.

Sirop contre la diarrhée (Parrot).

Sirop de coings ou de grande consoude....	100 grammes.
Sous-nitrate de bismuth...............	2 —

Mêlez.

Une cuillerée à café, avant les tetées, aux enfants nouveau-nés atteints de la diarrhée qui se montre au début de l'athrepsie. — Dans les cas plus graves, avec selles vertes, l'auteur donne de la même manière le mélange suivant :

Sirop de grande consoude......	āā	50 grammes.
Eau de chaux....		
Sous - nitrate de bismuth.......		3 —

Si la langue est chargée, on débute par un vomitif, et quand les selles sont muqueuses, par un purgatif. On doit s'efforcer, tout en surveillant le régime, de faire supporter la plus grande quantité de lait possible.

DIPHTHÉRIE (voir Croup).

Collutoire contre la diphthérie (E. Vidal).

Acide tartrique ....   10 grammes.
Hydrolat de menthe....   25   —
Glycérine pure   15   —

Faites dissoudre.

A l'aide d'un pinceau trempé dans ce collutoire, on touche, toutes les trois heures, les plaques diphthéritiques, qui se réduisent en une masse pulpeuse diffluente, et qu'on enlève ensuite facilement. Dans l'intervalle des badigeonnages avec l'acide tartrique, on touche les fausses membranes avec du jus de citron. — A l'intérieur, on prescrit une médication stimulante. — Alimentation substantielle et reconstituante.

La glace dans la diphthérie (Bleynie).

Le Dr Bleynie recommande d'administrer la glace, par petits morceaux, aux enfants atteints de diphthérie. Dès qu'un fragment est fondu, on le remplace par un autre, et même, pendant le sommeil de l'enfant, on peut, sans le réveiller, lui laisser de petits morceaux de glace dans la bouche. Le soulagement est immédiat ; mais la fausse membrane met de deux à sept jours à disparaître. Quand on ne peut pas se procurer de la glace, on donne de l'eau très froide, vingt à trente fois par heure.

Insufflations contre la diphthérie (E. Stuart).

Dans les cas d'angine diphthéritique, on insuffle toutes les heures, dans le fond de la gorge, une certaine quantité de soufre sublimé. Au contact du soufre, la fausse membrane noircit, cesse de s'étendre, et ne tarde pas à se flétrir. La muqueuse sous-jacente, débarrassée du produit diphthéritique, se cicatrise plus ou moins rapidement. — Médication tonique à l'intérieur.

Lavement nutritif (ARCHAMBAULT).

Salep ou tapioca.	2 grammes.
Bouillon de veau sans sel.......	100 à 150 —
Jaune d'œuf......	1 ou 2

Mêlez.

On vide le rectum à l'aide d'un lavement simple, et une heure plus tard, on injecte le liquide nutritif avec beaucoup de lenteur, si on veut qu'il soit gardé. — Ce lavement est prescrit aux enfants atteints d'angine diphthéritique, qui n'avalent que très difficilement. — On peut recourir aussi aux lavements de lait, deux ou trois fois par jour.

Mixture contre la diphthérie (CIALTAGLIA).

Chlorate de potasse.	15 à 20 grammes.
Eau distillée.......	140 —

Faites dissoudre.

A donner par cuillerées à bouche, à des intervalles de une à trois heures, selon l'âge du malade et la gravité de son état.

Localement, on emploie un collutoire composé de :

Hydrate de chloral. ...	4 grammes.
Glycérine.............	20 —

Trois ou quatre fois par jour, on badigeonne le fond de la gorge avec un pinceau trempé dans cette

ulution, et bientôt, selon l'auteur, la bouche du
malade perd sa fétidité, en même temps que les
fausses membranes cessent de s'étendre.

Potion contre l'angine diphthéritique (Trousseau).

Poivre cubèbe pul- vérisé.........	12 grammes.
Vin de Malaga... Eau distillée....	ãã 20 —
Sirop simple.....	100 —

F. s. a. une potion à donner par cuillerées, dans
la journée, à un enfant de six ans, atteint d'angine
diphthéritique. On peut élever la dose jusqu'à
30 grammes par jour. — Dans le cas où le cubèbe
ne serait pas toléré par l'estomac, on le prescrirait
en lavements (à la dose de 6 grammes), répétés
quatre fois dans les vingt-quatre heures. En cas de
diarrhée, on les additionnerait de quelques gouttes
de laudanum. La durée du traitement est, en général, de cinq à six jours. — L'alimentation doit être
tonique et reconstituante.

Potion contre la diphthérie (Bergeron).

Baume de copahu......	50 centigr. à 2 gr.
Alcool	10 grammes.
Hydrolat de menthe...	100 —
Sirop d'écorces d'oran- ges amères.........	20 —

F. s. a. une potion à donner par cuillerées, de
deux en deux heures, dans la diphthérie non infec-
tieuse, pour favoriser la disparition des fausses
membranes. — Dans le cas où la potion provoquerait de la diarrhée ou des vomissements, on la sup-
primerait, afin de ne pas entraver l'alimentation,

qui joue un rôle très important dans le rétablisse--
ment du malade.

Potion contre la diphthérie (Hanow).

Acide salicylique...... 1 gramme.
Phosphate de soude... 1 —
Sirop de framboises... 50 —
Eau................. 250 —

F. s. a. une potion, dont on administrera chaque
heure une cuillerée à bouche aux adultes, et une
cuillerée à thé aux enfants atteints de diphthérie.
On leur recommandera d'avaler lentement.

Potion contre la diphthérie (Laudon).

Acide salicylique..... 2 grammes.
Sirop simple......... 50 —
Eau distillée......... 350 —

F. s. a. une potion, dont on fait prendre une cuillerée à soupe, d'heure en heure, dans l'angine
diphthéritique de la scarlatine.

Dans le cas où les fausses membranes ont envahi
les fosses nasales, on injecte dans le nez, deux fois
par jour, une solution composée de :

Acide salicylique...... 1 gramme.
Eau distillée......... 350 —

Lotions froides sur la peau, de deux en deux
heures, si la température est très élevée ; alimentation reconstituante.

Potion contre la diphthérie (Wunderlich).

Acide salicylique...... 1 gramme.
Huile d'amand. douces. 20 —

Gomme arabique pulv.   10 grammes.
Sirop amygdalin......   25   —
Hydrolat de fleurs d'o-
    ranger............   45   --

.T. s. a. une potion, dont on donnera une cuil-
lérée à thé, toutes les trois heures, pour combattre
la diphthérie.

Les enfants qui sauront se gargariser s'en servi-
ront comme gargarisme.

Solution contre la diphthérie (Bergeron).

Acide salicylique.....   4 grammes.
Alcool à 90°..........   40   —
Eau distillée........   80   —

.T. s. a. une solution, avec laquelle on touche
périodiquement les plaques de fausses membranes,
pour en modifier la nature, et obtenir un effet antiseptique.

Solution contre la diphthérie (Ferrini).

Hydrate de chloral.   2 à 3 grammes.
Glycérine purifiée..   15 à 20   —
Faites dissoudre.

Toutes les deux heures, on badigeonne la région
enflammée avec cette solution. A l'intérieur, le
malade prend, chaque heure, une cuillerée de sirop
de quinquina additionné, pour 60 grammes, de
50 centigrammes d'hydrate de chloral.

Solution contre la diphthérie (Herbert).

Acide tannique........   3 grammes.
Glycérine pure........   36   —
Faites dissoudre.

Plusieurs fois par jour, à l'aide d'une petite seringue, on injecte cette solution dans les deux narines. Le liquide projeté dans les fosses nasales ramène des débris des fausses membranes plus ou moins étendus.

Traitement de l'angine diphthéritique (Bouchut).

Aux enfants atteints d'angine diphthéritique, on administre un vomitif préparé avec 0^{gr},025 milligrammes de tartre stibié, puis une potion contenant 30 grammes de cognac et 3 grammes de salicylate de soude. On fait en outre de très fréquentes injections sur les fausses membranes, avec une émulsion de coaltar au vingtième. Les injections agissent mécaniquement, sont antifermentescibles et désinfectantes. — L'alimentation doit être substantielle et réconfortante.

DYSENTÉRIE

Apozème contre la dysentérie chronique (Delioux).

Racine de colombo....	4 grammes.
— de rhubarbe...	1 —
Eau bouillante.......	200 —

Faites infuser 12 heures.

A prendre à jeun, dans la dysentérie chronique, pour modifier les évacuations, et, dans la convalescence, pour combattre les gastro-entéralgies consécutives, avec tendance à la constipation, ou irrégularité dans le nombre et la nature des garde-robes.

Lavement antidysentérique (Houghton).

Sous - nitrate de bismuth..............	2 grammes.
Gomme pulvérisée....	2 —
Eau froide..........	60 —

F. s. a. un lavement, dans lequel le sous-nitrate
de bismuth est tenu en suspension, et qu'on injecte
dans l'intestin, de une à trois fois le jour, selon
l'intensité des cas, dans la dysentérie subaiguë et
chronique des pays chauds. — On peut y ajouter,
pour l'adulte, de la teinture d'opium et de l'ipéca,
si ce dernier remède pris par la bouche n'est pas
toléré.

Lavement antidysentérique (Palm).

Iode....................	60 centigr.
Iodure de potassium...	1 gramme.
Eau distillée............	60 —

Faites dissoudre pour un lavement, conseillé
contre la dysentérie. Il en faut quelquefois donner
deux dans les vingt-quatre heures, et en continuer
l'usage pendant deux ou trois jours. Pour les enfants, on fait une solution moitié moindre. — Un
des principaux effets du lavement iodé est de faire
cesser assez promptement le ténesme.

Le Dr Wenzel prescrit les lavements glacés dans
les dysentéries graves, accompagnées de fièvre vive,
de douleur abdominale, de ténesme intense, d'é-
vacuations fréquentes et sanguinolentes, et il a vu,
sous leur influence, le ténesme se calmer rapidement, ainsi que les coliques et la fièvre, et l'hémorrhagie se supprimer.

Lavement contre la dysentérie (Berthold).

Acide salicylique......	1 gramme.
Eau distillée..........	300 —
Alcool................	q. s.

Pour dissoudre.

Dans les cas de dysentérie avec ténesme et selles sanguinolentes se répétant tous les quarts

d'heure, le lavement d'acide salicylique fut administré de quatre en quatre heures. Le ténesme diminua, et le nombre des selles fut rapidement réduit. En même temps que les matières fécales reprirent progressivement leur aspect normal, la température de la peau s'abaissa et l'appétit reparut.

Pilules antidysentériques (Saint-George's-hospital).

Calomel à la vapeur.... 60 centigr.
Poudre de Dower....... 1 gr. 50
Diascordium............ q. s.

F. s. a. 10 pilules.

Une à quatre par jour, contre la diarrhée et la dysentérie.

Potion antidysentérique.

Teinture de cachou.... 35 grammes.
Laudanum de Rousseau............... 4 —
Hydrolat de cannelle.. 120 —
Sirop simple......... 25 —

F. s. a. une potion, dont on prendra une cuillerée à bouche après chaque selle, dans la dysentérie, et dans la diarrhée chronique accompagnée d'évacuations abondantes.

DYSMÉNORRHÉE

Gouttes emménagogues (Brande).

Teinture d'aloès composée............. 24 grammes.
Teinture de valériane 24 —
— de mars tartarisée... 12 —

Mêlez.

Une cuillerée à café dans de l'infusion de camomille, pendant les deux ou trois jours qui précèdent
les règles.

Lavement contre la dysménorrhée.

Asa fetida............	4 grammes.
Jaune d'œuf..........	20	—
Laudanum de Syden-		
ham	1	—
Extrait de valériane...	2	—
Décoction de guimauve.	100	—

F. s. a. un lavement, destiné à combattre les douleurs menstruelles des hystériques.

Pilules contre la dysménorrhée.

Asa fetida	10 centigr.
Safran pulvérisé......	10	—
Extrait de valériane...	5	—
— d'opium.......	1	—

Pour une pilule.

Trois à cinq par jour, dans le cas de coliques
menstruelles. Fumigations aromatiques et cataplasmes chauds sur le bas-ventre. Infusions chaudes
et aromatiques.

Pilules contre la dysménorrhée (H. GREEN).

Extrait de belladone...	50 centigr.
Camphre pulvérisé....	4 grammes.
Sulfate de quinine ...	2	—

F. s. a. 30 pilules.

Une pilule toutes les heures ou toutes les deux
heures, jusqu'à ce que la douleur se calme, aux
femmes nerveuses et débilitées, qui éprouvent, à

l'époque de leurs règles, des douleurs indépendantes
de toute lésion organique.

Potion contre la dysménorrhée (DELIOUX).

Acétate d'ammoniaque.	6 grammes.	
Teinture de castoreum.	4	—
Hydrolat de menthe....	40	—
— de mélisse....	60	—
Sirop de safran.......	30	-

F. s. a. une potion, à prendre dans la journée,
pour faciliter l'établissement des règles, quand
l'écoulement de sang est insuffisant ou presque nul.
— Bain de pieds sinapisé. — Cataplasme chaud sur
le ventre.

DYSPEPSIE

Du chloroforme dans la dyspepsie (WILLS).

Dans cette forme de dyspepsie, qui s'accompagne
d'une sorte de fermentation des aliments, et d'un
rapide dégagement de gaz après les repas, aucun
remède, dit l'auteur, n'agit plus efficacement que
le chloroforme, à la dose de quinze à vingt gouttes,
dans un peu d'eau sucrée. Au bout de quelques
minutes, les gaz sont expulsés de l'estomac et la
fermentation est arrêtée.

Elixir peptogène (DUJARDIN-BEAUMETZ).

Dextrine.............	10 grammes.	
Rhum...............	20	—
Sirop de sucre.......	60	—
Eau.................	120	—

. s. a. — Utile dans les cas de dyspepsie, où
dication à remplir est de favoriser la sécrétion

du suc gastrique, et d'introduire des substances peptogènes dans l'estomac.

Lavage stomacal antidyspeptique (Faucher).

Un tube de caoutchouc bien lisse, de 1^m,50 de longueur et de 10 à 12 millimètres de diamètre, est adapté à un entonnoir en verre d'une capacité d'environ 500 grammes. On tient l'entonnoir de la main gauche, tandis qu'avec la main droite on introduit dans le pharynx, l'extrémité libre du tube enduite de glycérine. On le pousse doucement, jusqu'à ce qu'on en ait fait pénétrer 0^m,50 centimètres, tandis que le malade exécute des mouvements de déglutition. A ce moment, on élève l'entonnoir au-dessus de la tête du patient, et on y verse le liquide destiné au lavage, préalablement chauffé à la température de 37°. — Le tube ayant été rempli jusqu'à la douille de l'entonnoir, on laisse un instant l'appareil dans cette position, puis on abaisse l'entonnoir au-dessous de l'estomac. Le tube de caoutchouc fonctionne alors comme un siphon, et livre passage à un liquide chargé de mucosités et de résidus de digestion. En répétant le lavage plusieurs fois, on peut obtenir un liquide presque clair. Le malade doit être à jeun au moment de l'opération.

Les lavages peuvent être répétés tous les jours, pendant un certain temps. Dans les cas de dyspepsie acide et de gastralgie, on se sert d'eau légèrement alcaline. Si le pharynx est trop sensible, on s'efforce d'émousser cette sensibilité, au moyen d'un gargarisme au bromure de potassium.

L'introduction du tube Faucher est quelquefois impossible malgré les efforts des malades, dont le pharynx se contracte spasmodiquement sur le

corps étranger qu'ils essaient de faire pénétrer.
Dans ce cas on peut recourir à ce même instrument,
tel qu'il a été modifié par M. le Dr Debove. Il se
compose d'un tube de caoutchouc glissant sur un
mandrin, et dont on facilite le glissement, en l'en-
duisant de vaseline ou de sirop. On l'introduit
d'emblée dans le pharynx, opération qui est rendue facile par la courbure de l'instrument. La rigi-
dité de ce dernier permet en outre de vaincre le
spasme pharyngien provoqué par la présence du
corps étranger. Le passage difficile étant ainsi fran-
chi, il suffit de maintenir le mandrin immobile,
tandis qu'on fait glisser sur lui, comme sur un con-
ducteur, le tube de caoutchouc qui, de cette manière, pénètre sans résistance dans l'estomac. A ce
moment, on retire le mandrin, et on ajoute au premier tube, un second tube muni à l'une de ses extrémités d'un ajutage, à l'autre d'un entonnoir, et
destiné à donner à l'appareil, une longueur suffisante pour que l'opération du siphonage de l'estomac puisse s'exécuter facilement.

Le Dr Audhoui conseille de substituer à la sonde
Faucher, une sonde à double courant, composée
de deux tubes de caoutchouc anglais, soudés ensemble dans la portion qui doit être introduite dans
les voies digestives, isolés dans la portion qui doit
rester au dehors. Un de ces tubes est petit : c'est
celui par lequel l'eau pénètre dans l'estomac; l'autre est plus grand : c'est celui par lequel l'eau injectée dans l'estomac s'écoule à l'extérieur. La dis-
position des tubes à l'extrémité stomacale de la
sonde est telle, que le gros tube dépasse le petit
d'environ 10 centimètres.

Pour faire usage de la sonde gastrique à double
courant, on l'introduit dans l'estomac, on fixe l'extrémité libre du petit tube sur un réservoir d'eau

quelconque, et on fait tomber l'extrémité libre du
gros tube dans un bassin placé à côté du malade.
Le liquide pénètre dans l'estomac par le petit tube ;
le gros tube s'amorce et donne promptement issue
à l'eau injectée et aux matières que renfermait
sa cavité gastrique. On peut régler la marche du
gros tube en le pressant entre les doigts plus ou
moins fortement. — La sonde à double courant permet de maintenir longtemps sans fatigue la muqueuse stomacale au contact d'un courant liquide,
et de projeter sur cette muqueuse de minces filets
d'eau, qui s'écoulent par les trous ménagés à l'extrémité du petit tube.

Mixture carminative (Dewees).

Magnésie carbonatée..	4 grammes.
Teinture d'asa fetida...	1 gr. 50
— d'opium cam-phrée	20 gouttes.
Sucre pulvérisé.......	8 grammes.
Eau distillée..........	50 —

Mêlez.

Vingt à trente gouttes, suivant les circonstances,
contre les aigreurs, les coliques flatulentes et la
diarrhée des enfants. Ce remède est souvent employé aux États-Unis.

Dans les mêmes circonstances, le professeur Davis recommande beaucoup le mélange suivant :

Craie préparée	4 grammes.
Sucre blanc pulvérisé..	4 —
Gomme arabique pul-vérisée.............	8 —
Hydrolat de cannelle..	100 —

Deux à trois cuillerées par jour.

Pilules antidyspeptiques (Chapman).

Extrait d'aloès........	4 grammes.
Ipéca pulvérisé.......∴	1 —
Mastic en larmes pulvé-	
risé................	4 —
Essence de fenouil....	20 gouttes.

F. s. a. 40 pilules.

Une matin et soir, aux personnes qui éprouvent des digestions laborieuses.

Pilules antidyspeptiques (Davis).

Extrait d'aloès pulvé-	
risé................	4 grammes.
Sulfate de fer pulvérisé.	4 —
Extrait de jusquiame..	4 —
— de noix vomi-	
que........	60 —

Mêlez et divisez en 60 pilules.

Une le soir, ou bien une, matin et soir, aux personnes habituellement constipées, qui se plaignent de digestions laborieuses.

Pilules antidyspeptiques (H. Green).

Extrait de ciguë ou de	
houblon.....	4 grammes.
Azotate d'argent cristal-	
lisé..............	60 centigr.
Capsicum pulvérisé...	2 grammes.
Sulfate de quinine....	2 —

Mêlez et faites 40 pillules.

Deux ou trois par jour, pendant plusieurs se- maines. L'auteur les a vues réussir dans des cas de

lastrite chronique et de dyspepsie, qui avaient per-
listé à une foule de remèdes.

Pilules de savon opiacées.

Opium brut pulvérisé..   2 grammes.
Savon médicinal dessé-
  ché et pulvérisé.....   8   —
Eau distillée.........   q. s.

¶F. s. a. 40 pilules, qui contiendront chacune
5centigr. d'opium brut.
Œ De une à trois par jour, dans la dyspepsie avec
iàère. — Eau de Vichy aux repas, avec le vin.

Potion absorbante alcaline (Fonssagrives).

Magnésie calcinée.   4 grammes.
Eau de chaux.....⎫
Eau distillée......⎬ ãã 60   —
Sirop de fleurs d'o-
  ranger.........   30   —

¶F. s. a. une potion, à donner par cuillerées
d'heure en heure, dans la pneumatose intestinale.
— Lavements froids préparés avec l'infusion de camomille.

Potion antidyspeptique (Fonssagrives).

Magnésie calcinée......   4 grammes.
Eau de chaux......... ..   60   —
Hydrolat de menthe....   60   —
Sirop de fleurs d'oranger.   30   —

¶F. s. a. une potion, à donner par cuillerées dans
la dyspepsie flatulente, avec sentiment de brûlure
à l'épigastre, et rejet de mucosités acides.

Potions antidyspeptiques (Steiner).

Bicarbonate de soude
pulvérisé............ 20 à 50 centigr.
Eau distillée.......... 80 grammes.
Sirop simple.......... 10 —

F. s. a. une potion, dont on fera prendre une
cuillerée à entremets, toutes les deux heures, aux
jeunes enfants qui ont de la dyspepsie acide, comme
cela arrive souvent, lorsqu'ils ne sont pas nourris
au sein.

Quand c'est la dyspepsie avec alcalescence qui
prédomine, on leur donne, toutes les deux heures,
une cuillerée à café de la potion suivante :

Acide chlorhydrique di-
lué .... 10 gouttes.
Eau distillée........... 80 grammes.
Sirop simple .... 10 —
Mêlez.

Potion carminative.

Infusion d'anis et
de menthe..... 100 grammes.
Sirop d'éther..... ⎱
Sirop d'écorces d'o- ⎰ ãã 15 —
ranges.........
Mêlez.

A prendre en trois fois, à une heure d'intervalle,
dans la dyspepsie flatulente. — Prévenir la constipation.

Potion carminative (Ainslie).

Essence d'anis........ 12 gouttes.
Sucre blanc.......... 4 grammes.
Alcoolé de gingembre. 8 —

Hydrolat de menthe
  poivrée............. 250 grammes.

F. s. a. une potion, à donner par cuillerées, dans
e cas de météorisme et de dyspepsie flatulente.

Potion carminative (Desbois de Rochefort).

Hydrolat de menthe
  poivrée .... 150 à 180 gr.
Huile essentielle d'anis. 10 à 12 gouttes.
Liqueur d'Hoffmann... 2 à 4 grammes.
Sucre en poudre...... 15 grammes.

F. s. a. une potion, à donner par cuillerées, aux
personnes atteintes de dyspepsie flatulente, pour
provoquer l'expulsion des gaz et activer la digestion.

Potion carminative (Paris).

Magnésie calcinée...... 2 grammes.
Alcoolat de lavande com-
  posé 2   —
Alcoolat de carvi....... 10   —
Sirop de gingembre 12   —
Hydrolat de menthe poi-
  vrée.............., 8   —

Mêlez.

A prendre en une ou deux fois, après le repas,
quand la digestion s'accompagne d'une production
abondante de gaz.

Potion stomachique.

Infusion de camomille. 100 grammes.
Teinture de cannelle .. 4   —
Extrait de quinquina
  gris.............. 1   —
Sirop de gentiane..... 25   —

F. s. a. une potion, dont on administrera la moitié, deux heures après le repas, pour faciliter la digestion, dans le cas de dyspepsie flatulente.

Poudre antidyspeptique.

Sous-nitrate de bismuth.	1 gr. 50
Quinquina jaune pulv...	1 — 50
Colombo pulvérisé......	1 gramme.
Opium brut pulvérisé.'..	40 centigr.

Mêlez et divisez en 10 paquets.

Un paquet, une heure après chacun des deux principaux repas, quand il y a atonie de l'estomac, et douleurs pendant la digestion. — Eau de Vichy aux repas, coupée avec le vin.

Poudre antidyspeptique (Bonnet).

Sous-nitrate de bismuth.	20 grammes.
Chlorhydrate de morphine,.............	5 à 10 centigr.

Mêlez exactement et divisez en 20 paquets.

Un paquet immédiatement avant chacun des deux principaux repas, dans deux cuillerées d'eau sucrée, dans le cas de dyspepsie avec tendance à la diarrhée.

Poudre antidyspeptique (Guipon).

Crème de tartre soluble...............	12 grammes.
Magnésie décarbonatée...............	4 à 8 —
Jalap pulvérisé......	1 à 2 —

Mêlez.

Cette poudre est recommandée dans la dyspepsie pituiteuse chronique. On la donne en une fois, et

..en répète l'administration deux jours plus tard,
..'effet a été incomplet. — Le fer uni à l'extrait
..tiel de bœuf, l'eau de Vichy, peuvent être pres-
..es après les purgatifs, pour retarder le retour des
..dents.

Poudre antidyspeptique (Guipon.)

Fer réduit par l'hydrogène................	30 centigr.
Magnésie calcinée.......	20 —
Rhubarbe de Chine pulv..	20 —

..Mêlez pour une prise, qui sera ingérée immédia-
..ment avant chacun des deux principaux repas,
..is le cas de dyspepsie acide des femmes chloro-
..miques. — Les malades prendront en outre, le
..tin et le soir, deux heures avant les repas, une
..se d'une macération de houblon et de quassia
..parée à froid.

Poudre contre la dyspepsie (Hérard).

Noix vomique pulvérisée.	1 gramme.
Rhubarbe pulvérisée....	4 —
Carbonate de chaux préparé	3 —
Oléo-saccharure de menthe..................	4 —

..Mêlez et divisez en 20 paquets.

..Un paquet avant chaque repas, dans du pain
..yme, aux personnes atteintes de dyspepsie fla-
..ente. — Deux cuillerées d'eau de chaux médi-
..nale dans un demi-verre d'eau sucrée, après cha-
..e repas. — Vin coupé avec de l'eau ferrugineuse,
..la dyspepsie est compliquée d'anémie.

Poudre digestive.

Poudre d'yeux d'écrevisses................	5 grammes.
Poudre de noix vomique...................	1 —
Poudre de codéine.....	25 centigr.

Mêlez et divisez en 30 doses.

Trois prises par jour, un quart d'heure avant l⟨l⟩ repas, dans les cas de dyspepsie avec gastralgi⟨⟩ S'il existe de la constipation, on administre ⟨⟩ même temps, matin et soir, de deux à quatre pilules⟨⟩ de 20 centigrammes, préparées avec parties égale⟨⟩ de fiel de bœuf et de savon médicinal. — Pou⟨⟩ boisson, aux repas, du vin ou de la bière coupé⟨⟩ avec une eau minérale alcaline.

Poudre laxative anti-acide (Ribke).

Hydrocarbonate de magnésie	30 grammes.
Oléo-saccharure de fenouil................	20 —
Rhubarbe pulvérisée...	8 —

Mêlez.

On l'administre par pincées, aux enfants, comm⟨⟩ purgative et anti-acide.

Poudre tonique astringente (Guipon).

Sous-nitrate de bismuth.	10 grammes.
Colombo pulvérisé.....	5 —
Diascordium	2 —

Mêlez et divisez en 10 paquets.

Un paquet avant chacun des deux principaux re⟨⟩

, pour combattre la dyspepsie gastro-intestinale
⸺ flatulence, borborygmes et diarrhée. — Affu-
⸺s froides, régime régulier.

Prises antidyspeptiques (Bouchardat).

Carbonate de chaux
    pulvérisé........) ãã 5 grammes.
Rhubarbe pulv....)
Opium brut pulv..   10 centigr.

)Mêlez et divisez en 10 prises. — Une par jour, au
commencement du principal repas, pour combattre
⸺dyspepsie acide. — Eau de Vals (source Saint-
⸺an) aux repas. — Régler l'alimentation et éviter
⸺ mets acides ou surchargés de condiments. —
⸺and la dyspepsie s'accompagne de renvois sulfu-
⸺s, restreindre l'usage des aliments azotés, adminis-
⸺r du charbon de peuplier et de faibles doses de
⸺us-nitrate de bismuth.

Régime diététique des névropathes (Brochin).

Aux névropathes qui sont en même temps dyspep-
⸺ques, on recommande d'éviter les aliments acides
⸺ u capables de provoquer une hypersécrétion acide
⸺ans l'estomac. On conseille de préférence les
⸺andes faites, et on sature l'acide sécrété en excès
⸺ans l'estomac, au moyen d'une petite dose de
⸺agnésie calcinée, d'une faible quantité d'eau de
⸺ichy ou de Pougues, ou bien de deux cuillerées
⸺'eau de chaux coupées avec du lait. — Pour com-
⸺attre la constipation habituelle, on prescrit des la-
⸺ements simples ou laxatifs, du petit-lait, du tama-
⸺in, de la graine de lin, et s'il est absolument
⸺indispensable de recourir à un purgatif, on donne la
⸺préférence aux plus doux, tels que l'huile de ricin,

la magnésie décarbonatée, le podophyllin. Pendant
cette période du traitement, on substitue au régime
alimentaire fortifiant l'usage des viandes blanches et
du poisson et des légumes aqueux. — Les névropathes doivent faire un exercice modéré et éviter les
veilles prolongées.

Traitement de l'acescence (Gublrr).

Pour combattre l'acescence des premières voies
chez les enfants, on administre un émèto-catharti-
que, tel que l'ipéca ou le tartre stibié, isolés ou réunis;
puis, au moyen des absorbants, on neutralise les
acides au fur et à mesure de leur production. Au
commencement, on donne la préférence à la magnésie, dont les sels sont laxatifs. Ce n'est que plus
tard, qu'on recourt aux préparations calcaires et aux
autres absorbants. — La nourriture doit être appro-
priée à l'âge des enfants, et il est indispensable
d'en exclure avec soin toutes les substances qui
tournent aisément à l'aigre, ou qui développent des
acides par la fermentation. — Les accidents principaux étant apaisés, il s'agit d'éloigner ou de détruire les causes indirectes de l'acescence; on y réussit en traitant les maladies primordiales dont ce
symptôme dépend, et en restaurant l'économie, à
l'aide d'un régime convenable.

Pour l'acescence des adultes, le traitement se
borne à l'administration d'une eau alcaline, naturelle
ou artificielle, qui neutralise directement les acides
développés dans l'estomac, et qu'on fait précéder
d'un vomitif.

Vin digestif (Malherbe).

Vin de quinquina au
Bordeaux........... 100 grammes.

Sirop thébaïque........ 30 grammes.
Acide chlorhydrique pur.   1   —

Mêlez.

De deux à six cuillerées à bouche après le repas, dans la dyspepsie sulfhydrique des vieillards, quand on suppose que le suc gastrique n'est pas assez énergique pour digérer les viandes, surtout chez les personnes qui en font abus.

Vin de pepsine (Liebreich).

On nettoie avec de l'eau froide un estomac frais de porc ou une caillette de bœuf. On en recueille le produit de la sécrétion, en râclant la muqueuse avec un os taillé en forme de couteau. On prend 100 parties du mucus ainsi obtenu, et on le mélange soigneusement avec 50 parties de glycérine, diluée préalablement dans 50 parties d'eau distillée. A ce mélange introduit dans un grand flacon, on ajoute 10000 parties d'un vin blanc généreux, et 5 parties d'acide chlorhydrique pur. On agite fortement, et on laisse macérer pendant 3 jours, à une température qui ne dépasse pas 20 degrés. Pendant ce temps, on agite fréquemment le mélange, puis on filtre. On obtient ainsi un liquide limpide, jaunâtre, acidule, présentant la saveur du vin.

Ses indications sont les mêmes que celles de la pepsine. On le prescrit à la dose de 1 à 5 grammes à la fois, de manière à en donner 15 grammes par jour.

Vin de séné composé (Pharmacopée suédoise).

Séné............. 120 grammes.
Semences de corian-
dre............. 8 —
Semences de fenouil.. 8 —
Vin de Xérès........ 1000 —

Concassez les feuilles de séné et les semences,
faites digérer trois jours, ajoutez :

Raisins secs.........   90 grammes.

Faites macérer 24 heures et filtrez.

Conseillé à la dose de 60 à 100 grammes, le matin à jeun, comme laxatif et carminatif, dans la dyspepsie flatulente.

ECTHYMA

Sparadrap contre l'ecthyma (Vidal).

Emplâtre de diachylon. 26 grammes.
Cinabre.............. 1 gr. 50
Minium.............. 1 — 50

F. s. a. — Avec ce sparadrap, qui est très promptement siccatif et cicatrisant, on couvre les régions envahies par l'ecthyma, et on abrège ainsi la durée du traitement, car on empêche le malade de déchirer les pustules anciennes et de s'en inoculer de nouvelles, en déchirant la peau avec les ongles chargés de la sérosité de l'ecthyma.

ECZÉMA

Apozème purgatif (Hardy).

Pensées sauvages... 8 à 16 grammes.
Follicules de séné..   4 à 8   —
Eau bouillante.....   3 à 4 verres.
Faites infuser.

A donner au début de l'eczéma, pour diminuer la sécrétion abondante qui existe à la surface de la peau.

Le malade prend deux, trois ou quatre verres de cet apozème, soit tous les jours, soit deux ou trois fois par semaine, et il peut continuer ainsi pendant deux ou trois mois. — Bains amidonnés et bains de vapeur.

Du bandage en caoutchouc dans le traitement de l'eczéma (D. BULKLEY).

Le docteur Duncan Bulkley emploie exclusivement le bandage roulé de caoutchouc pur, dans l'eczéma variqueux ulcéré des jambes, et il le considère comme le moyen le plus efficace et le plus économique de triompher de cette pénible affection. Le caoutchouc pur exerce sur les tissus une pression élastique modérée, qui le rend préférable à la toile de caoutchouc, préconisée par divers auteurs dans le traitement de certaines dermatoses.

Cérat calaminaire (DEVERGIE).

Cérat simple........	30 grammes.	
Calamine...........	1 à 3	—
Chloroforme........	2	—

Mêlez.

Pour une pommade qu'on emploiera contre les dartres squameuses humides et l'eczéma.

Glycéré contre l'eczéma impétigineux (ARCHAMBAULT).

Précipité blanc........	2 grammes.	
Oxyde de zinc........	4	—
Glycéré d'amidon......	30	—

F. s. a. un mélange, destiné à combattre l'eczéma impétigineux des enfants à la mamelle. Bains émollients. — Dans le cas où l'éruption siège au cuir chevelu, on coupe les cheveux, on applique une calotte de caoutchouc pendant la nuit, et le matin, on

provoque facilement la chute des croûtes, à l'aide de
simples lavages d'eau tiède.

Glycéré contre l'eczéma (F. Guyon).

Sous-nitrate de bismuth..........	) ãã 5 grammes.	
Oxyde de zinc......	)	
Glycéré d'amidon...	60	—

Mêlez.

Cette préparation est conseillée contre l'eczéma
interfessier et l'intertrigo.

Lotion contre l'eczéma (Lusu).

Bicarbonate de soude.	8 grammes.	
Bicarbonate de potasse.	4	—
Glycérine neutre......	6	—
Teinture d'opium.....	8	—
Eau.................	250	—

Faites dissoudre. — Cette solution est appliquée
sous forme de lotions, pour calmer la démangeaison
intense et la sensation de brûlure qui accompagne
souvent l'eczéma chronique.

Onction contre l'eczéma scrofuleux (Bazin).

L'eczéma des sujets scrofuleux est favorablement
modifié par l'huile de cade. On applique cette huile
au moyen d'un pinceau de charpie, qu'on promène
légèrement sur les parties affectées, et on répète
ces applications tous les deux ou trois jours suivant
les cas. On saupoudre ensuite la peau avec des
poudres résolutives, et on administre des bains simples ou médicamenteux. — Quand la rougeur et la
sécrétion ont disparu, on renonce à l'huile de cade.

Jur recourir aux onctions avec les pommades de ca-
mel, de calamine ou d'oxyde de zinc. — Dans l'eczéma
arthritique, l'emploi de l'huile de cade est beaucoup
plus restreint que dans l'espèce scrofuleuse. Il est
quelquefois nécessaire de la mélanger avec de l'huile
d'amandes douces, ou de l'incorporer à de l'axonge.
Cependant, elle rend chaque jour de véritables services contre l'eczéma circonscrit, sec et squameux,
même des formes les plus rebelles que comprenne le
genre.

Pilules arsenicales (BAZIN).

Arséniate de fer........	10 centigr.
Extrait de douce-amère.	1 gramme.

F. s. a. 20 pilules.

On en donne deux par jour, pour commencer, et
on en augmente progressivement le nombre, jusqu'à
ce que le malade en prenne vingt-cinq à trente par
jour, ce qui représente 12 à 15 centigrammes d'arséniate de fer.

Elles sont conseillées aux sujets débilités, atteints
d'eczéma herpétique.

Pilules contre l'eczéma (GUIBOUT).

Arséniate de soude.....	5 centigr.
Extrait de gentiane.. .	5 grammes.

F. s. a. 50 pilules, qui contiennent chacune 1 milligramme d'arséniate de soude. — Six par jour, deux
à chacun des trois repas ; quelquefois neuf par jour,
trois à chaque repas ; plus rarement douze par jour,
dans le cas d'eczéma herpétique chronique d'emblée,
ou quand l'état aigu a été éteint sous l'influence
d'un traitement local émollient, et d'une médication
interne tempérante, purgative et diurétique suffisam-

ment prolongée. — Si le malade est anémié et cachectique, on lui prescrit en outre les préparations
de fer et de quinquina.

Pilules contre l'eczéma (VALÉRIUS).

Arséniate de fer.......	1 gramme.
Extrait gommeux d'opium...............	50 centigr.
Extrait de quinquina jaune...............	9 gr. 50

F. s. a. 100 pilules.

Deux par jour, et augmenter successivement jusqu'à douze, dans le cas d'eczéma dû à la diathèse
herpétique.

Pilules purgatives antimoniées (GINTRAC).

Calomel à la vapeur...	2 grammes.
Scammonée d'Alep pulvérisée...........	1 gramme.
Soufre doré d'antimoine...........	60 centigr.
Extrait de fumeterre..	
Extrait de ménianthe..	$\tilde{a}\tilde{a}$ 4 grammes.

F. s. a. 60 pilules.

Recommandées dans le cas d'eczéma aigu, pour
modérer la sécrétion de la peau. — On commence
par une, le matin à jeun, puis on augmente d'une
tous les cinq ou six jours, jusqu'à ce qu'elles produisent deux ou trois selles par jour.

Pommade au sulfate de fer (BAZIN).

Sulfate de fer.....	40 à 50 centigr.
Cétine...........	4 grammes.
Axonge..........	30 —

Faites fondre la cétine dans l'axonge, et incorporez-y le sel de fer, préalablement dissous dans une petite quantité d'eau. — Conseillée contre l'eczéma arthritique.

Pommade contre l'eczéma.

Axonge..........	30 grammes.
Sous-carbonate de soude	
Huile de genévrier.	$\overline{aa}$ 2 à 4 —
Goudron..........	

F. s. a. une pommade, avec laquelle on oindra les mains soir et matin, pour guérir l'eczéma.

Pommade d'acide borique (Kurz).

Acide borique.....	5 grammes.
Vaseline..........	10 à 15 —

Mêlez. — Le docteur Kurz (de Florence) a employé avec succès cette pommade, dans plusieurs cas d'eczéma de la face et des membres, dans un cas d'impétigo du cuir chevelu chez un enfant, dans deux cas de prurigo, qui avaient résisté à tous les traitements depuis une année, dans un cas de psoriasis non syphilitique, qui datait de 3 ans.

Pommade contre l'eczéma (Crocker).

Acide thymique...	18 à 30 centigr.
Axonge..........	30 grammes.

Mêlez sur un porphyre. — Cette pommade est conseillée contre l'eczéma, quand l'inflammation aiguë est dissipée, et qu'il n'existe plus que peu ou pas d'exsudation.

Pommade contre l'eczéma (DELAPORTE).

Acide borique pulvérisé.	5 grammes.
Baume du Pérou.......	1 gramme.
Glycérine neutre.......	5 grammes.
Vaseline	20 —

F. s. a. une pommade recommandée contre l'eczéma et l'intertrigo.

Pommade contre l'eczéma (FLEISCHMANN).

Acide salicylique......	1 gr. 50 à 2 gr.
Vaseline	30 grammes.

Mêlez. — Pour onctions sur la peau atteinte d'eczéma.

L'auteur vante beaucoup l'efficacité de cette pommade.

Pommade contre l'eczéma chronique (HARDY).

Axonge...............	30 grammes.
Protonitrate d'hydrargyre	5 à 10 centigr.

F. s. a. une pommade, conseillée contre l'eczéma chronique.

On prescrira de plus les modificateurs généraux dont les principaux sont : l'huile de foie de morue, les préparations arsenicales et le soufre.

L'huile de foie de morue convient surtout aux personnes lymphatiques, et particulièrement aux jeunes sujets. Les préparations arsenicales réussissent mieux chez les individus à tempérament nerveux, et chez ceux qui n'ont aucun des attributs du tempérament lymphatique. Enfin les sulfureux doivent

sent être réservés aux sujets à tempérament lymphatique peu prononcé, chez lesquels la maladie a
de la tendance à se perpétuer. On les emploie aussi
avec avantage, après la disparition de toute éruption,
pour consolider la guérison.

Pommade contre l'eczéma (LAILLER).

Oxyde blanc de zinc...   4 grammes.
Axonge..............   16   —

F. s. a. une pommade à employer dans le cas
d'eczéma de la marge de l'anus.

Pommade contre l'eczéma (LABOULBÈNE).

Pommade citrine......   4 grammes.
Axonge..............   16   —
Faites fondre à une douce chaleur.

Cette pommade est conseillée contre l'eczéma
aigu, dont on a préalablement modéré l'inflammation par des cataplasmes de fécule de pommes de
terre, ou d'emblée contre l'eczéma chronique. —
Boissons délayantes, purgatifs répétés.

Pommade contre l'eczéma (NEUMANN).

Chaux éteinte..........   4 grammes.
Carbonate de soude....   4   —
Extrait d'opium........   1 gramme.
Axonge..............   60 grammes.
Mêlez, pour une pommade.

Onctions soir et matin, contre l'eczéma du scrotum. — Bains alcalins, boissons rafraîchissantes.

Pommade contre l'eczéma (Valérius).

Huile d'amandes douces....................	4 grammes.
Glycérine	4 —
Axonge récente......	32 —
Turbith minéral	1 gramme.
Goudron de bois.....	4 à 6 grammes.

F. s. a. une pommade destinée à combattre l prurit de l'eczéma, et à favoriser la chute del croûtes et des squames. — Pilules d'arséniate d fer à l'intérieur.

Pommade contre les dermatoses squameuses (Kaposi). .

Emplâtre de plomb simple	30 grammes.
Vaseline	30 —
Essence de bergamote ou de lavande........	1 gramme.

F. s. a. un onguent recommandé pour détach les croûtes et les squames, dans certaines derm toses, et en particulier dans l'eczéma squamosum lorsque la peau est sèche et recouverte de lamell épidermiques. Même sur des surfaces excoriées, ne détermine aucune sensation de brûlure.

Poudre alcaline (Devergie).

Carbonate de soude finement pulvérisé...	10 grammes.
Fécule de pommes de terre...............	100 —

Mêlez.

Cette poudre est conseillée contre certaines af

sections de la peau, l'eczéma aigu, par exemple. — A l'intérieur, boissons délayantes, purgatifs répétés.

Solution arsenicale (BAZIN).

Arséniate d'ammoniaque...............	5 centigr.
Eau distillée..........	300 grammes.

Faites dissoudre.

Cette solution est conseillée contre l'eczéma herpétique. On en prescrit une cuillerée à bouche matin et soir, et on augmente progressivement la dose, jusqu'à quatre et cinq cuillerées par jour.

En outre, le malade doit faire usage d'infusion de saponaire, et prendre un verre d'eau de Sedlitz, tous les deux ou trois jours.

Solutions contre l'eczéma capitis.

A l'hôpital de Bellevue, de New-York, dans le cas d'eczéma du cuir chevelu, on fait tomber les croûtes à l'aide de cataplasmes, puis on lotionne les surfaces dénudées avec la solution suivante :

Nitrate d'argent cristallisé...............	25 centigr.
Eau distillée..........	30 grammes.

Après cette lotion, on panse l'eczéma jusqu'à guérison, avec la solution suivante :

Acide phénique cristallisé............	4	grammes.
Borate de soude.....	4	—
Glycérine neutre.....	60	—
Eau de Cologne......	120	—

Solution contre l'eczéma (DEVERGIE).

Dextrine ....   125 grammes.
Eau bouillante   1000   —
Faites dissoudre.

Quand l'eczéma variqueux des jambes ne sécrète plus sensiblement, on le couvre de compresses imbibées de la solution de dextrine, et on maintient les compresses à l'aide d'une bande modérément serrée, et plongée dans la même solution. L'application du bandage est renouvelée tous les quatre ou cinq jours.

Solution contre l'eczéma (HARDY).

Bichlorure de mercure.   10 à 20 centigr.
Eau distillée ....   100 grammes.
Faites dissoudre.

Cette solution est conseillée en lotions, pour calmer les démangeaisons de l'eczéma. — Purgatifs souvent répétés, bains amidonnés, bains de vapeur, à condition toutefois que la température de ces derniers ne dépasse pas 32 ou 33° Réaumur.

Suppositoires contre l'eczéma des fosses nasales (NEUMANN).

Acide tannique ... ...   90 centigr.
Beurre de cacao ....   5 grammes.

F. s. a. 6 suppositoires. — On peut remplacer le tannin par un même poids d'oxyde de zinc. Ces suppositoires sont destinés à combattre l'eczéma quand il se propage aux fosses nasales.

EMBARRAS GASTRIQUE.

Looch vomitif (J. Simon).

Ipéca pulvérisé..... .	30 cent. à 1 gr.
Sirop de violettes.....	30 grammes.
Looch blanc du Codex.	100 —

Mêlez. A donner par cuillerées, de 5 en 5 minutes, jusqu'à effet vomitif, aux enfants chez lesquels on constate de l'embarras gastrique, et qui éprouvent une répugnance insurmontable pour l'ipéca pris dans l'eau.

Pilules antibilieuses (Lee).

Aloès socotrin...........	9 grammes.
Scammonée d'Alep.....	4 gr. 50
Gomme-gutte..........	3 grammes.
Jalap...................	2 gr. 25
Calomel.........	4 grammes.
Savon médicinal.......	6 —
Sirop de nerprun et mucilage..............	q. s.

F. s. a. 150 pilules.

Une à quatre, dans l'embarras gastrique, pour obtenir un effet laxatif et produire une évacuation de bile.

Pilules laxatives (Scudamore).

Scammonée...........	60 centigr.
Extrait de coloquinte...	2 gr. 50
— de rhubarbe....	1 — 80
Savon blanc..........	50 centigr.
Essence de Carvi.......	5 gouttes.

Mêlez et divisez en 20 pilules.

Une à deux, pour produire un effet laxatif, dans l'embarras gastrique avec état bilieux prédominant.

Potion contre l'embarras gastrique (DALPIAZ).

Infusion d'écorces d'oranges amères......	125	grammes.
Bicarbonate de soude..	2	—
Teinture de rhubarbe.	2	—
— de cascarille.	10	—
Sirop de sucre........	30	—

F. s. a. une potion, à donner par cuillerées à bouche, toutes les deux heures.

EMPHYSÈME PULMONAIRE.

Pilules contre l'emphysème pulmonaire (ROMBERG).

Gomme ammoniaque pulvérisée..............	1	gramme.
Poudre d'ipéca..........	20	centigr.
Acétate de morphine....	10	—
Carbonate d'ammoniaque.	1	gramme.
Mucilage de gomme.....	q. s.	

F. s. a. 20 pilules.

Deux à six par jour, dans le cas d'emphysème pulmonaire. — Pastilles d'ipéca ou de kermès pour faciliter l'expectoration, — révulsifs sur la poitrine.

Potion contre l'emphysème pulmonaire (GLONER).

Thé et lierre terrestre āā	10	grammes.
Bouillon blanc......	5	—
Iris de Florence.....	2 gr. 50	
Eau bouillante......	225	grammes.

Infusez, filtrez et ajoutez :

Sirop d'érysimum...	30 grammes.
Sirop de Tolu......	15 —
Rhum	30 —
Teinture de cannelle.	1 gramme.

A donner, dans les vingt-quatre heures, aux personnes atteintes d'emphysème pulmonaire. — En cas de dyspnée trop prononcée avec d'abondants râles muqueux, on administre l'ipéca à dose vomitive.

EMPYÈME.

Injection contre l'empyème (Hérard).

Teinture d'iode....	20 à 40 grammes.
Iodure de potassium	4 —
Eau............	100 —

Faites dissoudre.

Cette injection est poussée dans la cavité pleurale, et abandonnée dans cette cavité, chez les malades atteints d'empyème.

ENGELURES.

Cataplasme contre les engelures ulcérées (E. Besnier).

On fait bouillir des feuilles de noyer dans une petite quantité d'eau, on les hache et on en prépare un cataplasme, qu'on applique sur les engelures ulcérées des sujets scrofuleux. — On combat la diathèse, en prescrivant l'huile de foie de morue, le sirop antiscorbutique, les préparations de quinquina et de fer.

Créme pour les engelures.

| Savon médicinal....... | 10 grammes. |
| Glycérine............ | 10 — |

Extrait d'opium........ 20 centigr.
Extrait de ratanhia..... 1 gramme.

F. s. a. un mélange, avec lequel on frictionnera, le soir, les doigts gonflés et rougis par les engelures.

Embrocation contre les engelures (Beasley).

Sulfate d'alumine et de
  potasse............ 8 grammes.
Vinaigre............ 200 —
Alcool faible....... . 200 —
Faites dissoudre et filtrez.

Appliquer cette solution, matin et soir, sur les mains qui sont le siège d'engelures non ulcérées.

Liniment contre les engelures.

Oxyde de zinc .... 2 grammes.
Acide tannique........ 1 gramme.
Glycérine .... 10 grammes.
Baume du Pérou....... 8 —
Camphre............. 4 —
F. s. a un mélange, avec lequel on oindra les engelures matin et soir.

Liniment contre les engelures (Gillebert Dhercourt).

Térébenthine de Venise. 12 grammes.
Huile de ricin......... 6 —
Collodion .... 30 —

Mêlez. — A l'aide d'un pinceau, on applique ce liniment sur les doigts qui sont le siège d'engelures ulcérées ou non ulcérées. On renouvelle le badigeonnage autant de fois qu'il le faut, pour que l'engelure soit préservée du contact de l'air, et on continue jusqu'à guérison.

Pommade contre les engelures (Cazenave).

Précipité blanc........... 30 centigr.
Chloroforme............ 30 —
Cold-cream............. 30 grammes.

F. s. a. une pommade, pour onctions soir et matin.

Si le gonflement est considérable, et si les enge-res sont ulcérées, il convient de les recouvrir de taplasmes de fleurs de sureau ou de camomille, et les panser avec du cérat laudanisé.

Pommade contre les engelures (Devergie).

Créosote.............. 10 gouttes.
Extrait thébaïque...... 20 centigram.
Sous-acétate de plomb
 liquide.............. 12 gouttes.
Axonge............... 30 grammes.

Mêlez. Onctions matin et soir, sur les engelures ulcérées ou simplement érythémateuses.

Pommade contre les engelures (Giacomini).

Axonge............... 32 grammes.
Acétate de plomb cris-
 tallisé............... 4 —
Eau distillée de laurier-
 cerise............... 8 —

Mêlez.

Cette pommade est conseillée en onctions, matin et soir, contre les engelures.

On pourrait substituer la pommade camphrée à l'axonge, et ajouter en outre une petite quantité de goudron ou de baume du Pérou.

Pommade contre les engelures non ulcérées (Mayet).

Alun calciné,............	2 gr. 50
Iodure de potassium...	1 gramme.
Laudanum de Rousseau.	1 —
Pommade rosat.........	2 gr. 50
Axonge	15 grammes.

Mêlez avec soin.

En onctions soir et matin sur les engelures, afin d'en prévenir l'ulcération.

Pommade contre les engelures ulcérées (Beasley).

Chlorure de chaux.....	2 grammes.
Borate de soude........	2 —
Axonge récente..	30 —

Mêlez, après avoir dissous le chlorure et le borate dans une petite quantité d'eau.

En onctions, matin et soir, contre les engelures ulcérées.

Pommade contre les engelures ulcérées (Onosi).

Teinture de benjoin....	4 grammes.
Glycérine	8 —
Huile de lin...........	15 —
Cérat jaune...........	8 —
Essence de lavande....	1 gr. 50

Mêlez avec soin, pour une pommade avec laquelle on oindra, soir et matin, les engelures ulcérées.

ENROUEMENT.

Gargarisme contre l'enrouement (Graves).

Teinture de poivre de Guinée.,.......	3 à 10 grammes.

Décoction d'écorce de
    quinquina........   160 grammes.

Mêlez.

Se gargariser 5 ou 6 fois le jour, au début de l'enrouement ; révulsifs aux membres inférieurs, boissons émollientes.

Potion contre l'enrouement.

Infusion de fruits
    pectoraux .....   100 grammes.
Alcoolature d'aco-
    nit...........   20 à 30 gouttes.
Sirop de baume
    de Tolu.......
Sirop de codéine.   ãã   15 grammes.

F. s. a. une potion, à prendre dans la journée,
contre l'enrouement. — Cataplasmes émollients à la
partie antérieure du cou.

Potion contre l'enrouement (Fourreau de Beauregard).

Ammoniaque liquide...   10 gouttes.
Sirop d'érysimum......   45 grammes.
Infusion de tilleul   90   —

F. s. a. une potion, à prendre en une fois, dans
l'enrouement par hypérémie laryngée.

ENTORSE.

Fomentation résolutive (Scumucker).

Chlorhydrate d'ammo-
    niaque...........   10 grammes.
Camphre...........   3   —
Savon blanc.........   6   —
Alcool à 56°..........   140   —

Faites dissoudre.

Cette solution est conseillée contre l'entorse. On en imbibe un morceau de flanelle, qu'on maintient à l'aide d'une bande roulée, sur la jointure doulou- reuse. Elle est utile aussi, dans le cas de contu- sions, d'engorgements indolents et d'engelures.

ÉPILEPSIE.

Potion contre l'épilepsie (Schmitt).

Teinture d'iode........	15 gouttes.
Hydrolat de menthe....	60 grammes.
Eau distillée..........	60 —
Sirop simple..........	30 —

Mêlez.

Une cuillerée à bouche, de 2 en 2 heures, pour prévenir le retour des accès.

Sirop contre l'épilepsie (Bouchut).

Bromure de potassium.	20 grammes.
Sirop de belladone....	60 —
Sirop simple........	240 —

Faites dissoudre.

Chaque cuillerée de 15 grammes représente 1 gramme de bromure. On donne progressive- ment de 3 à 4 cuillerées de sirop aux enfants de 5 à 9 ans, et de 4 à 6 cuillerées, à ceux de 10 à 14 ans. Le bromure de potassium est généralement bien supporté par les enfants. Les seuls accidents observés après les doses de 6, 8 et 10 grammes par jour, longtemps prolongées, ont été la stupeur et l'hébétude, et ils ont disparu aussitôt qu'on a di- minué les doses. Grâce à l'emploi de ce sirop, l'au- teur dit avoir obtenu un certain nombre de guéri- sons.

Traitement de l'épilepsie (G. Sée).

Le bromure de potassium peut être considéré, jusqu'aujourd'hui, comme le meilleur remède de l'épilepsie. La dose est de 5 grammes par jour pour l'adulte ; de 3 grammes pour un enfant de 10 à 15 ans ; et de $0^{gr},50$ pour les enfants en bas âge.

Le premier fait dont le médecin doit tout d'abord s'enquérir, c'est de savoir si les accès sont nocturnes ou diurnes, et à quelle heure ils éclatent habituellement. Supposons que ce soit à onze heures du soir : le malade devra prendre 1 gramme de bromure à onze heures du matin, 2 grammes à l'heure du dîner, et 2 grammes en se couchant. Il est indispensable, en un mot, que les 4 derniers grammes de bromure soient ingérés dans les six heures qui précèdent l'accès. Pour les enfants, on arrive progressivement à la dose de 3 grammes, et, autant que possible, on prescrit le sel au moment des repas, afin qu'il soit mieux toléré. — Le professeur Sée le donne habituellement en simple solution dans l'eau, et, dans certains cas, pour augmenter l'efficacité du traitement, il y joint du tartrate de fer et de potasse, de l'huile de foie de morue, de la glycérine, de la valériane..., selon les indications. Il interdit aux malades les boissons gazeuses, les boissons alcooliques, même faibles, le café, le thé. Il recommande de s'abstenir de l'hydrothérapie, des bains froids et même des bains chauds, des purgatifs, des saignées, des sangsues et de tout ce qui peut déterminer de l'affaiblissement. L'exercice modéré au grand air est un adjuvant du traitement : le mariage et la grossesse n'augmentent point la fréquence des attaques.

Le traitement de l'épilepsie par le bromure de potassium réussit surtout : 1° si les attaques sont très éloignées ; 2° si elles sont franches et bien caractérisées ; s'il s'agit de malades adultes ou adolescents. Il doit être continué pendant presque toute la vie. Lors même qu'une année entière se serait écoulée sans attaque, le bromure doit toujours être pris tous les jours sans interruption ; seulement, la dose quotidienne du sel peut être réduite à 3 grammes. — Dans les cas graves, on doit élever la dose de bromure de potassium à 6 et 7 grammes par jour ; mais il est bon d'être prévenu qu'il peut survenir alors des accidents toxiques variés, qu'on a groupés sous le nom de bromisme, et qui forcent d'interrompre l'usage du remède ou d'en modifier les doses.

ÉPIPHORA.

Prises contre l'épiphora (Salomon).

Belladone pulvérisée.   6 à 12 centigr.

En un paquet. — En donner trois par jour, jusqu'à l'apparition des phénomènes physiologiques, afin de diminuer la sécrétion des larmes, quand l'épiphora peut être attribué à une névrose des branches lacrymales de la cinquième paire. — Dans quelques cas, la guérison s'opéra sous l'influence seule de la belladone ; dans les cas où il fallut recourir à l'incision ou à la dilatation, le soulagement fut plus rapide.

ÉRYSIPÈLE.

Bouillon éméto-cathartique.

Tartre stibié..........	5 centigr.
Sulfate de soude cristallisé..............	10 grammes.
Bouillon de veau......,	500 —

A prendre par tasses, d'heure en heure, ou de deux en deux heures, comme contro-stimulant dans les phlegmasies aiguës, par exemple, au début de l'érysipèle de la face.

Fomentation contre l'érysipèle.

Infusion de fleurs de sureau............	500 grammes.
Alcool camphré.......	30 —

Mêlez.

Fomentations sur les régions érysipélateuses. — Dans l'intervalle, on les couvrira de poudre d'amidon camphré. — Éméto-cathartique à l'intérieur.

Mixture vomi-purgative (Béhier).

Pulpe de tamarin.....	45 grammes.
Manne en larmes.....	30 —
Eau.................	300 —

Faites bouillir, et ajoutez vers la fin de l'opération :

Crème de tartre soluble	24 grammes.
Tartre stibié.........	10 centigr.

A donner en quatre ou cinq fois, à une heure d'intervalle, au début de l'érysipèle. — S'il survient du délire, comme dans l'érysipèle de la face par exemple, on prescrit un lavement de musc et d'opium.

Solution contre l'érysipèle (Trousseau).

Éther sulfurique......	60 grammes.
Camphre.............	30 —

Faites dissoudre.

On étend cette solution, à l'aide d'un petit pinceau de charpie, sur toute la surface érysipélateuse du corps de l'enfant nouveau-né.

Topique contre l'érysipèle (CAVAZZANI).

Camphre..............	1 gramme.
Acide tannique........	1 —
Éther sulfurique.......	8 grammes.

Faites dissoudre.

On badigeonne, toutes les trois heures, les régions atteintes par l'érysipèle, en ayant soin d'aller un peu au delà du mal. L'auteur emploie cette solution dans presque tous les cas, même dans l'érysipèle phlegmoneux et dans celui de la face, et il déclare avoir obtenu des succès dans des cas très graves, compliqués déjà de phénomènes ataxiques et adynamiques. La fièvre s'apaise dès les premières heures, et l'inflammation érysipélateuse locale s'arrête deux ou trois jours après.

Cette même solution est efficace contre les brûlures du premier et du second degré.

Pour arrêter la marche envahissante de l'érysipèle, Broca fait appliquer une couche de collodion médicinal au-dessus de la partie malade, sur la peau saine, et sur les limites de l'érysipèle. La bande doit avoir 6 à 8 centimètres de largeur, et entourer complètement la région enflammée. Elle doit être examinée deux fois par jour, et les fissures réparées aussitôt qu'elles se produisent.

Topique contre l'érysipèle (LÉON LABBÉ).

Éther sulfurique......	100 grammes.
Camphre pulvérisé....	100 —

Faites dissoudre.

Badigeonnages répétés sur la peau, dans l'érysipèle phlegmoneux et surtout gangréneux, après qu'on a pratiqué des débridements larges, multiples et profonds. Si l'érysipèle menace de gagner le cuir chevelu, on applique un vésicatoire à la nuque. S'il est ambulant, on place un vésicatoire à cheval sur la ligne de pourtour et sur les parties voisines, afin de le fixer. En même temps, on badigeonne toute la région érysipélateuse avec la solution camphrée.

Pour combattre l'érysipèle, le Dr Gamberini conseille de badigeonner les parties malades, avec une solution saturée de tannin dans l'alcool, et de les recouvrir avec de la ouate.

Traitement de l'érysipèle de la face (Bleynie).

Dans le cas d'érysipèle de la face et du cuir chevelu, le Dr Bleynie administre le sulfate de quinine, et dès les premières 24 heures d'usage de ce remède, on constate de l'amélioration, qui se traduit par du ralentissement du pouls, de la diminution de la rougeur et du gonflement; puis progressivement la guérison se produit. — Lorsque l'érysipèle de la face revient périodiquement chez des sujets herpétiques, il y a lieu de prescrire l'arséniate de soude à petite dose, un milligramme par jour, pendant un an ou 18 mois, avec des intervalles de repos pendant le tiers ou la moitié du temps, et on évite ainsi les récidives.

ESCARRE.

Liniment contre les escarres (Graves).

Huile de ricin........ 64 grammes.
Baume du Pérou ...... 32 —
Mêlez.

On étend ce mélange sur des plumasseaux de charpie, avec lesquels on recouvre les escarres qui s'observent dans les maladies graves, et en particulier dans la fièvre typhoïde. Deux ou trois fois par jour, on applique par-dessus la charpie, des cataplasmes de farine de lin, et, en outre, on lave les ulcérations matin et soir avec de l'eau chlorurée.

EXCORIATIONS.

Lotion contre les excoriations.

Borate de soude.......	4 grammes.
Alcool..............	5 —
Eau distillée.........	90 —

Faites dissoudre.

Lotions, plusieurs fois le jour, sur la peau excoriée.

Pommade contre les excoriations.

Lycopode	4 grammes.
Fleurs de zinc........	4 —
Axonge.............	16 —

Mêlez.

Onctions soir et matin, avec cette pommade, sur les excoriations cutanées.

FIÈVRES.

Mixture antipyrétique (L. Dickson).

Bicarbonate de potasse.	1 gramme.
Teinture d'opium camphrée..............	6 grammes.
Eau distillée.........	200 —

Faites dissoudre.

Quatre ou cinq cuillerées dans les vingt-quatre heures, dans le cas de fièvre, avec ou sans irritabilité gastrique bien prononcée.

Potion purgative et diurétique (H. GREEN).

Sulfate de magnésie...	25 grammes.
Tartre stibié.........	3 centigr.
Sirop simple.........	25 grammes.
Hydrolat de cannelle..	25 —
Eau distillée....... ..	120 —

Faites dissoudre.

A donner par cuillerées à bouche, toutes les heures, au début des fièvres et des autres phlegmasies, lorsqu'on désire obtenir un effet à la fois diurétique et purgatif.

FIÈVRE INTERMITTENTE.

Efficacité de l'opium uni aux alcaloïdes du quinquina
(SKILLERN).

Pour couper la fièvre, l'auteur conseille d'associer les alcaloïdes de l'opium à ceux du quinquina. L'expérience lui a en effet démontré : que les accès disparaissent plus rapidement, et que la guérison est plus assurée ; — qu'on peut diminuer de moitié la dose de quinine et de cinchonine ; — qu'on n'a à redouter ni la céphalalgie, ni les tintements d'oreilles, ni les douleurs d'estomac ; — qu'enfin on peut administrer longtemps et sans discontinuer, des doses élevées de quinine ou de cinchonine, sans produire les accidents du cinchonisme.

Electuaire de quinquina composé (COPLAND).

Quinquina jaune pulvérisé...............	30 grammes.
Conserve de roses.....	15 —

Acide sulfurique dilué..   3 gr. 75
Sirop de gingembre....   45 grammes.

F. s. a. un électuaire, que vous donnerez à la dose de 4 à 8 grammes, trois ou quatre fois par jour, pour couper la fièvre intermittente.

Embrocation fébrifuge (GUSTAMACCHIA).

Sulfate acide de
quinine........   50 à 60 centigr.
Alcool rectifié ....   30 grammes.

Faites dissoudre.

On fait des frictions prolongées avec cette solution, sur la colonne vertébrale des sujets atteints de fièvre intermittente, quand le sulfate de quinine n'est plus toléré par les voies digestives.

Si on échoue par cette méthode, on essayera les préparations arsenicales, qui sont parfois très efficaces.

Injection hypodermique fébrifuge (BOURDON).

Sulfate de quinine.....   1 gramme.
Acide tartrique ....   50 centigr.
Eau distillée..........   20 grammes.

Faites dissoudre. — 2 grammes de cette solution renferment 10 centigrammes de sulfate de quinine.

Cette solution, comme celle de Gubler, est destinée à être injectée sous la peau, quand on veut faire pénétrer rapidement du sulfate de quinine dans le torrent circulatoire, dans la fièvre pernicieuse par exemple, et qu'on craint de n'y pas réussir, en l'administrant par les voies ordinaires

Injection sous-cutanée fébrifuge (Gubler).

Sulfate acide de qui-
    nine.................   1 gramme.
Eau distillée ....   11 grammes.
Faites dissoudre.

Quand un malade est atteint de fièvre pernicieuse, et qu'on ne peut lui administrer le sulfate
de quinine par l'estomac ou par l'intestin, il y a
lieu de pratiquer, sous la peau, des injections de
la solution ci-dessus, dont 3 grammes représentent 25 centigrammes de sulfate acide de quinine.
Il faut être prévenu, cependant, que cette opération
peut déterminer un phlegmon ou même une escarre.

Mixture fébrifuge (Wood).

Confection d'opium. ..   4 grammes.
Écorce de quinquina
    rouge pulvérisée....   15   —
Suc de citron.........   8   —
Vin de Porto.........   100   —
Mêlez.

Ce remède sera administré en trois fois, à trois
heures d'intervalle, pour couper la fièvre intermittente.

Pilules fébrifuges (H. Green).

Acide arsénieux........   10 centigr.
Sulfate de quinine .....   4 grammes.
Conserve de roses   2   —
Mêlez exactement, et faites 30 pilules.

Deux par jour, dans les fièvres intermittentes
rebelles.

Pilules de sulfate de quinine soluble (Cazac).

Sulfate de quinine......	1 gramme.
Acide tartrique	20 centigr.
Conserve de cynorrho- dons............	10 —

F. s. a. 10 pilules.

Les pilules ainsi préparées renferment du sulfate de quinine soluble, et du tartatre de quinine également soluble. Elles sont petites et faciles à aus genter.

Il est avantageux, dans certains cas, de substituer la glycérine à la conserve de cynorrhodons.

Potion contre la fièvre (G. Sée).

Salicylate de qui- nine............	45 à 50 centigr.
Sirop d'écorces d'o- ranges amères...	30 grammes.
Rhum............	30 —
Julep gommeux....	150 —

F. s. a. une potion, à donner comme le sulfate de quinine, pour couper les accès de fièvre intermittente.

Potion fébrifuge.

Sulfate de quinine.	60 centigr.
Acide tartrique....	20 à 30 —
Sirop d'écorces d'o- ranges.........	45 grammes.

Faites une potion, à donner pour combattre la fièvre intermittente.

On peut encore dissoudre le sulfate de quinine à la dose de 50 centigrammes à 1 gramme, dans un petit verre d'eau-de-vie, et l'administrer au début du frisson, pour enrayer l'accès, ou prévenir lol

ccès subséquents. A dose modérée, l'action du
remède est rapide, énergique, et sa saveur n'est pas
ɔs désagréable.

Potion fébrifuge.

Teinture d'iode.......	5 grammes.
Iodure de potassium ..	5 —
Eau distillée.........	125 —

Faites dissoudre.

Une cuillerée à bouche de ce mélange, trois fois
ϼ jour, dans un demi-verre de tisane amère, pour
combattre les fièvres intermittentes rebelles.

Potion fébrifuge insipide.

Sulfate de quinine....	75 centigr.
Acide tannique	10 —
Acide sulfurique.	2 gouttes.
Eau distillée	100 grammes.
Sirop de coings.......	40 —

.·. s. a. une potion, à prendre en deux ou trois
ɔs, dans l'intervalle des accès de fièvre intermittente.

Solution de sulfo-tartrate de quinine (RIGHINI).

Sulfate acide de qui- nine...............	3 grammes.
Acide tartrique.......	4 gr. 50
Eau distillée.........	12 grammes.

Faites dissoudre.

On en donne depuis 15 gouttes jusqu'à 4 grammes
ϼ jour, dans un véhicule approprié, pour combattre les fièvres d'accès.

Suppositoire fébrifuge (Laborde).

Sulfate de quinine	75 centigr.
Miel épaissi par évapo-ration...............	4 grammes.

On fait cuire le miel, jusqu'à ce qu'il se prenne en masse par le refroidissement; on y incorpore le sulfate de quinine, et on coule dans un moule huilé.

Ce suppositoire est utile pour combattre les accès de fièvre intermittente rebelle, quand l'estomac ne supporte pas le sulfate de quinine, ou que les lavements ne peuvent être conservés. Il a sur le suppositoire au beurre de cacao l'avantage d'une absorption plus rapide.

FIÈVRE TYPHOÏDE.

Lotions contre la fièvre typhoïde (Laveran).

Créosote.............	5 grammes.
Eau	500 —

Mêlez en agitant. — On en imbibe des compresses qu'on applique sur le corps, dans le cas de fièvre typhoïde.

Potion antispasmodique.

Teinture de musc.....	4	grammes.
Teinture de cannelle...	4	—
Hydrolat de tilleul....	100	—
Sirop de morphine.....	20	—

F. s. a. une potion à donner par cuillerée d'heure en heure, dans la fièvre typhoïde ataxique. Vésicatoire volant à la face interne de l'une des cuisses.

Potion calmante (Graves).

Tartre stibié	12 centigr.
Camphre............	90 —
Musc................	2 gr. 60
Mucilage de gomme arabique	16 grammes.
Sirop de pavots blancs.	32 —
Eau............ ...	110 —

F. s. a. une potion à donner par cuillerées à bouche, toutes les deux heures, contre les soubresauts de tendons, et les accidents cérébraux qui accompagnent la fièvre typhoïde grave.

Potion stimulante (Delioux).

Serpentaire de Virginie..........	8 à 12 grammes.
Eau bouillante....	150 à 200 —

Faites infuser, filtrez et ajoutez :

Vin de quinquina..	10 à 15 grammes.
Teinture de cannelle..........	10 à 15 —
Sirop simple......	45 —

Pour une potion, à donner par cuillerées, dans le cas de fièvre typhoïde grave, avec symptômes adynamiques. Si on observe chez le malade un certain degré d'ataxie, on remplace le vin de quinquina par 4 à 8 grammes de teinture de musc. — L'auteur recommande aussi cette potion, dans le cours de diverses maladies accompagnées de débilitation extrême, de résolution des forces, d'absence de tendance réactionnelle.

Traitement de la fièvre typhoïde (Jaccoud).

Vin rouge..........	100 grammes.
Teinture de cannelle.	8 —
Extrait de quinquina.	3 à 4 —
Cognac vieux.......	30 à 100 —
Sirop d'écorces d'oranges	30 —

F. s. a. une potion, à donner par cuillerées dans les vingt-quatre heures, aux sujets atteints de fièvre typhoïde. On fait prendre en outre, par cuillerées alternativement avec cette potion, 250 grammes de vieux vin de Bordeaux. — Pour boisson ordinaire, limonade vineuse, et deux bouillons de bœuf au moins dans la journée.

M. Jaccoud commence le traitement, dès qu'il est sûr du diagnostic, et quels que soient les incidents pathologiques qui surviennent, il le maintient jusqu'à la fin. Le développement des symptômes nerveux graves, que l'on attribue à l'ataxie, délire agité ou furieux, contractures, soubresauts de tendons, n'est point une contre-indication au traitement. Loin de là, c'est en présence de ces phénomènes, qu'il faut porter au maximum la dose de l'alcool.

Dès que la température atteint 39°, M. Jaccoud commence les lotions froides, au nombre de deux par jour, si la température du soir ne dépasse pas 39°,5 ; au nombre de trois, si cette limite est franchie. Enfin, on pratique quatre lotions, si la température se maintient autour de 40°. — Le liquide dont il se sert est le vinaigre aromatique pur, qui procure une réfrigération plus marquée et plus durable que l'eau. On l'emploie à la température de la chambre, dans la saison froide ; et dans la saison chaude, il doit être conservé dans un lieu frais.

Pour pratiquer ces lotions, on glisse, sous le
malade complètement nu, une grande couverture
de laine, sur laquelle a été placée une toile cirée.
Avec une grosse éponge bien imbibée de vinaigre,
on fait une lotion rapide sur la totalité du corps,
en exprimant graduellement le liquide, qu'on renouvelle au fur et à mesure. La toile cirée est ensuite enlevée par glissement, et le patient est
enveloppé dans la couverture de laine, où il reste
jusqu'à ce qu'il soit complètement séché. L'opération doit durer en moyenne deux minutes. —
On ne supprime les lotions, qu'après la cessation de la fièvre, à moins qu'elles ne déterminent des sueurs épuisantes, chez des sujets adynamiques.

S'il survient des altérations broncho-pulmo-
naires, on ajoute au traitement précédent des
applications, matin et soir, de nombreuses ventouses
sèches, sur les membres inférieurs, et à la base de
la poitrine.

M. Jaccoud ne purge les malades atteints de
fièvre typhoïde, que dans les cas exceptionnels, où
il y a de la constipation au début. Alors il fait
prendre, une fois, ou deux fois au plus, un verre
d'eau de Sedlitz, non pas à titre de purgatif, mais
pour vider l'intestin, des matières fécales qui pourraient s'y décomposer, si elles étaient retenues, et
pour prévenir les fâcheux effets de la constipation.

Pour le pansement des plaies, qui surviennent
chez les sujets atteints de fièvre typhoïde, on recourt avec avantage aux solutions de chloral faibles,
telles que les solutions au centième, au trois-centième, ou au cinq-centième.

Quand la fièvre a cessé, on doit commencer à
prescrire l'usage de la viande, et on abrège ainsi
notablement la durée de la convalescence.

FISSURE A L'ANUS.

Glycéré contre les rhagades (ROLLET).

Oxyde de zinc......... 4 grammes.
Amidon............... 8 —
Glycérine .... 16 —
Mêlez.

Pour le pansement des plaies en forme de fissures ou rhagades, et des inflammations chroniques de l'anus. Elles cèdent souvent aux simples soins de propreté, aux pansements avec le vin aromatique ou aux cautérisations légères avec le nitrate d'argent. C'est quand elles résistent à ces moyens qu'on a recours au glycéré de zinc. Du reste, pour obtenir une guérison définitive, il faut avant tout faire disparaître les lésions qui entretiennent les rhagades (plaques muqueuses, végétations, condylômes), et dont elles ne sont qu'une complication.

Liniment contre la fissure à l'anus (VAN HOLSBECK).

Glycérine .... 16 grammes.
Acide tannique........ 1 —
Faites dissoudre.

On plonge dans cette solution une tente plus ou moins volumineuse, qu'on introduit soir et matin dans le rectum. On entretient la liberté du ventre. — A l'aide de cette préparation, M. Van Holsbeck a réussi à guérir des fissures anales qui avaient résisté à la division du sphincter.

Pommade astringente.

Extrait de paullinia sorbilis................ 8 grammes.
Axonge .... 60 —
Mêlez, pour une pommade.

Cette préparation est conseillée, comme la pommade de monésia, dans le traitement de la fissure à l'anus et des hémorrhoïdes.

C'est avec les fruits du paullinia sorbilis, qu'on obtient le guarana, qui s'administre en infusion (2 grammes pour une tasse d'eau bouillante), dans les diarrhées rebelles et la dysentérie.

Pommade contre la fissure à l'anus.

Acét. neutre de plomb.	5	grammes.
Extrait de belladone....	5	—
Axonge	30	—

Mêlez.

On graisse une mèche de charpie avec cette pommade, et on l'introduit, soir et matin, dans le rectum, dans le cas de fissure anale.

Pommade contre la fissure à l'anus.

Iodoforme finement pulvérisé...............	4	grammes.
Axonge benzinée.......	20	—

F. s. a.

Une petite mèche, enduite de cette pommade, est introduite dans l'anus après chaque garde-robe, et maintenue en place jusqu'à la garde-robe suivante.

Pommade contre la fissure à l'anus (Salmon).

Calomel...............	25	centigr.
Axonge...............	4	grammes.

Mêlez, pour une pommade.

Cette pommade est conseillée contre les fissures peu étendues de l'anus. On lave la région malade avec de l'eau tiède, puis on la graisse avec la pommade, légèrement et sans frotter.

Suppositoires mercuriels.

Onguent mercuriel...	3 gr. 60
Axonge benzinée..........	1 — 20
Cire blanche........	1 — 20
Beurre de cacao	4 — 80

Faites le mélange à une température convenable, et divisez la masse en 12 parties égales, qui contiendront chacune 30 centigrammes d'onguent mercuriel.

Ces suppositoires sont utiles, pour panser les plaies de l'anus de nature vénérienne.

Traitement de la fissure à l'anus (CHAPELLE).

Chloroforme..........	3 grammes.
Alcool........... ...	26 —

Mêlez.

On touche la fissure, de une à quatre fois, dans l'intervalle de quelques jours, avec un pinceau trempé dans cette liqueur. On provoque ainsi une douleur très vive, mais de courte durée, et l'auteur qui a employé ce moyen dans 14 cas, déclare avoir obtenu 14 guérisons.

Traitement de la fissure à l'anus (GOSSELIN).

Quand avec l'extrait de ratanhia, l'iodoforme, l'onguent de la mère, etc., on a échoué dans le traitement de la fissure à l'anus, il ne reste plus que l'intervention chirurgicale, et on a le choix entre la dilatation brusque et l'incision. M. Gosselin préfère combiner les deux méthodes. Il introduit

maque jour le doigt indicateur dans l'anus, agis-
ant doucement et progressivement, jusqu'à ce qu'il
perçoive la partie supérieure de la fissure. Alors
incise celle-ci, en ne sectionnant que le quart
environ du sphincter anal. Il introduit ensuite,
chaque jour, une mèche enduite de cérat, de pommade d'extrait de ratanhia ou d'onguent de la
mère. Cette méthode lui a donné de nombreux
succès. On voit qu'elle a pour but d'arriver à mo-
lläfier les fissures très douloureuses, et à les rendre
plus accessibles à l'action des topiques destinés à
les combattre.

FISTULES

Injection iodurée (Boinet).

Teinture   alcoolique
    d'iode............. 100 grammes.
Iodure de potassium..   4   —

Faites une solution, pour injecter dans les trajets
fistuleux, les kystes, hydrocèles et hydarthroses.

Onguent noir (Velpeau).

Onguent de la mère
    Thècle...........   15 grammes.
Huile d'amandes dou-
    ces................   5   —

Faites fondre à une douce chaleur.

On étend cet onguent sur des mèches, et on les
introduit dans le rectum des malades opérés de la
fistule à l'anus, quand les plaies tardent à se cicatriser.

Pommade d'euphorbe (NÉLIGAN).

Euphorbe pulvérisée..　　　1 gr. 50
Axonge ....　　　30 grammes.
Mêlez.

Cette pommade est utile pour faire suppurer les
trajets fistuleux. On l'introduit dans les fistules à
l'aide de mèches. Dans certains cas, il est bon de
pratiquer en même temps des injections avec des
liquides plus ou moins caustiques.

FOIE (Maladies du).

Pilules altérantes.

Podophylline.........　　　1 gramme.
Aloès hépatique.......　　　4 grammes.
Gomme-gutte ....　　　2　　—
F. s. a. 40 pilules.

Ces pilules se donnent à la dose de une à deux
par jour, dans les affections du foie qui s'accompagnent de constipation, et dans l'anasarque.

Pilules anti-ictériques.

Aloès socotrin pulvé-
risé...............　　　5 grammes.
Rhubarbe pulvérisée...　　　5　　—
Extrait de saponaire...　　　5　　—
F. s. a. des pilules de 15 centigrammes.

De huit à douze par jour, dans l'ictère chronique.
— Eau de Vichy ou de Vals aux repas. — Sangsues
ou ventouses scarifiées sur la région hépatique,
quand il s'y développe de la douleur.

Pilules anti-ictériques (Middlesex hospital).

Masse de pilules bleues....   1 gr. 80
Digitale pulvérisée........   30 centigr.
Scille pulvérisée   30   —
F. s. a. 10 pilules.

Une matin et soir, pour combattre l'ictère, et éliminer du sang la matière colorante de la bile. — Tisane de saponaire. Un verre d'eau de Vichy à chaque repas.

Pilules cholagogues (Gubler).

Aloès socotrin..........   1 gramme.
Gomme-gutte...........   1   —
Calomel...............   1   —
Extrait de pissenlit.....   q. s.
F. s. a. 10 pilules.

On en prescrit une ou deux par semaine, pour entretenir la liberté du ventre, dans les maladies du foie et du cœur.

Sirop contre les calculs biliaires (Bouchardat).

Acétate de potasse....   20 grammes.
Sirop des cinq racines
    apéritives...........   400   —
Faites dissoudre.

Une cuillerée à bouche de ce sirop, matin et soir, pendant 10 jours, pour empêcher la formation des calculs biliaires. — Pendant 10 autres jours, matin et soir, avant chaque repas, une pilule contenant 1 décigramme de tartrate de potasse et de lithine. — Un à trois bains alcalins par semaine, suivis de frictions et de massages.

Traitement de la cirrhose (Rendu).

Au début, s'il existe des douleurs spontanées ou provoquées de la région hépatique, avec fréquence du pouls, on applique, sur l'hypochondre droit, des sangsues ou des ventouses scarifiées, et quand on craint de pousser trop loin les émissions sanguines, on a recours aux vésicatoires répétés. On recommande au malade de supprimer complètement dans son régime les liqueurs, l'alcool, le vin pur, les mets épicés, les corps gras et les huiles. On prescrit de temps en temps un purgatif salin léger, et des eaux de Vals ou de Vichy. — Dès que l'ascite est apparue, on active les fonctions de l'intestin et des reins, à l'aide des purgatifs salins, des vins diurétiques, du nitrate de potasse, en même temps qu'on prescrit le quinquina et le fer. Quand l'épanchement péritonéal est devenu trop considérable, on pratique une ponction aspiratrice, en ayant soin d'évacuer lentement le liquide.

Traitement de la congestion aiguë du foie (Rendu).

Quand il n'existe qu'une douleur sourde et qu'une légère tension de l'hypochondre droit, sans complication fébrile franche et sans embarras gastrique, un purgatif salin répété plusieurs jours de suite, à doses graduellement décroissantes, produit presque toujours les meilleurs effets. On applique en outre des cataplasmes sur l'hypochondre droit, et on conseille des boissons alcalines ou légèrement laxatives. Si la congestion hépatique s'accompagne d'ictère, de nausées, de vomissements, on administre l'ipéca, et on prescrit 5 ou 6 ventouses scarifiées ou un vésicatoire sur la région du foie. Enfin si la maladie revêt des caractères franchement inflammatoires,

vec chaleur de la peau, céphalalgie, dureté du
ouls, on applique, sur le point où la douleur est le
plus prononcée, de 6 à 10 ventouses scarifiées, ou
une dizaine de sangsues. — Purgatifs répétés, boissons rafraîchissantes, lait coupé avec de l'eau de
Vichy. — Dans le cas où les digestions restent
lentes et pénibles, préparations de pepsine et de
noix vomique.

Traitement de l'ictère grave (Rendu).

Pour stimuler les fonctions du foie, et provoquer
la sécrétion biliaire, les purgatifs salins sont toujours indiqués. On prescrit, chaque jour, un ou
deux verres d'eau de Pullna ou de Sedlitz. On administre en outre des médicaments diurétiques,
destinés à favoriser l'élimination de la bile. Parmi
eux, le nitrate de potasse associé au régime lacté
est celui qui convient le mieux. Enfin, on excite les
fonctions de la peau, à l'aide des bains alcalins et
des boissons diaphorétiques. — Pour combattre l'é-
tat de dissolution du sang, qui se traduit par des
hémorrhagies multiples, il y a lieu de recourir à la
limonade citrique et sulfurique, en même temps
qu'on s'efforce de relever l'organisme, à l'aide de
l'extrait mou de quinquina. Enfin on lutte contre
les vomissements, au moyen de boissons gazeuses
et de la glace; contre le délire, avec des préparations de musc et de camphre associées à l'opium ou
au chloral ; contre le refroidissement progressif,
au moyen des stimulants diffusibles, des boissons
aromatiques et surtout de l'alcool.

Traitement de la stéatose du foie (Rendu).

Chez les goutteux et les alcooliques, pour remédier à la dégénérescence graisseuse du foie, on di-

minue la quantité des aliments ingérés : on supprime les aliments féculents et riches en matières
grasses, tandis qu'on recommande les légumes, les
fruits, les viandes maigres et le poisson. On favorise
la résorption de la graisse contenue dans les cellules
hépatiques, en prescrivant des purgatifs salins à
petite dose, du calomel, des eaux alcalines ; de
temps en temps, de faibles quantités de purgatifs
drastiques, tels que la scammonée, le jalap, l'aloès
et la gomme-gutte. — Si les maladies sont pléthoriques, cure à Carlsbad et à Mariensbad ; s'ils sont
anémiques, cure à Spa ou à Luxeuil. — Exercice
au grand air, gymnastique, frictions et massages.

FURONCLE.

Mixture contre le furoncle (DELIOUX).

Arséniate de soude....   10 centigr.
Eau distillée.........   200 grammes.
Faites dissoudre.

Une cuillerée à café, le matin à jeun, et le soir
avant le dernier repas, aux personnes atteintes de
furoncles, qui paraissent sous la dépendance de la
diathèse herpétique.

L'auteur administre la solution arsénicale pendant vingt jours ; puis il purge le malade avec 20 à
30 grammes de sulfate de soude. — Pour tisane,
une infusion très chargée de feuilles fraîches de
bourrache et de chicorée sauvage, ou encore une
infusion de racine de salsepareille (10 à 15 gramm.
par litre). — Régime peu azoté, dans lequel les
végétaux frais doivent entrer pour une forte proportion, abstinence complète d'acides, d'excitants et
d'alcooliques. — Pour boisson aux repas, du vin

anc plutôt que du rouge, coupé avec de l'eau de
lls ou de Vichy.

Lorsque les furoncles sont constitués par des
jutons durs et à marche lente, on peut employer
[pommade suivante :

Soufre sublimé et lavé..	1 gramme.
Camphre pulvérisé.....	4 grammes.
Cold-cream ou pommade de concombres.......	25 —

Mêlez.

L'application de la teinture d'iode, faite au début
un furoncle inflammatoire, peut aussi le faire
oorter.

Bains sulfureux faibles avec addition de gélatine,
ins de son et d'amidon.

Topique contre le furoncle (HALL).

Teinture de fleurs d'ar-nica.................	10 grammes.
Acide tannique.......	5 —
Poudre de gomme d'a-cacia...............	5 —

Faites dissoudre.

Avec un pinceau trempé dans ce mélange, on
badigeonne le furoncle, en empiétant sur les par-
ies saines. Dès que l'enduit est sec, on répète le
badigeonnage, de manière à recouvrir la région
inflammée d'une couche épaisse et solide. — Sous
influence de ce moyen, la douleur est promptement soulagée, le gonflement diminue, et si le furoncle est au premier degré, il avorte sans suppurer. Si la suppuration est déjà commencée, le
bourbillon se détache facilement, et la guérison s'o-
père rapidement.

GALACTORRHÉE.

Pommade contre la galactorrhée (Guéneau de Mussy).

Chlorhydrate d'ammoniaque...	4 grammes.
Extrait de ciguë..... .	4 —
Camphre...........	1 gramme.
Axonge	30 grammes.

On fait des onctions sur la glande mammaire, et on l'enveloppe d'une épaisse couche de ouate, que l'on maintient à l'aide d'un bandage légèrement compressif. S'il existe des signes bien accusés d'inflammation, on applique des cataplasmes de farine de lin et tête de pavot, arrosés avec une solution de chlorhydrate d'ammoniaque (10 à 20 grammes pour 100 grammes d'eau), et c'est seulement quand les symptômes inflammatoires sont calmés, qu'on a recours à la pommade.

GALE.

Liniment antipsorique (Pastau).

Styrax liquide........	30 grammes.
Huile d'olives........	8 —

Mêlez.

Le malade atteint de la gale prend un bain chaud, puis s'enduit tout le corps avec environ quinze grammes de la préparation. Généralement une seule opération suffit, et dans tous les cas, une seconde achève toujours la guérison. Pendant la friction, les vêtements du malade sont chauffés à 50 degrés Réaumur.

Il ne survient ordinairement ni érythème ni eczéma.

Liniment contre la gale (Frissard).

Acide phénique cris-
tallisé............... 3 grammes.
Huile d'olives......... 300   —

Faites dissoudre. — On frictionne avec ce lini-
ent les personnes atteintes de la gale, et deux
ctions suffisent ordinairement pour les en dé-
rrasser. — La friction préalable au savon noir et
l bain sont inutiles.

Liniment contre la gale (Vidal).

Styrax..... ....' 40 grammes.
Huile d'amandes dou-
ces................ 20   —

Mêlez. — Pour frictions, soir et matin, chez les
ersonnes atteintes de la gale, auxquelles on ne
eut appliquer immédiatement le traitement avec
pommade d'Helmerich. On revient à l'usage de
ette dernière, quand on a calmé les démangeai-
ons, et que la peau est moins sensible.

Lotion antiherpétique (Derheims).

Chlorure de chaux.... 30 grammes.
Eau............... 1000   —

Triturez dans un mortier et filtrez.
Employée en lotions contre la gale.

Lotions contre la gale (Wleminck).

Soufre sublimé....... 20 grammes.
Chaux vive.......... 10   —
Eau............... 155   —

Faites bouillir jusqu'à combinaison parfaite, et

passez à l'étamine, pour obtenir environ 100 grammes de liquide.

Étendez-le de deux ou trois fois son volume d'eau, avant de l'employer en lotions contre la gale.

Pommade antipsorique (MÉLIER).

Sous-carbonate de soude.	32 grammes.
Eau......................	16 —
Huile d'olives.........	64 —
Fleurs de soufre.......	64 —

F. s. a. une pommade contre la gale. — On prescrira des bains, dans l'intervalle des frictions.

Pommade contre la gale (D. BULKLEY).

Styrax	2 à 4 grammes.
Pommade soufrée...	2 à 4 —
Cérat.............	30 —

Mèlez. — Pour les enfants et les femmes à peau délicate, cette pommade est suffisante. Pour les hommes, on emploie fréquemment la pommade soufrée ordinaire. Cependant, le Dr Bulkley préfère qu'elle ne contienne que la moitié des principes actifs qui doivent y entrer, pourvu qu'on l'additionne de styrax ou de baume du Pérou. — Le malade atteint de gale prend un bain chaud d'une demi-heure ; on le frictionne longuement avec un savon grossier, et on le replonge dans un bain chaud. Ce n'est qu'au sortir du second bain, qu'on le frotte avec la pommade parasiticide. La friction doit être faite avec le plus grand soin autour des doigts et des poignets, car de ces précautions dépend en grande partie le succès du traitement. — Quant aux vêtements, ils doivent être passés au four, pour assurer la destruction de l'acare.

Pommade contre la gale (Hébra).

Fleur de soufre..	ãã	15 grammes.
Huile de cade....		
Savon vert......	ãã	30 —
Axonge		
Craie préparée...		12 —

F. s. a. une pommade conseillée contre la gale.
On fera une friction très douce, si on a affaire à un
sujet dont la peau soit délicate.

Pommade contre la gale (Weinberg).

Styrax liquide...	ãã	16 grammes.
Soufre sublimé et lavé...........		
Craie blanche....		
Savon vert......	ãã	32 —
Axonge		

Mêlez.

Frictions énergiques, le soir, sur les régions
qui sont le siège de démangeaisons provoquées par
l'acare. On les pratique deux ou trois jours de suite,
puis on prescrit un grand bain. — Pour les petits
enfants, on étend la pommade d'un poids égal
d'axonge.

Pommade parasiticide (Startin).

Soufre sublimé........	9 grammes.
Chlorure ammoniaco-mercuriel.............	75 centigr.
Sulfure de mercure...	75 —
Huile d'olives........	6 grammes.
Axonge fraîche	24 —
Créosote............	2 gouttes.

Broyez ensemble les trois premières substances
et incorporez-les soigneusement aux corps gras. —
Cette pommade est employée coutre la gale, le favus, et les autres affections cutanées ducs à la présence d'un parasite.

Traitement de la gale (W. Petters).

Pour le traitement de la gale, l'auteur substituo
aux pommades sulfureuses le baume du Pérou en
nature, ou le styrax étendu de deux parties
d'huile. Une ou deux frictions très légères, faites
avec l'un ou l'autre de ces deux agents, sans bains
savonneux, suffisent pour détruire l'acare, grâce
à la facilité avec laquelle le baume s'insinue, et pénètre dans les sillons, sans qu'ils aient été préalablement déchirés. Ce mode de traitement a en
outre l'avantage d'éviter les poussées eczémateuses,
que provoquent souvent les pommades sulfureuses.

GANGRÈNE DE LA BOUCHE.

Traitement du noma (Bazin).

Pour arrêter les progrès de la gangrène de la
bouche, chez les enfants, on a recours le plus tôt
possible aux caustiques. Pour l'intérieur de la cavité buccale, on donne la préférence aux caustiques liquides, et plus particulièrement au nitrate
acide de mercure, aux acides chlorhydrique, sulfurique, acétique. Ces substances sont portées sur
les points malades, au moyen d'un pinceau ou d'une
petite éponge, et on a soin de préserver la langue
et les dents, par l'interposition d'une cuiller ou
d'une lame de carton. On répète les cautérisations
chaque jour, ou même deux fois par jour, tant que
la marche de la gangrène n'est pas arrêtée. — AA

ide d'un plumasseau de charpie, on dépose du
lorure de chaux en poudre, sur les points cau-
risés, ou bien on les touche avec une solution au
Illième de permanganate de potasse ou d'acide
bénique, ou enfin on lave fréquemment la bouche
ec du coaltar saponiné. Le malade est placé
ans une chambre vaste et aérée ; on relève ses
rces au moyen de vin vieux, de vin de Malaga,
ane nourriture substantielle composée pour les
es jeunes enfants de lait et de bouillon mélangés
parties égales, pour les enfants plus âgés, de
uillons, potages, hachis de viande. On prescrit en
tre le quinquina, soit en infusion, soit en sirop,
it sous la forme d'extrait, à la dose de 2 ou 3
ammes par 24 heures. — Le sulfate de quinine
t aussi, dans ce cas, employé avantageusement.

GANGRÈNE PULMONAIRE.

Potion contre la gangrène pulmonaire (Bucquoy).

Alcoolature d'eucalyp-
    tus.................   2 grammes.
   Julep diacodé........ 120   —
Mêlez.

A donner par cuillerées, dans les vingt-quatre
ures. Au bout de quelques jours, les crachats
rdent leur odeur gangréneuse ; la toux et la dys-
née diminuent. — Quand la dépression des forces
t très marquée, l'auteur prescrit alternativement
potion d'eucalyptus et la potion de Todd, à la-
uelle il ajoute 2 à 4 grammes d'extrait de quin-
uina. Plus qu'aucun autre désinfectant, l'eucalyp-
us modifie l'odeur de l'haleine, et la violence de la
ux.

GASTRALGIE.

Gouttes antigastralgiques (Niemeyer).

Teinture de noix vo-
mique................ 4 grammes.
Teinture de castoréum.. 4 —

Mêlez.

Douze gouttes pendant l'accès, dans une demi
tasse d'infusion de valériane. — Applications
chaudes au creux épigastrique.

Gouttes blanches (Gallard).

Hydrolat de laurier-
cerise............... 5 grammes.
Chlorhydrate de mor-
phine............... 10 centigr.

Faites dissoudre.

Une goutte, sur un morceau de sucre, immédiatement avant chaque repas, aux personnes qui éprouvent de la gastralgie.

Liniment calmant.

Baume de Fioravanti.. 80 grammes.
Chloroforme......... 10 —
Laudanum de Rousseau 10 —

Mêlez.

Pour frictions au creux épigastrique, dans le cas
de gastralgie aiguë. En cas d'insuffisance de ce
moyen, on appliquera sur la même région un ou
plusieurs vésicatoires volants, qu'on pansera avec
un sel de morphine.

Mixture antigastralgique (FLEMING).

Teinture d'aconit......	3 grammes.
Carbonate de soude...	5 —
Sulfate de magnésie ..	45 —
Eau................	150 —

Faites dissoudre.

Cette mixture est conseillée, à la dose d'une cuillerée à soupe, pour calmer les douleurs de la gastralgie.

Mixture antigastralgique (J. SIMON).

Teinture de colombo..	10 grammes.
— de belladone.	5 —
— d'aconit.....	5 —
Elixir parégorique.....	5 —

Mêlez. — Cinq à dix gouttes, avant chaque repas,
aux enfants de 6 à 8 ans, atteints de dyspepsie avec
phénomènes nerveux. — Préparations ferrugineuses,
bains de mer, exercice au grand air.

Mixture calmante.

Sirop d'écorces d'o- ranges amères.....	20 grammes.
Sirop de morphine...	20 —
Sirop d'éther	20 —

Mêlez.

Ce sirop composé est recommandé contre la
gastralgie, à la dose d'une cuillerée à café, de
demi en demi-heure, jusqu'à ce que la douleur
soit calmée.

Mixture contre la gastralgie goutteuse (DELIOUX).

Teinture de casto- réum	7 grammes.

Laudanum de Syden-
ham ....   2 grammes.
Essence de menthe an-
glaise ....   1 gramme.

Mêlez. — Huit à dix gouttes, d'heure en heure,
dans une demi-tasse d'infusion de feuilles de menthe, d'oranger, de mélisse, etc., pour combattre les
douleurs gastralgiques des goutteux.

La même prescription est aussi très-efficace, dans
la dyspepsie flatulente.

Pilules antigastralgiques (MILLET).

Sous-nitrate de bis-
muth ....   6 grammes.
Chlorhydrate de mor-
phine.............   15 centig.
Rhubarbe de Chine pul-
vérisée............   3 grammes.
Thridace ....   q. s.

F. s. a. 30 pilules.

Une pilule, matin et soir, une heure avant les
repas, aux personnes qui éprouvent des douleurs
d'estomac pendant la digestion.

Poudre antigastralgique.

Sous-nitrate de bis-
muth ....   5 grammes.
Rhubarbe pulvérisée...   50 centigr.
Valériane pulvérisée..   50   —
Colombo pulvérisé.....   50   —

Mêlez et divisez en 5 paquets.

Un paquet, au moment du repas, dans le cas de
douleurs nerveuses de l'estomac.

Poudre antigastralgique (Guipon).

Bicarbonate de soude...	30 centigr.
Magnésie calcinée. ...	10 —
Extrait de fiel de bœuf.	20 —
Extrait d'aconit........	25 milligr.

Mêlez pour un paquet.

Chaque jour, avant les repas, les personnes atteintes de gastralgie prendront deux paquets semblables. — Frictions révulsives sur l'épigastre, régime lacté.

Vin antigastralgique (Delioux).

Myrrhe pulvérisée.....	20 grammes.
Écorces d'oranges amères concassées......	15 —
Vin de Malaga........	1 litre.

Faites macérer dix jours et filtrez. — Un verre à madère (deux cuillerées), deux ou trois fois par jour, avant ou après les repas, selon le moment où les douleurs gastriques se font le plus sentir.

GASTRO-ENTÉRITE.

Bols contre la gastro-entérite (Cox).

Sous-azotate de bismuth	4 grammes.
Racine de colombo pulvérisée............	12 —
Gomme pulvérisée....	8

F. s. a. 20 bols.

Trois par jour, dans la gastrite chronique et la diarrhée chronique.

Poudre antiacide.

Magnésie calcinée.....	50 centigr.
Bicarbonate de soude..	25 —
Cannelle pulvérisée...	25 —

Mêlez et divisez en six prises, qu'on administrera, de deux en deux heures, aux enfants dont les déjections sont vertes et acides. — Cataplasmes sur le ventre, lavements émollients.

GERÇURES DE LA PEAU.

Coldcream inaltérable.

Mucilage de pépins de coing..............	40 grammes.
Savon d'huile d'amandes douces........	1 gramme.
Acide stéarique.......	10 grammes.
Glycérine............	2 —

F. s. a. — Utile contre les gerçures de la peau.

Glycéré contre les gerçures.

Glycérine	8 grammes.
Blanc de baleine......	4 —
Cire blanche	1 gramme.
Essence d'amandes amères............	16 grammes.

F. s. a. — Contre les gerçures, les crevasses et les excoriations superficielles.

Liniment contre les gerçures.

Oxyde de zinc.........	1 gramme.
Acide tannique......	1 —
Glycérine	15 grammes.

| Teinture de benjoin... | 2 grammes. |
| Camphre............... | 1 gramme. |

F. s. a. un mélange avec lequel on oindra la
peau, soir et matin, pour guérir les crevasses et les
gerçures.

Lotion d'amandes composée (HERMANN).

Amandes blanchies...	30 grammes.	
Hydrolat de fleurs d'oranger...............	60	—
Hydrolat de roses.....	250	—

Faites une émulsion, passez à travers une étamine,
ajoutez :

| Chlorhydrate d'ammoniaque............... | 4 grammes. | |
| Teinture de benjoin... | 8 | — |

Ce mélange est employé en lotions, pour adoucir
la peau et prévenir les gerçures.

Pommade résolutive (ROSENSTEIN).

Poudre de lycopode...	4 grammes.	
Oxyde de zinc........	4	—
Axonge	30	—

Mêlez. — Pour une pommade siccative et résolutive, conseillée contre les inflammations légères de
la peau et les gerçures.

GERÇURES ET CREVASSES DU SEIN.

Glycéré au tannin.

| Acide tannique....... | 5 grammes. | |
| Glycérine pure ...... | 5 | — |

Faites dissoudre.

Ce glycéré sera appliqué, à l'aide d'un pinceau, sur les gerçures du mamelon, chaque fois que l'enfant aura tété. On l'emploiera aussi avec succès contre les engelures.

Liniment contre les crevasses du sein (Van Holsbeck).

Huile de cade	7 grammes.
Huile d'amandes douces................	6 —
Glycérine	6 —

Mêlez.

Pour un liniment qu'on appliquera, à l'aide d'un pinceau, sur le mamelon crevassé, chaque fois que l'enfant aura tété. — Si les crevasses sont très-profondes ou très-étendues, on augmentera la proportion d'huile de cade.

Liniment contre les gerçures.

Beurre de cacao...	5 grammes.
Huile d'amandes douces.........	5 —
Oxyde de zinc....	
Borate de soude...	āā 10 centigr.
Essence de bergamote..........	8 gouttes.

F. s. a. un liniment, conseillé contre les gerçures et crevasses du sein, des lèvres et des mains.

Liniment oléo-calcaire opiacé (Hôpitaux allemands).

Eau de chaux.........	18 grammes.
Huile d'amandes douces................	12 —.
Extrait d'opium.......	10 centigr.

Faites dissoudre l'extrait d'opium dans l'eau de chaux, ajoutez l'huile et agitez fortement. Ce liniment est employé dans les hôpitaux allemands, contre les crevasses du mamelon.

Lotion de borax composée (Johnson).

Borate de soude......	8 grammes.
Craie précipitée.......	30 —
Esprit-de-vin	90 —
Eau distillée de roses.,	90 —

Faites dissoudre.

Ce liquide, qu'on doit agiter au moment de s'en servir, est conseillé pour combattre les gerçures du mamelon. On en imbibe de la charpie, qu'on applique sur l'organe malade.

Lotion contre les gerçures du sein (Druilt).

Acide tannique... ...	30 centigr.
Eau distillée....	24 grammes.

Faites dissoudre et filtrez.

Cette solution, de même que les pommades et glycérés à base de tannin, est utile pour guérir les gerçures du mamelon. On en imbibe de la charpie, qu'on tient appliquée sur l'organe malade, en la recouvrant d'un morceau de soie huilée.

Si la succion détermine une douleur trop vive, au moment de faire téter l'enfant, on peut protéger le mamelon, en le couvrant d'un bout de sein artificiel.

Traitement des gerçures du sein (Bondel).

On enduit le bout du sein de teinture de benjoin, au moyen d'un pinceau de blaireau, et la crevasse se cicatrise sous la mince couche de benjoin, qui adhère au mamelon, après évaporation de l'alcool. Il est inutile de laver le mamelon, au moment de donner le sein à l'enfant, et dès qu'il a tété, on étale une nouvelle couche de teinture.

Si ce moyen échoue, on a recours au suivant, conseillé par Legroux : au pourtour du mamelon, et non sur le mamelon lui-même, on étale, à l'aide d'un pinceau, une mince couche de collodion, et on applique immédiatement par-dessus un morceau de baudruche, percé de quelques trous, dans la partie qui correspond au mamelon. Au moment de présenter le sein à l'enfant, on a soin de mouiller la baudruche avec de l'eau, afin de l'assouplir.

GINGIVITE.

Alcoolé dentifrice (JEANNEL).

Alcool à 85°..........	8 grammes.
Cachou pulvérisé.....	10 —
Benjoin pulvérisé.....	2 —
Essence de menthe....	1 —

Faites macérer 24 heures et filtrez.

Tonique astringent, utile dans la gingivite expulsive et le ramollissement des gencives. — On l'emploie à la dose de 1 à 4 grammes, dans un verre d'eau fraîche, pour rincer la bouche, matin et soir.

Collutoire contre la gingivite (PINARD).

Hydrate de chloral	15 grammes.
Alcoolat de cochléaria..	15 —

Faites dissoudre. Ce collutoire est recommandé contre la gingivite des femmes enceintes, qui détermine de la gêne de la mastication, de légères hé-

œrrhagies, l'ébranlement des dents et parfois
même leur expulsion.

Tous les jours ou tous les deux jours, à l'aide
un bourdonnet de ouate trempé dans ce collutoire,
 i touche le bord libre des gencives, après avoir
iilevé soigneusement le tartre des dents.

GOITRE.

Baume contre le goitre (Orosi).

Savon animal.........	15 grammes.
Iodure de potassium..	12 —
Alcool rectifié........	125 —
Essence de citron.....	1 grammme.

 Faites dissoudre.

 Frictions deux fois par jour, sur la glande thy-
roïde hypertrophiée, et usage interne d'une solution
bidurée.

Poudre contre le goitre (Fabre).

Iodure de potassium pulvérisé..........	5 grammes.
Réglisse pulvérisée....	10 —

 Mêlez. — On fait des frictions sur la langue, avec
cette poudre, pour combattre le goître. Il faut avoir
soin toutefois de ne pas continuer trop longtemps,
et de ne pas trop élever les doses, de crainte qu'il
survienne des accidents fébriles, et que le goître
durcisse ou devienne douloureux.

GOUTTE.

Eau antigoutteuse (Bence-Jones).

Benzoate de potasse...	90 centigr.
Biborate de potasse...	90 —

Bicarbonate de potasse.   7 gr. 25
Eau distillée .... 500 grammes.

Faites dissoudre, et chargez la solution d'acide carbonique.

Cette eau minérale artificielle est administrée à la dose de un à trois verres par jour aux goutteux, dans l'intervalle des accès. Elle a pour effet, selon l'auteur, de transformer les urates en hippurates qui sont plus solubles ; et elle contribue ainsi à débarrasser le sang de l'excès d'acide urique qu'il renferme.

Lavement contre la goutte (FONTAINE).

Teinture de colchi-
    que............... 6 à 8 grammes.
Eau distillée........   150   —
Mêlez.

Cette solution est administrée par la voie rectale dès l'apparition des douleurs de goutte. On se propose, de cette manière, d'éviter les effets fâcheux qui résultent, pour l'estomac et pour l'intestin, de l'usage interne longtemps prolongé des préparations de colchique.

Liniment contre la goutte et le rhumatisme (LENOBLE).

Gomme-gutte pul-
    vérisée........
Myrrhe pulvérisée
Cannelle pulv....   } āā   10 grammes.
Salicylate de sou-
    de pulvérisé...
Essence de téré-
    benthine ......   q. s.

Pour obtenir un mélange de consistance fluide. —

ʒois fois par jour, on frictionne les articulations qui
mt le siège de douleurs chroniques, chez les gout-
ʊx et les rhumatisants, puis on les recouvre de
ɕate ou de flanelle.

Mixture antigoutteuse (GIORDANO).

Vin de semences de
    colchique . . . .   12 grammes.
Teinture d'opium   2   —

ɕ Mêlez.

ʃ Vingt gouttes, trois fois le jour, contre la goutte
ɟ le rhumatisme. — L'auteur affirme que le col-
ʧhique associé à l'opium, non-seulement acquiert
ɟlus d'efficacité, mais encore qu'il ne donne plus
ɕeu aux symptômes d'empoisonnement qu'il occa-
ɕionne quelquefois, quand il est administré seul.

Pilules antigoutteuses.

Sulfate de quinine . . . .   3 grammes.
Extrait alcoolique d'a-
    conit . . . .   1 gramme.
Extrait de semences de
    colchique . . . .   50 centigr.
Extrait de belladone . .   20   —

Mêlez et divisez en 20 pilules.

Une à quatre par jour, dans les accès de goutte
ɕïguë.

Pilules antigoutteuses (MAYET).

Sulfate de quinine . . . .   1 gr. 20
Poudre de digitale . . . .   50 centigr.
Extrait de colchique . . .   2 grammes.
Poudre de quinquina . .   q. s.

F. s. a. 40 pilules.

Ces pilules présentent de l'analogie avec celles de Lartigue. On en administre une le matin et une le soir, pour combattre les accès de goutte. — En même temps, on pratique sur les articulations douloureuses, des embrocations huileuses et calmantes.

Pilules contre la migraine goutteuse (DEBOUT).

Extrait de colchique...	3 grammes.
Sulfate de quinine.....	3 —
Digitale pulvérisée....	1 gr. 50

F. s. a. 30 pilules.

Une chaque soir, pour combattre la céphalalgie qui est sous l'influence de la goutte.

Pommade calmante (CHARCOT).

Extrait d'opium......	3 grammes.
Extrait de jusquiame.	6 à 8 —
Axonge récente......	30 —

Pour une pommade, avec laquelle on oindra les jointures douloureuses, dans la goutte aiguë. On les recouvrira en outre de ouate ou de cataplasmes émollients.

Potion antigoutteuse.

Vin de colchique.....	30 grammes.
Infusion de camomille.............	120 —
Hydrolat de laurier-cerise............	5 —
Sirop de sucre.......	30 —

F. s. a. une potion, dont on administrera une cuillerée de deux en deux heures, pour combattre les accès de goutte aiguë. — Embrocations calmantes sur les jointures douloureuses.

Potion contre la goutte aiguë.

Teinture de semen- ces de colchique.	10 à 15 gouttes.
Teinture de digitale	10 —
Alcoolature d'aconit	15 —
Hydrolat de laitue..	80 grammes.
Sirop des cinq raci- nes.............	20 —

F. s. a. une potion, à donner par cuillerées de
deux en deux heures, dans les accès de goutte aiguë. Ouate et taffetas gommé, pour envelopper les
jointures douloureuses.

Potion contre la goutte aiguë.

Feuilles de digitale pulvérisées......	25 centigr.
Eau bouillante.....	80 grammes.

Faites infuser et filtrez, puis ajoutez :

Teinture de semen- ces de colchique.	10 à 15 gouttes.
Bromure de potas- sium...........	2 grammes.
Sirop diacode......	20 —

F. s. a. une potion, à donner par cuillerées, de
deux en deux heures, pendant les accès de goutte
aiguë. — Embrocations calmantes sur les articulations douloureuses.

Potion contre la goutte (Chancot).

Vin de colchique......	4 grammes.
Eau distillée........ .	120 —

Mêlez.

A prendre en trois fois, dans les vingt-quatre heures. Le lendemain, on porte la dose du vin de colchique à 6 grammes, et on ne s'arrête que s'il survient de l'entérite. Pendant la nuit, on administre en outre, six à huit gouttes noires anglaises, dans un peu d'eau sucrée.

Poudre antigoutteuse (HADEN).

Poudre de semences de colchique..............	3 grammes.
Sulfate de potasse.....	4 —
Bicarbonate de potasse.	3 —

Mêlez.

On en donne depuis 50 centigrammes jusqu'à 1 gramme par jour, aux sujets atteints de goutte aiguë ou de rhumatisme articulaire. On fait en outre sur les jointures, des embrocations calmantes.

Remède contre la goutte aiguë (GUDLER).

Semences de colchique..................	10 grammes.
Alcool à 60°..........	50 —

Faites macérer et filtrez.

On donne dix gouttes de cette teinture, deux fois le jour, puis trois et quatre fois le jour, plus tard vingt gouttes à la fois, dans du café noir, ou dans une infusion de reine des prés, pour combattre les accès de goutte aiguë. — Le colchique provoque des nausées, de la salivation, un écoulement de bile et un collapsus général qui calment l'accès. Aussi doit-on viser à déterminer l'apparition de ces symptômes, au lieu de chercher à les entraver, sous prétexte de tolérance.

Sirop antigoutteux.

Extrait de gaiac..	10 grammes.	
Teinture alcoolique de semences de colchique..........	ãã 5	—
Teinture de digitale..........		
Sirop de sucre...	1000	—

¶F. s. a. un sirop composé, dont on donnera trois cuillerées à bouche, dans un verre d'infusion de milles de frêne. On augmentera successivement la dose jusqu'à 10 et 12 cuillerées par jour.

Sirop de lithine (Duquesnel).

Lithine hydratée......	1 gramme.	
Sirop de sucre........	200	—

¶F. s. a. un sirop, dont 20 grammes, c'est-à-dire une cuillerée à bouche, représentent 10 centigrammes de lithine. Cette base s'unit sans doute au sucre, pour former un saccharate.
Dose : quatre à huit cuillerées par jour aux goutteux.

Solution antigoutteuse (Garrod).

Carbonate de lithine...	25 centigr.	
Hydrolat de rose ou de sureau...........	24 grammes.	

Faites dissoudre.

On chauffe cette solution, on en imbibe de la charpie ou un morceau d'éponge, et on applique cette dernière sur le tophus goutteux, puis on recouvre le tout d'un tissu imperméable de gutta percha. Deux ou trois fois le jour, on mouille la charpie, afin qu'elle soit toujours humide.

Comme remède interne, on prescrit le carbonate de lithine, à la dose de 60 à 90 centigrammes, ou le citrate de la même base, à la dose de 1 gr. 20 à 1 gr. 80, dissous dans de l'eau gazeuse.

Solution contre la goutte (G. Sée).

Salicylate de soude...	30 grammes.	
Eau distillée..........	300	—

Faites dissoudre.

Trois cuillerées par jour, à prendre au moment des repas. — S'il s'agit d'accès aigus, on prescrit 5 à 6 cuillerées de la solution, afin d'atténuer les plus vives douleurs, puis on diminue la dose, et on continue ainsi pendant un temps assez prolongé. Le salicylate de soude provoque l'élimination de l'acide urique par les urines, et prévient ainsi, dans une certaine mesure, les dangers de métastase.

Tisane de frêne.

Feuilles de frêne.....	32 grammes.	
Eau commune.......	1000	—

On fait bouillir les feuilles dans l'eau, pendant 10 ou 15 minutes, on passe et on édulcore. Cette décoction est donnée, dans la journée, à doses fractionnées, une heure environ avant les repas, dans la goutte chronique. Elle est légèrement amère, et utile, selon Garrod, pour stimuler les fonctions digestives et réveiller l'appétit.

Traitement de la goutte (GALTIER-BOISSIÈRE).

On fait préparer de la teinture de colchique avec une partie de semences de colchicum autumnale, et 8 parties d'alcool à 33°, et on donne le premier jour, pour combattre l'attaque de goutte aiguë, 82 gouttes de teinture. On administre huit gouttes à la fois, de deux en deux heures, dans une petite tasse de thé ou mieux de café faible.

Le lendemain, on ne continue pas le colchique, et on donne au malade en quatre fois, de deux en deux heures, 1 gramme de sulfate de quinine additionné de quelques gouttes d'eau de Rabel, et délayé dans une tasse de café léger.

Le troisième jour, on prescrit 40 gouttes de teinture de colchique ; le quatrième jour, 1 gramme de sulfate de quinine ; et le cinquième jour, 50 gouttes de teinture, c'est-à-dire chaque fois un quart en plus. On s'arrête aussitôt qu'il se manifeste une diaphorèse et une diurèse abondantes, qui, le plus souvent, sont suivies d'une notable diminution des douleurs. Mais jamais on ne dépasse la dose de 3 grammes par jour, prise en quatre fois, à quatre heures d'intervalle.

GRAVELLE.

Pilules contre la gravelle (BEDDOE).

Carbonate de soude effleuri.............	3 grammes.
Savon médicinal.......	5 —
Essence de genièvre...	10 gouttes.
Sirop de gingembre...	q. s.

Pour 30 pilules.

Une à quatre, par jour, contre la gravelle urique. —

Boissons diurétiques, régime peu azoté. — Un ou deux bains alcalins par semaine.

Potion contre la gravelle (Venables).

Borate de soude......	50 centigr.
Bicarbonate de soude.	60 —
Eau gazeuse..........	150 grammes.
Sirop d'écorces d'oran-	
ges amères........	50 —

Faites dissoudre.

A prendre dans la journée, pour faire cesser le dépôt rouge, qui se remarque dans l'urine des personnes prédisposées à la gravelle.

On pourrait, dans le même but, remplacer le borate et le bicarbonate de soude par 30 à 40 centigrammes de carbonate de lithine.

GRIPPE.

Potion contre la grippe.

Infusion de polygala...	100 grammes.
Gomme ammoniaque..	2 —
Gomme arabique pul-	
vérisée.............	4 —
Sirop thébaïque......	25 —

F. s. a. une potion, à donner dans la grippe, par cuillerées, d'heure en heure.

Tisane de lierre terrestre, sinapismes sur le thorax.

Potion contre la grippe (Colvis).

Sulfate de quinine....	60 centigr.
Infusion de café......	120 grammes.
Sirop de térébenthine.	30 —

Mêlez.

Par cuillerées à bouche, d'heure en heure. A ré-
»oéter pendant quatre jours.

Tisane sudorifique (Camera).

Feuilles d'aya pana du
    Brésil.............. 30 grammes.
Semences d'anis...... 4   —
Eau bouillante........ 800   —
Faites infuser, filtrez et édulcorez.

Deux ou trois demi-tasses par jour, dans la grippe.

HALEINE FÉTIDE.

Gargarisme au chlorure de chaux.

Chlorure de chaux.... 8 grammes.
Eau................... 500   —

Triturez, filtrez et ajoutez au produit de la fil-
.ration :

    Miel clarifié.......... 30 grammes.

Ce gargarisme est avantageusement prescrit, aux
»oersonnes qui ont l'haleine fétide.

HÉMATURIE.

Pilules antihémorrhagiques (Horion).

Ergot de seigle pulvé-
    risé................. 1 gramme.
Acide tannique........ 30 centigr.
Digitaline 1   —
F. s. a. 10 pilules.

Cinq par jour, dans l'hématurie. — Injections
ïïroides prolongées dans la vessie, compresses froi-
»fdes au périnée et au pubis.

Potion contre l'hématurie (Lange).

Extrait de seigle er-	
goté	1 gr. 50
Acide tannique.......	2 grammes.
Eau distillée	180 —
Sirop simple..........	30 grammes.

F. s. a. une potion, à donner par cuillerées dans les vingt-quatre heures, pour combattre l'hématurie. — Compresses froides sur l'hypogastre, glace à l'intérieur, lavements froids.

HÉMÉRALOPIE.

Collyre contre l'héméralopie (Galezowski).

Bromhydrate d'ésérine.	10 centigr.
Eau distillée	10 grammes.

Faites dissoudre.

Ce collyre est conseillé contre l'héméralopie endémique.

HÉMOPTYSIE.

Pilules antihémoptoïques (Guéneau de Mussy).

Extrait de ratanhia	
pulvérisé...........	4 grammes.
Ergot de seigle pulvé-	
risé................	3 —
Digitale pulvérisée....	50 centigr.
Extrait de jusquiame..	25 —

F. s. a. 20 pilules.

De quatre à six par jour, pour faire cesser les crachements de sang, si fréquents dans la tuberculisation pulmonaire. — Repos absolu, glace à l'intérieur, sinapismes aux membres supérieurs et inférieurs successivement.

Pilules antihémoptoïques (Raynaud).

Sulfate d'alumine et de potasse..............	50 centigr.
Cachou pulvérisé......	50 —
Extrait thébaïque......	15 —

F. s. a. 10 pilules.

Une, matin et soir, pour combattre l'hémoptysie
des phthisiques. — Repos absolu, boissons glacées.
Si l'hémorrhagie ne cède pas, 3 granules de digitaline par jour, et la potion suivante :

Perchlorure de fer.....	2 grammes.
Eau sucrée..........	150 —

Mêlez.

A prendre par cuillerées, dans les vingt-quatre
heures.

Dans les hôpitaux de New-York, pour combattre
l'hémoptysie, on administre l'essence de térébenthine en inhalations. Sur un vase convenable, contenant de l'eau chaude, on dispose une soucoupe,
sur laquelle on verse 4 grammes d'essence de térébenthine, et on laisse le malade respirer cette
vapeur, au fur et à mesure qu'elle se produit.
Comme la volatilisation de l'essence a lieu lentement, les voies aériennes n'en sont point pénible-
ment affectées, et il en résulte rarement des douleurs de vessie. Cette inhalation peut être répétée
trois ou quatre fois, et même plus souvent dans les
vingt-quatre heures. Elle s'adresse aux hémopty-
sies peu graves, qui se prolongent plusieurs jours.
Quand l'hémorrhagie est très abondante, on recourt aux ventouses sèches et à la ligature des membres.

Potion contre l'hémoptysie.

Extrait de ratanhia..	1 à 4 grammes.
Sulfate d'alumine et de potasse........	10 centigr.
Infusion de roses de Provins..........	120 grammes.
Sirop tartrique......	30 —

F. s. a. une potion, à donner par cuillerées, de demi-heure en demi-heure, pour combattre l'hémoptysie. — Révulsion cutanée énergique. — Repos absolu, glace à l'intérieur.

Potion contre l'hémoptysie (PETER).

Kermès minéral......	30 centigr.
Julep gommeux.......	125 grammes.

Mêlez. — A donner par cuillerées, d'heure en heure, aux tuberculeux qui crachent du sang. Cette potion provoque des nausées ou des vomituritions, et l'hémorrhagie s'arrête au bout de 2 ou 3 jours. Ce résultat est plus rapidement obtenu encore, en faisant vomir le malade, à l'aide de 1 gramme 50 centigr. ou de 2 grammes d'ipéca. — Si l'hémoptysie est peu abondante, on peut se contenter de faire prendre, dans la matinée, 6 à 8 pastilles d'ipéca, ou de kermès, ou quelques cuillerées d'un sirop contenant, par 20 grammes, 2 centigr. de kermès. — Révulsifs sur la poitrine et sur les membres inférieurs, respiration d'air frais, boissons et aliments froids.

Poudre contre l'hémoptysie.

Seigle ergoté pulvérisé.	5 grammes.
Acide tannique........	2 gr. 50

Mêlez et divisez en 10 paquets.

Un, matin et soir, contre l'hémoptysie. — S'il existe une lésion du cœur, on administre en même temps la digitale, et on promène des révulsifs sur les membres inférieurs.

Prises contre l'hémoptysie (GIMBERT).

Sulfate de quinine.... 50 centigr.
Seigle ergoté pulvé-
risé............... 2 grammes.

Mêlez et divisez en 10 prises.

A prendre d'heure en heure, ou de deux en deux heures, dans le cas d'hémoptysie tuberculeuse peu considérable. — Révulsifs sur la poitrine et sur les membres inférieurs, repos au lit, air frais, boissons et aliments froids.

Prises contre l'hémoptysie (OPPOLZER).

Sulfate d'alumine et de
potasse pulvérisé... 4 grammes.
Chlorhydrate de mor-
phine............ 5 centigr.
Sucre blanc pulvérisé.. 4 grammes.

Mêlez et divisez en 12 prises.

Une, chaque heure, dans le cas d'hémoptysie. Compresses froides sur la poitrine, repos absolu et silence. — Ces prises sont destinées aux malades qui ne peuvent pas supporter le perchlorure de fer.

HÉMORRHAGIE.

Collodion hémostatique (CARLO PAVESI).

Collodion officinal... 100 grammes.
Acide phénique.... 5 à 10 —

Acide tannique..... 5 grammes.
Acide benzoïque.... 3 —

Mêlez en agitant.

Le collodion ainsi obtenu a une couleur brunâtre. Il adhère plus fortement aux tissus, que le collodion ordinaire ; il coagule instantanément le sang et le blanc d'œuf. On l'applique au moyen d'un pinceau, ou on en imbibe des bandelettes.

Coton hémostatique (JORDAN).

On fait bouillir le coton, dans de l'eau rendue faiblement alcaline, par 2 pour 100 de son poids de carbonate de soude, afin de le débarrasser de la petite quantité de matière grasse, dont il est imprégné, et qui l'empêche de se laisser imbiber par la solution médicamenteuse. On le lave ensuite, on le sèche à l'air, puis on le plonge dans la solution officinale du perchlorure de fer, étendue de son poids d'eau distillée. On exprime l'excès du liquide avec un pilon, et on étend le produit à l'air, sur du papier. Pour l'obtenir tout à fait sec, on le maintient dans une étuve modérément chauffée, pendant quelque temps, puis on l'enferme soigneusement pour l'empêcher d'attirer l'humidité atmosphérique.

Injection antihémorrhagique (MOUTARD-MARTIN).

Ergotine de Bonjean... 2 grammes.
Eau distillée......... 15 —
Glycérine pure...... 15 —

Faites dissoudre. — On en injecte 1 gramme sous la peau, dans diverses formes d'hémorrhagies, telles que métrorrhagie, hémoptysie, etc.

Pilules antihémorrhagiques.

Acétate de plomb cris-
  tallisé..............   1 gramme.
Digitale pulvérisée.....   50 centigr.
Opium brut pulvérisé..   20   —
Conserve de roses.....   1 gramme.
F. s. a. 20 pilules.

3 ou 4 par jour, pour combattre les hémorrha-
es d'origines diverses. — En tout cas, ne pas en
continuer longtemps l'usage, de crainte de provo-
er des coliques saturnines.

Pommade antihémorrhagique (Onosi).

Acide tannique ....   2 gr. 50
Sucre pulvérisé........   2 grammes.
Essence de lavande....   5 gouttes.
Axonge...............   50 grammes.
Mêlez.

On étend cette pommade sur des plumasseaux de
charpie, et on les maintient appliqués sur les
plaies, qui sont le siège d'hémorrhagies passives.

Tampon contre l'hémorrhagie alvéolo-dentaire.

Quand l'avulsion d'une dent a déterminé une
hémorrhagie, qu'un tampon de coton ou une boulette de cire ont été impuissants à arrêter, on peut
recourir au plâtre gâché épais, avec lequel on remplit l'alvéole. Ou bien, d'après le conseil du
Dr Magitot, on mélange de la charpie et du coton
avec de la gutta-percha ; on en introduit une boulette dans la cavité alvéolo-dentaire, et on l'y maintient au moyen d'une plaque de gutta-percha qui se
moule sur la mâchoire.

HÉMORRHAGIE INTESTINALE.

Potion contre les hémorrhagies intestinales (Sinedey)(?

Extrait mou de quin-	
quina...............	2 grammes.
Eau-de-vie	60 —
Infusion de café......	120 —
Sucre pulvérisé.......	10 —

F. s. a. une potion, à prendre par cuillerées d'heure en heure.

Glace sur la région hypogastrique, immobilité absolue; explorer le ventre le moins possible.

HÉMORRHOÏDES.

Lavement antihémorrhoïdal (Semple).

Extrait d'ergot de sei-	
gle.................	80 centigr.
Eau.................	10 grammes.

Faites dissoudre.

Dans cinq cas d'hémorrhoïdes, dont deux étaient accompagnés de prolapsus du rectum, le docteur Semple fit injecter cette solution dans le rectum après chaque selle, et il réussit à guérir les hémorrhoïdes.

Pilules antihémorrhoïdales (Vidal).

Extrait de capsicum...	4 grammes.
Gomme arabique pulvé-	
risée	q. s.

Pour 20 pilules.

4 ou 5 par jour, moitié au repas du matin et moitié au repas du soir, pour arrêter les phénomènes congestifs qui se produisent du côté des hémorrhoïdes.

Pommade antihémorrhoïdale (E. BARRÉ).

Iodure de potassium..............	2 grammes.
Extrait de ratanhia............	4 —
Laudanum de Sydenham........	
Extrait de belladone..........	ãã 50 centigr.
Axonge............	30 grammes.

F. s. a. une pommade, avec laquelle on pratique des onctions, matin et soir, sur les bourrelets hémorrhoïdaux. — Cataplasmes sur la région douloureuse, bain de siège prolongé tous les matins. — vivement additionné de glycérine, avant l'application de la pommade.

Pommade antihémorrhoïdale (SUNDELIN).

Sulfate d'alumine et de potasse	3 grammes.
Beurre frais et lavé ...	30 —

Faites dissoudre le sel dans une petite quantité eau, et incorporez-le au beurre frais.
On graisse matin et soir, avec cette pommade, les tumeurs hémorrhoïdales fluentes. — En pareil cas, conseille également, avec succès, des suppositoires au beurre de cacao, additionnés d'extrait de ratanhia.

Pommade astringente.

Noix de galle finement pulvérisée..........	5 grammes.
Axonge benzinée......	32 —

Mêlez.

Cette pommade est conseillée dans le cas d'hémorrhoïdes facilement saignantes. — On peut ajouter deux grammes d'opium pulvérisé, quand les tumeurs hémorrhoïdales sont très douloureuses.

Pommade calmante.

Extrait de jusquiame..	2 grammes.
Extrait de belladone...	2 —
Onguent populéum....	20 —

F. s. a. une pommade, conseillée contre les hémorrhoïdes enflammées et douloureuses. — Bains de siège prolongés.

Pommade contre les hémorrheïdes (Sabaz).

Iodoforme.......	4 grammes.
Opium pulvérisé......	1 —
Vaseline.............	4 —

F. s. a. une pommade qu'on applique sur les hémorrhoïdes, matin et soir, et après chaque garde-robe. Avant les onctions, on lave avec de l'eau chaude, puis avec de l'eau froide. — On peut ajouter du tannin à la pommade, pour masquer l'odeur de l'iodoforme.

Suppositoire antihémorrhoïdal.

Extrait de ratanhia....	50 centigr.
Chlorhydrate de morphine.............	2 —
Stéarine.............	3 grammes.

Faites un suppositoire, qui sera efficacement employé contre les hémorrhoïdes douloureuses.

Suppositoire calmant (RICHARD).

Beurre de cacao ...   8 grammes.
Extrait d'opium....   10 à 20 centigr,
Extrait de stramo-
    nium ....   10 à 20   —
F. s. a. deux suppositoires.

Introduire un de ces suppositoires dans le rectum, au moment du coucher, pour calmer les dou-
œurs provoquées par les hémorrhoïdes. — Lavements huileux et repos.

Suppositoire contre les hémorrhoïdes (PURDON).

Iodoforme............   2 gr. 50
Beurre de cacao ......   40 grammes.
Cire jaune   5   —
Mêlez à une douce chaleur, et faites 10 supposi-
toires, conseillés contre les douleurs hémorrhoï-
sales.

Suppositoire d'acide tannique.

Acide tannique ....   2 grammes.
Axonge benzinée......   2 gr. 50
Cire blanche..........   50 centigr.
Beurre de cacao.......   5 grammes.

F. s. a. dix suppositoires, qui contiendront chacun 20 centigr. d'acide tannique, et qui seront
prescrits utilement, pour modérer les hémorrhagies hémorrhoïdales.

Suppositoire irritant.

Tartre stibié.......   5 à 15 centigr.
Beurre de cacao.....   5 grammes.

F. s. a. un suppositoire, destiné à rappeler le

flux hémorrhoïdal. Fumigations aromatiques, bains de siège chauds.

Suppositoire opiacé au tannin.

Acide tannique........	20 centigr.
Opium brut pulvérisé.	1 gramme.
Stéarine	2 —

Mêlez.

Ce suppositoire est utile dans le cas d'hémorrhoïdes douloureuses.

Traitement des hémorrhoïdes (DELIOUX).

Pour calmer le ténesme, les douleurs tensives du rectum, et arrêter le flux sanguin des malades atteints d'hémorrhoïdes, l'auteur préconise l'infusion de feuilles de myrte, administrée sous forme de lavements froids. — La même infusion, appliquée en lotions et en compresses, détermine des effets calmants, astringents et résolutifs. — A l'intérieur, la poudre de myrte (1 à 2 grammes par jour) associée à la térébenthine de Venise, procure aussi du soulagement aux hémorrhoïdaires : les tumeurs se dégonflent, deviennent moins douloureuses, et les hémorrhagies diminuent ou s'arrêtent. On peut donc considérer les préparations de myrte *intus* et *extra* sinon comme un moyen curatif, du moins comme un modificateur utile, à proposer aux personnes atteintes de tumeurs hémorrhoïdales.

HERPÈS.

Collodion morphiné contre l'herpès (BOURDON).

Collodion...........	30 grammes.
Chlorhydrate de morphine...........	50 centigr.

Faites dissoudre.

On trempe un pinceau de blaireau dans ce liquide, et on badigeonne à plusieurs reprises les vésicules d'herpès, qu'on a eu soin de ne point ouvrir. La couche de collodion doit être assez épaisse.

Au bout de huit jours, les vésicules ont disparu, on ne constate qu'une rougeur de la peau.

Poudre contre l'herpès (A. FOURNIER).

Sous-nitrate de bis-muth............	4 grammes.
Calomel............ }	
Oxyde de zinc.... } āā 1 —	

Mêlez. — Plusieurs fois par jour, on lave la vésicule ulcérée d'herpès, avec de la liqueur de Labarraque étendue de la moitié de son volume d'eau, puis on la recouvre d'un tampon de ouate chargé de la poudre ci-dessus.

Si l'éruption herpétique est étendue, on recommande le repos absolu, on administre des bains de son ou d'amidon, et on prescrit, à l'intérieur, les préparations opiacées et le bromure de potassium.

HERPÈS CIRCINNÉ.

Pommade contre l'herpès circinné (HARDY).

Turbith minéral.....	1 à 2 grammes.
Axonge.............	30 —

F. s. a. une pommade, avec laquelle on fera des onctions soir et matin. — Sirop d'iodure de fer et huile de foie de morue ; alimentation tonique et réparatrice.

Pommade parasiticide (Guibout).

Axonge fraîche........	10 grammes.
Camphre.............	5 —
Soufre sublimé.......	5 —

F. s. a. une pommade destinée à combattre le
pityriasis versicolor et l'herpès circinné.

Si le parasite végétal est situé profondément dans
le bulbe pilifère, comme dans la teigne faveuse et
le sycosis, il faudra pratiquer l'épilation, avant d'employer l'agent parasiticide.

Pommade sulfo-alcaline (Hardy).

Soufre sublimé et lavé	1 gr. à 1 gr. 50
Sous-carbonate de potasse	25 à 50 centigr.
Axonge	30 grammes.

Mêlez.

En frictions contre l'herpès circinné. — Continuer quelque temps après la guérison, pour éviter
les rechutes par repullulation du parasite.

HYDARTHROSE.

Lotion résolutive (Manec).

Chlorhydrate d'ammo- niaque............	10 grammes.
Eau	500 —

Faites dissoudre.

On imbibe une compresse de cette solution, et
on l'applique sur le genou, dans le cas d'hydarthrose récente. On comprime modérément l'articulation avec une bande, et on arrose le tout avec

a solution de sel ammoniac. Si l'épanchement n'est pas dissipé à l'aide de ce moyen, on recourt plus tard aux vésicatoires volants.

Traitement de l'hydarthrose (BERGERET).

Dans le cas d'hydropisie du genou, que la cause soit rhumatismale, goutteuse ou autre, pourvu que les symptômes aigus soient dissipés, le docteur Bergeret prescrit le traitement suivant : Envelopper le genou d'une couche épaisse de ouate ou de coton cardé; appliquer continuellement sur celui-ci, un sachet de 2 ou 3 litres de sable fin très chaud. Le sable doit pouvoir s'étaler sur le genou, en dépassant l'hydarthrose dans tous les sens, et il doit être assez chaud, pour que la main ne puisse pas le supporter. Du reste, on recouvre le tout d'une couverture de laine, qui favorise une abondante sudation locale. En quelques jours, l'hydropisie disparaît. Quand l'hydarthrose est à la période aiguë, l'auteur la traite par la chaleur humide.

HYDROPISIE.

Apozème diurétique.

Racine sèche de fenouil.
— de petit houx...
— d'ache .... ⟩ãã 6 grammes.
— d'asperge.......
— de persil........
Eau bouillante......... 500 —

Faites infuser pendant une heure, filtrez et ajoutez :

Nitrate de potasse... 1 à 2 grammes.
Sirop des cinq raci-
nes............... 80 —

A donner, dans les vingt-quatre heures, aux malades infiltrés.

Bols purgatifs (GRAVES).

Jalap pulvérisé..		
Rhubarbe pulv...	ãã	30 centigr.
Scammonée pulv.		
Elatérium	3	—
Bitartrate de potasse..........	ãã	2 grammes.
Sulfate de potasse		
Sirop de gingembre..........	q. s.	

F. s. a. 6 bols.

Un à deux par jour, comme purgatif drastique, dans diverses formes d'hydropisie.

Électuaire diurétique.

Nitrate de potasse.....	4 grammes.	
Carbonate de potasse.	4	—
Teinture de scille.....	2	—
Teinture de digitale...	2	—
Miel blanc...........	60	—

Mêlez.

Pour un électuaire, qu'on fera prendre par cuillerées à café, dans l'espace de trois ou quatre jours, pour activer la sécrétion rénale, dans diverses formes d'hydropisie. — Dérivation sur l'intestin, à l'aide de purgatifs répétés.

Liniment diurétique (Guibert).

Teinture de scille.		
Teinture de digi-		
tale...........	ãã 12 grammes.
Teinture de col-		
chique........		
Huile camphrée..	24	--
Ammoniaque li-		
quide.........	6	—

Mêlez.

Employé en frictions, deux fois par jour, sur le vventre et les cuisses, pour combattre l'hydropisie.

Mixture contre l'hydropisie (Porcher).

Sulfate de soude......	30 grammes.	
Bitartrate de potasse..	30	—
Sirop d'éther nitrique.	10	—
Eau distillée..........	190	—

Faites dissoudre.

Deux cuillerées par jour.

Cette mixture est conseillée contre l'hydropisie pqui s'accompagne d'une circulation sanguine active. 1 Elle procure des évacuations alvines abondantes, 0 et souvent, en même temps, une copieuse émission bd'urine.

Oxymel diurétique (Gubler).

Teinture alcoolique de		
digitale	10 grammes.	
Extrait aqueux de sci-		
gle ergoté......... .	10	—
Acide gallique........	5	—
Bromure de potassium.	30	—

> Hydrolat de laurier-
> cerise............... 30 grammes
> Sirop de cerises....... 400 —
> Oxymel scillitique.... 515 —

F. s. a. un mélange, dont on donnera deux ou trois cuillerées par jour, dans de l'eau ou dans une infusion diurétique, dans diverses formes d'hydropisie, — maladies des reins, — affections du cœur, etc.

Pilules contre l'hydropisie (G. SÉE).

> Extrait de scille ...... 1 gramme.
> Scille pulvérisée...... 50 centigr.

F. s. a. 10 pilules.

Six à dix chaque jour, pour combattre l'œdème et l'anasarque qui accompagnent les maladies du cœur. — L'auteur prescrit en même temps 4 à 5 grammes de bromure de potassium par jour.

Sous l'influence combinée de ces deux médicaments, on voit les symptômes diminuer et presque disparaître, en même temps que l'hydropisie. — Cette dose de scille paraît élevée ; mais elle est facilement tolérée par les malades.

Pilules contre l'hydropisie (SELWYN).

> Huile de croton ti-
> glium.............. 5 gouttes.
> Squames de scille .... 25 centigr.
> Gomme ammoniaque.. 50 —
> Gingembre pulv....... 1 gramme.
> Extrait de coloquinte
> composé........... 2 gr. 50

F. s. a. 20 pilules.

On en administre depuis une jusqu'à trois ou

quatre, selon l'effet, trois fois par semaine, pour combattre l'hydropisie, dans les affections du cœur, les reins, etc.

Pilules diurétiques.

Scille pulvérisée.		
Digitale pulv....	ãã	5 grammes.
Scammonée d'A- lep pulvérisée.		
Sirop simple.....		q. s.

Pour 100 pilules.

Une à cinq par jour, dans diverses formes d'hydropisie.

Pilules drastiques (VALLEIX).

Aloès succotrin..		
Gomme-gutte....	ãã	50 centigr.
Extrait d'ellébore.		
Résine de jalap..		1 gramme.

F. s. a 10 pilules.

Deux à trois par jour, pour obtenir un effet purgatif énergique, dans diverses formes d'hydropisie.

Potion diurétique (GUERSANT).

Nitrate de potasse.....	50 centigr.
Oxymel scillitique.....	40 grammes.
Sirop de pointes d'as- perges..............	40 —
Décoction de chien- dent................	100 —

F. s. a. une potion, à prendre par cuillerées, d'heure en heure.

Poudre diurétique.

Poudre de scille	1 gr. 50
Poudre de feuilles de digitale	1 gr. 50
Nitrate de potasse pulvérisé.............	20 grammes.

Mêlez et divisez en 15 paquets.

Un ou deux par jour, contre diverses formes d'hydropisie.

Poudre diurétique (FULLER).

Poudre de racine d'ache	8 grammes.
Poudre de racine de saxifrage............	8 —
Yeux d'écrevisses.....	4 —
Sulfate de potasse.....	4 —
Nitrate de potasse fondu..............	2 gr. 50.
Essence de genévrier..	4 gouttes.

Mêlez.

On donne de un à quatre grammes de cette poudre, pour obtenir un effet diurétique, quand il existe un œdème ou un épanchement séreux, qu'on veut faire disparaître.

Poudre diurétique (HÔPITAUX DE LONDRES).

Squames de scille pulvérisées............	3 grammes.
Tartrate borico-potassique pulvérisé.....	27 —

Mêlez avec soin.

On donne depuis 50 centigr. jusqu'à 1^{gr},5.

le cette poudre, deux ou trois fois par jour, pour
provoquer une abondante sécrétion d'urine, dans
les maladies qui s'accompagnent d'un œdème plus
ou moins prononcé des membres inférieurs. On
administre en même temps des purgatifs répétés.

Poudre diurétique et laxative.

Sulfate de potasse pulvérisé...............	6 grammes.
Crème de tartre soluble pulvérisée.......	6 —
Nitrate de potasse pulvérisé...............	6 —
Feuilles de digitale pulvérisées...........	1 —

Mêlez et divisez en 20 paquets.

Un à trois par jour, pour remédier à l'œdème des
membres inférieurs. — Purgatifs répétés.

Tisane diurétique (Ph. Lond).

Semences de genêt concassées.....		
Baies de genièvre.	ãã	15 grammes.
Racine de pissenlit		
Eau	750	—

Faites bouillir, jusqu'à réduction à 500 grammes,
passez et édulcorez.

Trois ou quatre verres par jour, dans diverses
formes d'hydropisie.

Vin antihydropique (Bouyer).

Écorce moyenne de sureau...............	50 grammes.

> Feuilles sèches de digi-
> tale pourprée.. ....   8 grammes.
> Acétate de potasse....   15   —
> Faites macérer 48 heu-
> res, dans alcool.....   q. s.

Ajoutez :

> Vin blanc de bonne
> qualité............   800 grammes.

Clarifiez, filtrez et ajoutez :

> Sirop des cinq racines.   130 grammes.

Dose : de deux à six cuillerées à bouche, par
jour, dans l'intervalle des repas, et en allant progressivement. (En commençant par deux cuillerées,
on augmente graduellement la dose, si le médicament est bien supporté ; on la diminue, s'il y a des
symptômes d'intolérance.)

Vin de scille composé (Richter).

> Squames de scille des-
> séchées ....,   30 grammes.
> Écorces d'oranges amè-
> res...............   12   —
> Racine de glaïeul odo-
> rant..............   12   —
> Baies de genièvre....   8   —
> Vin blanc...........   1500   —

Faites digérer pendant trois jours, filtrez et
ajoutez :

> Oxymel scillitique....   60 grammes.

La dose de ce vin est de 10 à 50 grammes, comme
diurétique.

Vin diurétique.

Azotate de potasse....	15 grammes.	
Baies de genévrier con-cassées	50	—
Vin blanc	750	—

On fait macérer pendant douze heures et on filtre. Deux cuillerées à bouche, deux ou trois fois par jour, dans le traitement de l'anasarque.

Vin diurétique.

Feuilles de diosma crenata	30 grammes.	
Feuilles sèches de di-gitale............	10	—
Acétate de potasse...	30	—
Vin blanc...........	1000	—

Faites macérer les feuilles dans le vin, pendant huit jours, passez avec expression, faites fondre le sel de potasse et filtrez. Une à trois cuillerées de ce vin, étendu de son volume d'eau sucrée, pour combattre différentes formes d'hydropisie.

Vin diurétique (Granel).

Squames de scille.			
Feuilles de digi-tale...........	ãã	8 grammes.	
Cannelle fine....		12	—
Acétate de po-tasse.........		15	—
Vin de Madère...		500	—

F. s. a. — De une à quatre cuillerées à soupe, le matin à jeun, pour combattre diverses formes d'hydropisie.

Vin diurétique (Teissier).

Squames de scille pulvérisées............	8 grammes.
Laudanum de Sydenham................	3 —
Vin blanc sec........	500 —

F. s. a. — Une cuillerée le matin, à jeun, et une seconde, trois heures après le repas du soir, dans un verre d'eau sucrée, aux malades atteints de diverses formes d'hydropisie. — Si ce remède est bien toléré, on peut porter la dose à trois et quatre cuillerées par jour ; si au contraire il se manifeste quelques symptômes d'irritation stomacale, on diminue de moitié la quantité de scille. — Pour augmenter l'effet du vin diurétique, il est bon d'administrer en même temps un purgatif hydragogue.

HYSTÉRIE.

Gouttes antihystériques (Ph. Allem.).

Teinture d'asa fetida..	15 grammes.
Teinture de castoréum.	12 —
Teinture d'extrait d'opium................	4 —

Mêlez.

Un à deux grammes, en potion ou en lavement deux ou trois fois le jour, contre les accès hystériques et les tranchées utérines, qui s'observent dans la dysménorrhée. — Boissons amères, et préparations ferrugineuses, dans l'intervalle des accès, si la malade est chloro-anémique.

Lavement antihystérique (BOURDON).

Extrait de valériane...	10 grammes.
Camphre...............	75 centig. à 1 gr.
Jaune d'œuf..........	n° 1
Laudanum de Syden-ham...............	20 gouttes.
Eau..................	300 grammes.

F. s. a. un lavement, qu'on administre après une
,aque d'hystérie, pour en prévenir le retour.

Pilules antihystériques.

Valériane pulvérisée.	8 grammes.
Galbanum.........	
Sagapénum........	āā 4 —
Asa fetida.........	

F. s. a. des pilules de 20 centigrammes.

On en prescrira trois ou quatre par jour, aux hys-
ïiques, dans l'intervalle des accès. — Exercice au
and air, gymnastique.

Pilules antihystériques (HAGER).

Galbanum.............	80 centigr.
Myrrhe	1 gr. 20
Sagapénum..........	1 — 20
Asa fetida..........	40 centigr.
Savon médicinal......	80 —
Sirop simple.........	q. s.

F. s. a. 40 pilules.

Cinq à quinze par jour, aux hystériques. — Trai-
ment hydrothérapique, dans l'intervalle des
6:ès.

Pilules contre la céphalalgie (HAUCHES).

Valérianate de zinc....   60 centigr.
Extrait de belladone...   15   —
Extrait de gentiane....   1 gr. 20
F. s. a. 12 pilules.

Trois par jour, pour combattre la céphalalgie hystérique, surtout s'il y a de la constipation habituelle.

Potion bromurée.

Bromure   de   potassium..............   6 à 8 grammes.
Hydrolat de tilleul...   100   —
Sirop de fleurs d'oranger................   32   —
Faites dissoudre.

On commence par donner une cuillerée à café de cette potion, soir et matin, aux hystériques, puis on augmente progressivement la dose du sel, jusqu'à ce que les malades en prennent de 4 à 6 grammes par jour.

L'usage du bromure de potassium doit être longtemps continué, en même temps qu'on prescrit des bains, des douches froides et un régime tonique.

Sirop de chloroforme (BOUCHUT).

Chloroforme pur......   2 gr. 50.
Alcool rectifié........   12 grammes.
Sirop simple.........   300   —

Mêlez le chloroforme et l'alcool, puis ajoutez le sirop et agitez. — A donner par cuillerées aux hystériques pendant l'attaque.

IMPETIGO.

Traitement de l'impetigo du cuir chevelu (E. BESNIER).

Pour remédier à l'impétigo du cuir chevelu, vulgairement désigné sous le nom de croûtes de lait, applique sur la tête de l'enfant un bonnet de caoutchouc, qu'on enlève deux fois par jour, pour nettoyer. Si l'éruption s'est étendue à la face, on place sur le visage un masque découpé dans une feuille de caoutchouc. Ce simple moyen suffit pour faire tomber les croûtes, et pour rendre à la peau son aspect primitif. Du reste, l'impetigo disparait souvent par le seul fait de la suppression de l'allaitement et de l'emploi du biberon. Pendant qu'on s'efforce de guérir les croûtes de lait, il est indispensable de surveiller la santé de l'enfant, afin d'être en mesure de remédier aux accidents que leur suppression brusque pourrait occasionner.

INCONTINENCE D'URINE.

Pilules contre l'incontinence nocturne d'urine (FAUVELLE).

Extrait de belladone...	5 centigr.
Camphre..............	1 gramme.
Castoréum	1 —

F. s. a. 10 pilules.

Une chaque soir, à un enfant de 6 à 8 ans, pour combattre l'incontinence nocturne d'urine. Éveiller l'enfant pendant la nuit, et lui donner très peu de boisson le soir.

Contre cette même incontinence, le D' Wabur-Bagbie, d'Édimbourg, prescrit le bromure de potassium.

Dans 5 cas, le D' Vecchietti a obtenu la guérison, en administrant, le soir, dans une petite quantité

d'eau, 45 centigr. d'hydrate de chloral, en même
temps qu'il insistait sur l'abstinence des boissons.
L'effet fut rapide, et dans la plupart des cas perma-
nent, après la première dose.

Pilules contre l'incontinence d'urine (GRISOLLE).

Extrait de noix vomique.   20 centigr.
Oxyde noir de fer ......   3 grammes.
Poudre de quassia......   3   —
Sirop d'absinthe........   q. s.

Pour 20 pilules.

Une à trois par jour, bains de siège froids, abstinence de boisson au repas du soir.

Pommade contre l'incontinence d'urine (TH. KENNARD).

Sulfate de morphine..   50 centigr.
Vératrine   50   —
Axonge ....   30 grammes.

Mêlez.

En frictionnant le périnée, trois fois le jour, avec
cette pommade, le D\u0072 Thomas Kennard, de New
York, dit avoir fait cesser l'incontinence, chez trois
paralytiques, qui ne pouvaient garder leurs urines.
La guérison eut lieu au bout de quelques jours.

INFECTION PURULENTE.

Potion contre l'infection purulente (RAYER).

Macération   de   quin-
quina...............   125 grammes.
Sulfate de quinine cris-
tallisé..............   1   —
Teinture d'aconit.....   1   —
Eau de Rabel........   1   —

Sirop d'écorces d'oran-
    ges................ 32 gramme ..

Pour une potion, qu'on donnera par cuillerées,
heure en heure, afin de combattre la fièvre qui
accompagne la résorption purulente des opérés, ou
les femmes en couche.

Potion contre l'infection purulente (Seutin).

Décoction de quin-
    quina.............. 150 grammes.
Extrait de quinquina..   4   —
Sulfate de quinine....   2   —
Laudanum de Syden-
    ham..............   2   —
Faites dissoudre et filtrez.

Une cuillerée toutes les heures, pour combattre
l'infection purulente. — Limonade sulfurique. —
Boissons abondantes.

INSOMNIE.

Lavement de chloral (Griffitus).

Hydrate de chloral.   3 à 4 grammes.
Jaune d'œuf......   n° 1
Lait............. 150 à 200   —
F. s. a. une solution, destinée à provoquer le
sommeil. Les malades conservent bien ce lavement,
sans éprouver de cuisson.

Pilules calmantes antinerveuses.

Asa fetida...........   4 grammes.
Sulfate de morphine ... 15 centigr.
Mucilage de gomme....   q. s.
F. s. a. 30 pilules.

GALLOIS, 3e édit.   19

Une ou deux, au moment du coucher, contre les
insomnies des hypocondriaques, des hystériques,
et en général de toutes les personnes atteintes de
maladies nerveuses.

Potion de chloral (Delioux).

Hydrate de chloral.....	2 grammes.
Sirop d'éther ou de co- déine...............	30 —
Hydrolat de fleurs d'o- ranger	80 —

F. s. a. une potion à donner par cuillerées.

Potion de chloral.

Hydrate de chloral....	5 grammes.
Eau distillée..........	150 —
Sirop de cerises	50 —

F. s. a. une potion, à prendre par cuillerées à
bouche, d'heure en heure, jusqu'à production du
sommeil.

Sirop de chloral.

Hydrate de chloral....	5 grammes.
Eau distillée.........	q. s.
Sirop simple.........	95 grammes.

F. s. a. un sirop, qui renferme, pour chaque
cuillerée à bouche, un gramme d'hydrate de chloral.

Deux à quatre cuillerées dans la soirée, et la
nuit, pour provoquer le sommeil.

La sensation chaude, poivrée, âcre, que laissen
dans le pharynx le sirop de chloral ou les solutions
de ce médicament dans un julep gommeux, dans le
sirop de cerises ou de groseilles, est un inconvénient sérieux pour beaucoup de malades, et surtout

ıur ceux qui sont tourmentés par la toux. On se
ouvera bien, dans ces cas, d'admettre comme ex-
oient du chloral le looch huileux du Codex, ou
  donner la cuillerée de potion, dans une gorgée
 lait de poule.

Solution de bromure de potassium (LABORDE).

Fleurs de tilleul......	3 grammes.	
Feuilles d'oranger.....	2	—
Eau bouillante........	500	—

lFaites infuser.

)On prélève une tasse de cette infusion, quand
ıle est refroidie; on l'édulcore, et on y ajoute, au
oment de l'administrer, une quantité variable de
ıomure de potassium, mais qui ne doit jamais être
lférieure à 1 gramme.

)Cette tasse d'infusion bromurée doit être bue en
ıux ou trois fois, à une demi-heure d'intervalle.

lLe bromure de potassium, ainsi formulé, réussit
ıuvent comme anti-névralgique et comme hypno-
ıque.

Traitement de l'insomnie (VILLEMIN).

lLa morphine, la narcéine et la codéine convien-
ınt contre l'insomnie de la douleur, et sont
ıntr'indiquées quand il existe de la congestion cé-
dbrale. — Le bromure de potassium réussit dans
ınsomnie avec excitation circulatoire et dans l'in-
ıomnie nerveuse. Il est contre-indiqué, quand il
ıiste une anémie très prononcée. — Le chloro-
ırme en potion se montre surtout efficace dans
ınsomnie nerveuse. — L'hydrate de chloral con-
ıent pour presque tous les cas d'insomnie, sauf
ıans certaines affections dyspnéiques et cardiaques,
ı quand il existe une grande débilité. L'insomnie

des vieillards et des anémiques est parfois combattue avec succès par la médication tonique, par le
vin, les amers et par l'hydrothérapie.

INTERTRIGO.

Solution contre l'intertrigo (Wertheimber).

Bichlorure de mercure.   6 centigr.
Eau distillée.......,...... 120 grammes.

Faites dissoudre. — Cette solution est recommandée contre l'intertrigo avec excoriations, qu'on
observe chez les jeunes enfants. — On applique
sur les surfaces malades des plumasseaux de charpie imbibés de cette solution, et on les y laisse une
heure, deux ou trois fois le jour. La rougeur et
l'exsudation disparaissent souvent dès les premiers
pansements, dans l'espace de 24 ou 36 heures,
et l'effet curatif est généralement rapide. Le peu
de durée des applications éloigne habituellement
les risques d'absorption, de sorte que le D Wertheimber n'a jamais constaté, sur les enfants, aucun
symptôme d'empoisonnement par la liqueur mercurielle.

INVAGINATION INTESTINALE.

Traitement de l'invagination intestinale (Becquoy).

Le courant électrique peu intense constitue l'un
des moyens les plus efficaces à opposer à l'invagination intestinale. On introduit l'un des pôles dans
le rectum, tandis qu'on promène l'autre à la surface de l'abdomen. On fait passer le courant 7 à
8 minutes. — L'électrisation doit être pratiquée de
bonne heure, et avant toute complication inflammatoire. Elle est supportée même par les très jeunes
enfants : deux ou trois séances suffisent ordinaire-

nent pour rétablir le cours des matières et détruire invagination. On prescrit en même temps de la lace, des lavements froids ou purgatifs, et, quand invagination a cessé, un purgatif par la bouche.

IRIS (MALADIES DE L').

Collyre antimydriatique (ARCHAMBAULT).

Esérine................	10 centigr.
Eau distillée..........	30 grammes.

Faites dissoudre. — Deux ou trois gouttes de ce collyre dans l'œil, trois fois par jour, ou matin et oir seulement, pour combattre la dilatation de la pupille, qu'on observe chez les enfants atteints de paralysie diphthéritique.

Collyre contre la mydriase (CUSCO).

Sulfate d'ésérine......	5 centigr.
Eau distillée..........	10 grammes.

Faites dissoudre.

Une goutte dans l'œil malade.

Pilules contre l'iritis syphilitique.

Proto-iodure de mercure...............	1 gr. 50
Extrait de belladone...	1 gramme.
Extrait thébaïque......	1 —

Conserve de roses q. s. pour 60 pilules.

Recommandées dans l'iritis syphilitique. — Une lilule le soir, trois heures après le repas, puis une seconde le matin, en ayant soin d'en cesser l'usage, s'il se produit un gonflement trop prononcé des gencives. — Instiller en outre chaque jour, entre

les paupières, une ou deux gouttes d'un collyre au
sulfate d'atropine.

Teinture d'iode morphinée (Mackensie).

Chlorhydrate de mor-
phine.............. 20 centigr.
Teinture d'iode....... 4 grammes.
Faites dissoudre.

Badigeonner, deux fois par jour, le pourtour de
l'orbite, pour calmer la douleur qui accompagne
certaines ophthalmies, et surtout l'iritis aiguë ou
chronique.

Traitement de la contracture du muscle ciliaire (Yvert).

La contracture du muscle ciliaire (ou crampe ac-
commodative) cesse en général très facilement
après l'instillation de quelques gouttes du collyre
ordinaire au sulfate neutre d'atropine. Une dépléb-
tion énergique pratiquée au moyen de la ventouse
d'Heurteloup, est aussi appelée, dans bien des cas,
à rendre de signalés services.

Traitement de la paralysie du muscle ciliaire (Yvert).

Dans le cas de paralysie du muscle ciliaire (muscle
accommodateur) et du sphincter de la pupille,
l'auteur recommande l'instillation répétée du collyre au sulfate neutre d'ésérine et des fomentations
aromatiques spiritueuses. Au besoin, on peut recourir à l'emploi de l'électricité appliquée localement
et à quelques injections sous-cutanées de strychnine. Quand l'inutilité de ce traitement a été dé-
montrée, on ne peut plus employer que des moyens
palliatifs, c'est-à-dire faire usage de verres convexes
choisis selon le degré de la paralysie. En général

ce n'est que par tâtonnement, qu'on arrive à corriger exactement le trouble de la réfraction.

IVRESSE.

Potion contre l'ivresse.

Acétate d'ammoniaque.	15 grammes.
Sirop de fleurs d'oranger...............	45 —
Infusion de thé.......	100 —

Mêlez.

A prendre en quatre fois, à un quart d'heure d'intervalle.

Autre formule :

Acétate d'ammoniaque.	10 grammes.
Chlorure de sodium...	4 —
Infusion concentrée de café.................	50 —
Sirop simple..........	20 —

F. s. a. une potion, à donner en deux fois, à un quart d'heure d'intervalle.

KÉRATITE.

Traitement de la kératite interstitielle (GAYET).

Les compresses chaudes pendant quelques heures par jour, les douches tièdes, les cataplasmes en permanence, sont généralement conseillés à titre de sédatifs du système nerveux, et tous ces moyens sont utiles, en ce qu'ils entretiennent un certain degré de chaleur humide, favorable à l'épithélium. On prescrit également avec avantage, les douches à 15° en été, et à 35° en hiver. — Si l'inflammation ne cède pas, on peut essayer la pommade au préci-

pité jaune, à la dose progressive de 0gr,25, 0gr, 50 et
1 gramme, pour 10 grammes de cold-cream ; mais il
est indispensable pour cela, que l'épiderme cornéen
ne soit pas trop érodé, sans quoi on s'exposerait à
des abcès ou à des ulcères.

A l'intérieur, on prescrit l'iodure de potassium
associé au fer, au quinquina, à l'huile de foie de
morue, aux amers ; on recommande un régime
tonique, et on s'efforce de relever l'organisme à
l'aide des bains de mer, des bains sulfureux et
salés. — Dans le cas où la kératite a laissé des opacités plus ou moins épaisses, on peut tenter les
insufflations de calomel ; mais il faut agir avec pru-
dence, de crainte de ramener l'inflammation aiguë.

Traitement de la kératite phlycténulaire (Gayet).

Dans le cas de kératite phlycténulaire intense
avec photophobie et spasmes douloureux, on administre des douches locales d'eau à 15 ou 18 degrés
en été, et à 35 ou 38 degrés en hiver. Leur durée
est d'une demi-heure, sans interruption. Si l'effet
est favorable, on recommence le lendemain ; si l'effet
est mauvais ou nul, on renonce à l'emploi de ce
moyen. Les cataplasmes, les compresses chaudes,
les fomentations de camomille, de thé vert, de
pavot, de belladone, de jusquiame, de digitale
agissent dans le même sens. Dans certains cas, on
pratique de légères scarifications conjonctivales et
palpébrales ; puis, quand l'inflammation a cessé, on
suspend tout traitement.

Si la maladie a de la tendance à s'éterniser, on
a recours au collyre de nitrate d'argent (0gr,20 pour
30 grammes d'eau distillée) et aux pommades avec
les précipités de mercure jaune ou rouge, dont il est
indispensable de surveiller l'emploi avec le plus

rand soin. — Quant au traitement général, c'est
elui de la scrofule : boissons amères, huile de foie
e morue, sirop d'iodure de fer, toniques analeptiques,
otions hydrothérapiques en été, bains sulfureux ou
alés pendant l'hiver, frictions alcooliques ou sèches ;
éjour du malade dans une chambre saine et bien
érée. — La kératite phlycténulaîre étant sujette â
écidives, il est indispensable de persévérer dans
emploi des moyens généraux longtemps après la
uérison de l'état local.

Traitement de la kératite ponctuée (Gayet).

La kératite ponctuée s'observant habituellement
hez des sujets affaiblis, on tâche de relever les
orces du malade par tous les moyens possibles. On
nstille quelques gouttes d'un collyre d'atropine pour
ilater la pupille, et on fait des frictions mercu-
ielles belladonées autour de l'orbite. Si on soup-
onne la syphilis, on administre l'iodure de potas-
ium. — Dans un cas très grave, compliqué d'alté-
ation du corps vitré, l'auteur a employé avec succès
un courant continu fourni par une pile de Trouvé,
e quatre éléments. Les réophores furent appliqués
ur les tempes toutes les nuits, pendant un mois,
t, au bout de ce temps, l'humeur vitrée avait repris
a transparence, en même temps que le pointillé
vait diminué.

LARYNGITE

o'opique contre la toux et la dysphagie de la laryngite
tuberculeuse et ulcéreuse (Krishaber).

Chlorhydrate de mor-
 phine............. 40 centigr.
Eau distillée......... 10 grammes.
Faites dissoudre.

Imbiber un pinceau à manche recourbé, et tou
cher soit le larynx (plus avantageux), en se servant
du laryngoscope ; soit l'épiglotte, en tirant la langue
du malade hors de la bouche. (En portant le pin
ceau directement, dans le sens du larynx, on peut
toucher l'épiglotte sans miroir d'inspection.)

Inhalations contre la laryngite chronique (Mosler).

Essence de feuilles d'eucalyptus.......	3 à 5 grammes.
Alcool rectifié........	75 —
Eau distillée........	170 —

Mêlez en agitant. — Ce liquide est introduit dans
un pulvérisateur, et quatre fois par jour, pendant
10 à 15 minutes, on en absorbe les vapeurs sous
forme d'inhalation, dans les cas de bronchite et de
laryngite chroniques. Ces vapeurs déterminent une
expectoration abondante.

Le même remède a été employé avec succès
dans un cas de catarrhe des fosses nasales et du
pharynx.

LEUCORRHÉE

Injection antileucorrhéique.

Acide salicylique.....	6 grammes.
Glycérine	100 —
Eau...............	1000 —

On dissout l'acide salicylique dans la glycérine
à la chaleur du bain-marie, et on ajoute l'eau.

Pour 6 injections, une chaque jour, dans la vagi
nite et les écoulements leucorrhéiques irritants, qui
enflamment le col utérin et la vulve.

Injection antileucorrhéique (DELIOUX).

Feuilles de myrte..   15 à 30 grammes.
Eau bouillante.....   1000   —

ou bien :

Myrtilles (baies de
    myrte)...........   15 à 30 grammes.
Eau bouillante.....   1000   —

Faites infuser. — Ces infusions sont utiles en injections ou en irrigations, pour combattre la leucorrhée vaginale. Elles agissent comme astringentes et anticatarrhales, calment souvent les douleurs qui coïncident avec la leucorrhée, et remédient aux relâchements et aux prolapsus qui compliquent les flux muqueux et purulents du vagin et de l'utérus. Elles peuvent être utilisées en injections, contre l'uréthrite chez l'homme, et contre la vaginite chez la femme ; en lavements contre la diarrhée, la dysenterie ; en collyres contre les ophthalmies ; en gargarismes ou collutoires contre les stomatites, les angines, la procidence de la luette ; en injections dans les plaies avec décollements, dans les clapiers, les foyers purulents, les trajets fistuleux.

Injection antileucorrhéique (MAURY).

Acide salicylique......   1 gramme.
Eau distillée.........   300   —
Faites dissoudre.

Injection antileucorrhéique (NÉLATON).

Sulfate de cuivre cris-
    tallisé...............   1 gramme.
Eau commune........   200   —
Faites dissoudre.

Cette solution est conseillée en injections, contre la leucorrhée chronique. — On prescrit en outre les préparations ferrugineuses à l'intérieur, et l'hydrothérapie.

Injection antileucorrhéique (ROGNETTA).

Décoction de suie de bois	400 grammes.
Alun pulvérisé.......	15 —
Eau................	100 —

Faites dissoudre l'alun dans l'eau, et mêlez la solution ainsi obtenue à la décoction de suie de bois.

Cette injection est employée utilement contre la leucorrhée, en même temps qu'on administre à l'intérieur les préparations ferrugineuses, les tisanes amères, et qu'on conseille un régime tonique et de l'exercice au grand air.

Injection astringente.

Cachou pulvérisé.....	5 grammes.
Myrrhe pulvérisée.....	5 —
Eau de chaux........	200 —

Filtrez après une trituration prolongée.

Plusieurs fois par jour, on pratiquera des injections avec cette solution pour faire cesser la leucorrhée.

Lotion antileucorrhéique (BOUCHUT).

Pour le Dr Bouchut, la leucorrhée des petites filles est due à la vulvite, et non à la vaginite ou à la métrite. C'est donc l'inflammation de la vulve qu'il s'agit de combattre. Le traitement est à la fois local et général.

Le traitement local consiste : 1° à obtenir une propreté extrême des parties malades, au moyen de lavages réitérés faits avec de l'eau de son, ou de la décoction de feuilles de noyer, ou de l'eau de Goulard, etc. — 2° à modifier les surfaces enflammées.

Pour remplir cette indication, les moyens sont nombreux :

Solution de bi-chlorure de mercure 0^{gr},10 centigr. pour 300 grammes d'eau, en bains de siège ou en lotions ; — acide phénique 5 grammes pour 1000 grammes d'eau ; solution de coaltar ; et enfin cautérisation avec une solution de nitrate d'argent ^{gr},20 pour 30 grammes d'eau distillée).

Dans l'intervalle des lotions, maintenir entre les grandes lèvres un gâteau de charpie imprégné de solution de coaltar, ou couvert de pommade au précipité rouge.

Comme médication interne, on prescrit l'huile de foie de morue et le quinquina aux petites filles scrofuleuses, les préparations arsénicales à celles qui sont herpétiques.

Pilules contre la leucorrhée.

Oléo-résine de copahu.	5 grammes.
Extrait de gentiane....	5 —
Sulfate de fer.........	2 gr. 50
Kino pulvérisé........	2 — 50
Réglisse pulvérisée ...	q. s.

F. s. a. 75 pilules.

Deux à six par jour, dans la leucorrhée. Bains de siège froids, alimentation reconstituante, exercice au grand air.

Poudre contre la leucorrhée (Gallard).

Amidon pulvérisé.....	40 grammes.
Sous-nitrate de bismuth.	10 —

Mêlez.

Dans le cas d'écoulements leucorrhéiques opiniâtres, on dilate le vagin au moyen du spéculum
et on projette cette poudre sur le col utérin, afin
d'empêcher les mucosités qui s'en échappent d'irriter
la muqueuse vaginale. — En cas d'insuccès, on mélange avec l'amidon, de l'alun, de l'acétate de plomb
ou du tannin, ou bien encore on emploie ces astringents à l'état de pureté, en les déposant au milieu
d'un sachet de ouate, qu'on introduit au fond du
vagin, et qu'on retire chaque jour. Les mucosités
leucorrhéiques, après avoir dissous la substance astringente, se répandent sur la muqueuse vaginale et
sur celle du col, et elles agissent plus efficacement
qu'une simple injection, ou même qu'un badigeonnage avec le pinceau. — Si l'écoulement paraît pro-
venir du col, on peut introduire dans sa cavité le
crayon de tannin.

Poudre contre la leucorrhée (Guiron).

Sulfate de fer pulvé-	
risé...............	8 grammes.
Sous-carbonate de fer..	12 —
Quinquina rouge ou	
gris pulvérisé.......	4 —
Cannelle pulvérisée...	4 —
Ergotine.............	4 —

F. s. a. une poudre composée, dont on administrera une ou deux pincées, avant les deux principaux repas, dans la leucorrhée idiopathique. On en

pendra l'usage, à l'approche des époques mens-
elles. — Injections prolongées, matin et soir, avec
l'eau froide additionnée de vinaigre. — Régime
nique.

olution contre les écoulements vaginaux (GUIBOUT).

>   Acide tannique........   25 grammes.
>   Eau commune........   100   —

Faites dissoudre.

Tous les jours, à l'aide du spéculum, on introduit
ux tampons imbibés de cette solution, et un troi-
me tampon sec. Au bout de 24 heures, on retire
 tampons au moyen des fils dont ils sont munis,
 pratique des injections détersives, et on introduit
 nouveaux tampons, dont on cesse l'emploi à
pproche des règles. Le tampon guérit beaucoup
us vite que les injections. La malade doit rester
 lit le plus possible.

2 Solution contre les écoulements vaginaux (TRÉLAT).

>   Acide phénique pur...   1 gramme.
>   Alcool ou eau de Colo-
>   gne...............   30   —
>   Eau..................   70   —

Mêlez.

A l'aide du spéculum, on introduit, une ou deux
is par jour, des tampons imbibés de ce mélange,
 chaque fois qu'on les enlève, on pratique des
jections légèrement astringentes. Dès que les sur-
ces sont détergées, on remplace les tampons d'al-
ol phéniqué, par d'autres imprégnés d'une solution
oins active, telle que la suivante :

>   Acide tannique ....   15 grammes.
>   Glycérine pure........   90   —

Traitement de la leucorrhée chronique (Courty).

Parmi les moyens les plus efficaces à opposer à la leucorrhée chronique, il y a lieu de citer les reconstituants, l'alimentation analeptique, le quinquina, le fer, le séjour à la campagne et surtout le changement de climat. — Les balsamiques, la tisane de bourgeons de sapin, les pilules de térébenthine, l'eau de goudron, doivent être conseillés. — Le seigle ergoté possède une action plus directe sur l'utérus. On le prescrit en poudre, de 6 en 6 heures, à doses plus ou moins élevées. Les bains sulfureux et les bains de mer jouissent d'une utilité incontestable. — Quant à l'hydrothérapie, elle produit souvent des résultats inespérés, de sorte qu'on ne saurait trop en varier, en multiplier, en prolonger l'emploi. On peut faire précéder les douches froides de bain n de vapeur, qui provoquent des sudations abondantes, et substituent ainsi la transpiration cutanée au flux leucorrhéique.

LICHEN.

Lotion contre le lichen arthritique (Bazin).

Carbonate de soude...	25 centig. à 1 gr.
Glycérine pure	30 grammes.
Eau de son..........	500 —

F. s. a. un mélange pour lotions, dans le lichen arthritique circonscrit. — Bains alcalins et de vapeur, ou même douches sur les régions affectées. — Le traitement est le même pour le lichen pilaris. Seulement, comme cette forme se montre sur des parties velues, il est tout d'abord nécessaire de couper les poils, aussi près que possible des surfaces malades. — Contre le lichen à papules déprimées, on

mploie avantageusement les bains sulfureux et les
ouches sulfureuses.

Comme médication interne, on prescrit au malade
les préparations alcalines : le bi-carbonate de soude,
la dose de 0^{gr},20, 0^{gr},50, 1 gramme et 1^{gr},50
par jour, dans une tasse de tisane amère, l'eau
de Vichy aux repas. Dans certains cas, on conseille,
avec succès, les préparations de colchique ou d'antimoine.

Mixture contre le lichen et le psoriasis (J. SIMON).

Arséniate de soude....	5 centigr.
Eau distillée..........	300 grammes.

Faites dissoudre.

Une cuillerée à café, à chaque repas, aux enfants
âgés de plus de 2 ans, pour combattre les affections
chroniques de la peau, telles que le lichen et le
psoriasis. S'en abstenir avec soin pendant la période
aiguë, et s'arrêter dès que la peau devient chaude.
Les préparations arsenicales sont aussi indiquées
chez les enfants, dans la phthisie, la scrofule, la
gonorrée, les fièvres intermittentes rebelles au quinquina. — Surveiller avec soin les effets obtenus, avant
de prescrire une dose plus élevée.

Pommade antidartreuse (HARDY).

Calomel............	1 gramme.	
Acide tannique.....	2 ou 3	—
Axonge.............	30	—

Mêlez.

En onctions, plusieurs fois par jour, contre le
lichen agrius. — Bains alcalins et bains de vapeur.
Tisanes amères additionnées de bi-carbonate de
soude.

GALLOIS, 3e édit.   20

Pommade contre les démangeaisons (HARDY).

Cyanure de potas-
sium............... 5 à 10 centigr.
Axonge............... 30 grammes.
Mêlez.

Cette pommade s'emploie pour calmer les démangeaisons occasionnées par le lichen.

Pommade d'oxyde de zinc camphrée (HARDY).

Oxyde de zinc....... 4 à 8 grammes.
Camphre .... 2 à 4   —
Axonge............... 30   —
Mêlez.

Onctions matin et soir sur la peau, pour faire
cesser les démangeaisons provoquées par le lichen.
Pour calmer les démangeaisons de lichen agrius, le
Dʳ Vidal fait appliquer sur la peau des plaques de
diachylon ou d'emplâtre simple; il prescrit des bains
d'amidon additionnés d'un litre de vinaigre, des
lotions avec de la décoction de camomille et de racine
d'aunée; ou bien encore il conseille l'emploi du glycérolé tartrique (1 gramme d'acide tartrique pour
20 grammes de glycérolé d'amidon).

Solution arsenicale (HARDY).

Acide arsénieux ou ar-
séniate de soude.. 5 à 10 centigr.
Eau distillée........ 250 grammes.
Faites dissoudre.

Cette liqueur est donnée dans le lichen invétéré
à la dose d'une cuillerée à bouche chaque jour, ou
de deux cuillerées au bout de quelques jours. —
Bains alcalins et bains de vapeur.

LUPUS.

Pommade contre le lupus (Janish).

Acide pyrogallique.....   3 grammes.
Vaseline...............   30   —

Mêlez.

On étend cette pommade sur une toile, et on l'aplique sur les tubercules du lupus vulgaris. Le pansement est renouvelé deux fois par jour. Après 5 ou 6 applications, les nodules du lupus font saillie au-dessus de la peau saine, ils deviennent douloureux et on est obligé de s'arrêter. Les ponts de peau non malade situés entre les tubercules sont rouges, gonflés et cautérisés superficiellement. Mais dès qu'on cesse l'emploi de la pommade, les tubercules se couvrent de granulations et se cicatrisent, l'épiderme se reforme autour d'eux, et nulle part le tissu sain n'est détruit.

Des scarifications linéaires contre le lupus (Vidal).

Dans le cas de lupus, M. E. Vidal, après le Dr Veiel, recommande les scarifications multiples punctiformes. On commence par anesthésier la peau, à l'aide de l'appareil de Richardson ; puis, au moyen d'une aiguille droite, terminée inférieurement par un petit losange à bords coupants, on pratique sur les plaques de lupus des scarifications linéaires, parallèles, aussi rapprochées que possible. On fait ensuite des scarifications analogues obliques aux premières, de manière à dessiner sur la peau une espèce de quadrillé, dont les mailles ont environ deux millimètres de largeur. Les incisions doivent traverser toute l'épaisseur des parties malades. L'hémorrhagie est peu considérable, et s'arrête facilement. Dès que la croûte est tombée, on recouvre la peau scarifiée d'emplâtre

rouge ou bien d'iodoforme, et on la soumet, chaque
matin, à une pulvérisation. Dès le sixième jour, la
cicatrice est formée, et on peut recommencer les
scarifications. — Six à dix séances sont, en moyenne,
nécessaires pour chaque nodosité lupeuse. — Les
scarifications linéaires sont également indiquées
contre le lupus ulcéré, et dans les cas rebelles de
lupus érythémateux. — Quand la peau est malade
sur une grande étendue, on l'attaque d'abord par la
périphérie.

Solution contre le lupus (Ameglio).

Acide salicylique ...... 12 grammes.
Glycérine pure......... 40 —
Faites dissoudre.

Dans un cas de lupus ulcéreux de la face, datant
de 5 années, et qui avait résisté à tous les pansements usités en pareil cas, le Dr Ameglio eut recours
à la solution ci-dessus, avec laquelle il badigeonna
3 fois le jour, la surface ulcérée. — Au bout de peu
de jours, les végétations facilement saignantes se
flétrirent, et le fond de l'ulcère prit un aspect satisfaisant. Après un mois de traitement, pendant lequel le malade avait fait usage d'arsenic à l'intérieur,
la cicatrisation était complète.

Solution iodée contre le lupus (Rieseberg).

Iode................... 4 grammes.
Glycérine .... 8 —
Faites dissoudre.

Pour combattre le lupus, on étend cette solution
à l'aide d'un pinceau, une fois tous les deux jours,
sur les parties malades, et on applique par-dessus
une feuille de gutta-percha. En même temps, on

ministre le sous-carbonate de magnésie, à la dose
une cuillerée à café, trois fois le jour. — Le trai-
ment par la glycérine iodée doit être continué
ndant plusieurs semaines, tant qu'il se forme des
cérations nouvelles.

MAMMITE.

Cataplasme résolutif (VOGLER).

Sel ammoniac.........	15 grammes.
Savon de Venise	15 —
Poudre de jusquiame..	15 —
Farine de lin..........	45 —
Eau chaude..........	q. s.

Pour un cataplasme, qui sera appliqué sur la
nde mammaire, dans le cas d'engorgement laiteux.

es applications de glace dans l'inflammation mammaire (BROWNE).

Dans tous les cas d'inflammation mammaire qui
rviennent soit après la parturition, soit pendant
allactation, le Dr Langley Browne applique des
essies remplies de glace pilée sur la glande enflam-
ee. La femme les maintient en place deux à cinq
urs, et ne les enlève qu'au moment de présenter
esein à l'enfant. Si elle ne nourrit point, et que la
mmelle soit gorgée de lait, elle doit en soutirer une
ilite quantité à l'aide d'une pompe. Sous l'influence
l la glace, la douleur diminue immédiatement; la
mpérature s'abaisse dans l'espace de quelques
ures, et on réussit le plus souvent à prévenir la
ppuration. La glace n'est pas contre-indiquée, quand
qpeau est rouge et œdémateuse.

MÉNINGITE.

Pommade mercurielle belladonée (H. Roger).

> Onguent mercuriel dou-
> ble................... 25 grammes.
> Extrait de belladone... 5   —
>
> Mêlez.

On fait des onctions, matin et soir, avec gros comme une noisette de cette pommade, sur les tempes, et derrière les oreilles des sujets atteints de méningite, afin de calmer les douleurs profondes de la tête. On applique en outre un bandeau mouillé sur le front, et des sinapismes aux membres supérieurs et inférieurs.

MÉNINGITE TUBERCULEUSE.

Poudre purgative composée (Henriette).

> Calomel à la vapeur.... 40 centigr.
> Rhubarbe de Chine pul-
> vérisée............ 1 gramme.
>
> Mêlez et divisez en 8 prises.

Une prise, toutes les heures, aux enfants atteints de méningite tuberculeuse. En même temps, on frictionne avec de l'huile de croton, le cuir chevelu préalablement rasé, et on maintient, sur le front, des compresses trempées dans une solution formulée par M. H. Roger, de la manière suivante :

> Cyanure de potassium. 20 centigr.
> Eau distillée......... 100 grammes.
>
> Faites dissoudre (usage externe).

Prises purgatives au calomel (H. Roger).

Calomel à la vapeur... 10 centigr.
Scammonée d'Alep pul-
vérisée.............. 30 —
Sucre de lait pulvérisé. 4 grammes.
Mêlez exactement et divisez en 10 prises.

Une, d'heure en heure, aux enfants atteints de méningite tuberculeuse, jusqu'à ce qu'on ait obtenu deux selles. En même temps, on applique sur la tête des compresses d'eau glacée, additionnée d'éther ou de chloroforme. Quand la maladie est plus avancée, on établit un vésicatoire volant à la face interne de chaque cuisse.

MÉNORRHAGIE.

Pilules contre la ménorrhagie (Raciborski).

Fer réduit par l'hydro-
gène................. 4 grammes.
Extrait alcoolique de noix
vomique............. 75 centigr.
Mucilage de gomme ara-
bique.............. q. s.
F. s. a. 60 pilules.

Deux à quatre pilules, le matin et le soir, aux jeunes filles chlorotiques, dont la menstruation est trop abondante.

Poudre contre la ménorrhagie (Delioux).

Feuilles de myrte pul-
vérisées.......... 10 grammes.
Sucre pulvérisé....... 5 —
Mêlez et divisez en 10 paquets.

Dans le cas de flux menstruel excessif, tant par

sa quantité que par sa prolongation au-delà des limites
de sa durée ordinaire, on prescrit un ou deux de ces
paquets par jour. — Si on a affaire à une perte considérable, l'auteur conseille de porter sur le col
utérin un gros tampon de ouate, imbibé d'une solution de tannin, et fortement chargé de poudre de
myrte, puis d'achever le tamponnement du vagin
avec de la ouate sèche.

MENTAGRE.

Pommade à l'oléo-stéarate de mercure (JEANNEL).

Oléo-stéarate de mer-
    cure................ 1 gramme.
Axonge 4   —
Mêlez.

Cette pommade est conseillée contre la teigne, la
mentagre et l'impétigo du cuir chevelu. — On fait
des onctions, matin et soir, sur les parties malades,
préalablement débarrassées des croûtes par des applications de cataplasmes ; et, avant chaque onction
nouvelle, on a recours à des lotions savonneuses.

Pommade contre la mentagre (THOMSON).

Bichlorure de mercure.   40 centigr.
Axonge................ 30 grammes.

Faites dissoudre le bichlorure dans une petite
quantité d'eau, et incorporez-le à l'axonge.

Après avoir fait tomber les croûtes de la mentagre,
à l'aide de cataplasmes et de fomentations chaudes,
on applique, soir et matin, une petite quantité de
pommade mercurielle. — L'épilation est souvent indispensable pour arriver à une guérison définitive.

Solution antiherpétique (Purdon).

Acide chromique......   4 grammes.
Eau distillée.........   30   —

Faites dissoudre.

Cette solution est employée à l'extérieur, contre la teigne circinnée, la teigne tonsurante, le sycosis et autres affections parasitaires. L'auteur la recommande même contre certains eczémas chroniques.

Solution contre la mentagre (Dauvergne).

Sulfate de fer cristallisé. 1 à 2 grammes.
Eau...................   8   —

Faites dissoudre.

Cette solution est conseillée en lotions contre la mentagre. Mais au début, quand l'affection est aiguë, il faut recourir aux cataplasmes émollients et aux purgatifs répétés. Plus tard, les douches de vapeur, tous les deux jours, sur les régions affectées, sont conseillées très avantageusement.

MÉTRITE.

Liniment contre la métrite (Dabney).

Ergotine..........   2 grammes.
Extrait de bella-
done ....   36 centigr.
Glycérine pure.... }
Eau distillée...... } ãã 96 grammes.

F. s. a.

Dans le cas de métrite du col, la malade s'administre une douche vaginale d'eau chaude avant de se coucher, puis elle introduit, jusqu'au fond du vagin, un tampon de coton imbibé de la solution d'ergotine.

Le lendemain matin, elle enlève le tampon et fait
une nouvelle injection.

Pilules contre la métrite chronique (GALLARD).

Carbonate de fer ......, 5 grammes.
Extrait mou de quin-
quina............... 5 —
Extrait thébaïque...... 25 centigr.
F. s. a. 50 pilules.

Quatre par jour, deux avant chaque repas, aux
femmes atteintes de métrite chronique. S'il y a tendance aux hémorrhagies, l'ergotine remplacera le
quinquina. On pourra faire alterner l'arsenic avec
les ferrugineux, mais le donner toujours au commencement des repas.

Quand l'état inflammatoire persiste, et qu'on remarque du mouvement fébrile aux époques menstruelles, M. Gallard recommande les eaux chaudes
non minéralisées, telles que Néris, Bains, Plombières,
Luxeuil, Dax, Ussat. Quand les symptômes aigus ont
disparu, il conseille les bains de mer et l'hydrothérapie. Enfin, quand la convalescence est établie, ou
que la chlorose domine, l'auteur prescrit les eaux
ferrugineuses, telles que Bussang, Spa, Forges,
Auteuil et les bains de mer.

Autre formule (GALLARD).

Ergotine.........)
Carbonate de fer.. { 5 grammes.
Extrait gommeux
d'opium .... 25 centigr.
F. s. a. 50 pilules.

Quatre par jour aux femmes atteintes de métrite
chronique à la première période, alors que l'utérus

Jt mollasse, gorgé de sang ou de sérosité, sans qu'il
; ait inflammation de la muqueuse de la cavité du
mrps ou du parenchyme de l'organe.

ILe traitement est continué huit à dix jours, puis
interrompu pendant un temps égal, sauf à y revenir
jus tard. On le cesse dès qu'il survient des coli-
nes douloureuses, ou bien que l'écoulement sanguin
1 notablement diminué.

Poudre contre la métrite chronique (GALLARD).

Seigle ergoté pulv.	20 à 25 centigr.
Carbonate de fer...	
Colombo pulvérisé..	ãa 8 —
Cannelle pulvérisée.	

Mêlez pour un paquet.

Un ou deux de ces paquets, chaque jour, aux femmes atteintes de métrite chronique à la première
période, alors que l'utérus est gorgé de sang et de
sérosité, et qu'on veut, en y provoquant des contractions, tâcher de réveiller sa tonicité.

Cette médication serait nuisible, si la muqueuse
de la cavité du corps de l'utérus était enflammée
ainsi que le parenchyme de l'organe, car en même
temps que les contractions, elle provoquerait des
douleurs plus ou moins vives. — Les prises de seigle ergoté sont continuées huit à dix jours; puis on
en cesse l'usage, sauf à y revenir plus tard. En tout
cas, on interrompt l'emploi du remède, dès qu'il
survient des coliques persistantes et douloureuses,
ou bien dès que l'écoulement sanguin a disparu ou
notablement diminué.

Suppositoires contre la métrite.

Beurre de cacao......	16 grammes.
Cire blanche	4 —

> Sucre pulvérisé......   25 centigr.
> Chlorhydrate de mor-
>   phine.............. 4 à 8   —

F. s. a. 4 suppositoires.

Conseillés dans les affections douloureuses de l'utérus, du rectum et de la vessie.

Traitement de la métrite après la ménopause (J. Tilt).

Quand la métrite est bornée au col, et que ce dernier est le siège d'ulcérations, on y fait des applications répétées de nitrate d'argent solide ; on prescrit des injections vaginales astringentes ; on maintient le canal cervical dilaté, au moyen de bougies de laminaire, et on donne à l'intérieur l'extrait de noix vomique associé à l'ergotine. — Si le corps de l'utérus est augmenté de volume à une époque encore rapprochée de la ménopause, et qu'il se produise de temps en temps des poussées congestives vers cet organe, on pratique une saignée du bras, de manière à tirer 8 à 10 onces de sang ; on fait faire des injections vaginales astringentes, et on conseille l'usage alternatif de la strychnine et du fer associés à l'ergotine. — Dans le cas où le col utérin serait lui-même fortement hypertrophié, on pourrait y appliquer un cautère au moyen de la potasse caustique, et réussir de cette manière à réduire le volume de l'organe tout entier.

MÉTRORRHAGIE.

Injection antimétrorrhagique (J. Lucas-Championnière).

> Ergotine Boujean......   2 grammes.
> Glycérine............ 15   —
> Hydrolat de laurier-ce-
>   rise 15   —

Faites dissoudre.

On peut y ajouter une trace de salicylate de soude, pour en assurer la conservation. — Quand la femme est accouchée, et immédiatement après la délivrance, on lui injecte à la partie supérieure, externe et postérieure de la cuisse, de 1 à 3 grammes de cette solution, pour prévenir la métrorrhagie, et l'arrêter quand elle se déclare. On fait un pli à la peau, ou mieux on la tend sans pli préalable, et on enfonce brusquement l'aiguille dans le tissu cellulaire sous-cutané. Les abcès et les eschares ne sont à craindre, que quand l'injection a été trop superficielle. — L'injection hypodermique d'ergotine agit plus vite et plus sûrement que l'ergotine administrée par la bouche. Une injection d'un gramme suffit, quand on la donne à titre préventif. Dans les hémorrhagies post-puerpérales graves, on a pu administrer quatre à cinq injections sans inconvénients notables. Il est bon, en même temps, de faire prendre par la bouche, une ou deux cuillerées d'eau-de-vie, de rhum ou de kirsch; et même, si on avait affaire à une malade épuisée et incapable d'avaler, on ferait bien de pratiquer plusieurs injections sous-cutanées d'alcool. — Si on emploie la solution d'ergotine Yvon, la dose ordinaire est de une à deux injections d'un gramme.

Injection contre la métrorrhagie (DUPIERRIS).

Teinture d'iode........	15 grammes.
Iodure de potassium...	50 centigr.
Eau distillée..........	30 grammes.

F. s. a. — Dans le cas de métrorrhagie se produisant immédiatement après l'accouchement, par suite d'une inertie complète de l'utérus, si on n'a pas réussi à ramener des contractions, soit au moyen de l'ergotine, soit au moyen de la glace appliquée sur l'hypogastre, ou introduite dans le rectum, dans le vagin ou l'utérus ; si on a échoué avec les injections d'eau chaude ou avec le tamponnement, on peut encore tenter de sauver la malade par l'application directe des styptiques sur la surface saignante. C'est dans ce cas, que l'auteur fait usage de l'injection iodée, qu'il administre au moyen d'une seringue spéciale, terminée par une canule de 16 centimètres, à bout olivaire, percé de trous, ou avec une seringue ordinaire, et une sonde élastique de 4 ou 5 millimètres de diamètre.

Le liquide, poussé avec force, reflue immédiatement ; car il provoque aussitôt la contraction de l'utérus. Une seule injection suffit pour faire cesser l'inertie et l'hémorrhagie.

Injection contre la métrorrhagie (HERVIEUX).

Chlorure de sodium pur.	15 grammes.	
Solution de perchlorure de fer neutre à 30°...	25	—
Eau distillée..........	60	—

Mêlez.

On étend cette liqueur, dans la proportion d'un cinquième pour quatre cinquièmes d'eau, et on l'injecte dans l'utérus, à l'aide d'une sonde à double courant, dans le cas de métrorrhagie se produisant immédiatement après l'accouchement, par suite d'inertie de l'utérus. Si une première injection ne suffit pas, on en pratique une seconde. On continue en outre, pendant quelques jours, les injections intra-utérines avec l'eau phéniquée au centième, ou l'eau chlorurée au trentième, dans le but de déterger et de désinfecter.

D'après le professeur Courty, l'injection hypodermique d'une ou deux seringues de Pravaz de la solution de Moutard-Martin (Ergotine de Bonjean,
gram.; glycérine, 15 gram.; eau distillée, 15 grammes) suffit pour arrêter une métrorrhagie, qu'elle
soit ancienne ou récente; pendant l'état de gesta-
tion, ou pendant la puerpéralité ; à la suite d'un
avortement, ou dans la période post-puerpérale; dans
un cas de cancer, comme dans un cas de simple
congestion hémorrhagique. — L'injection sous-cutanée d'ergotine est surtout précieuse, quand le médicament est mal supporté à l'intérieur, par suite de
vomissements répétés. — L'électrisation de l'utérus,
en déterminant les contractions du tissu propre,
peut rendre de grands services, et doit être essayée
dans les cas où le seigle ergoté n'est pas toléré. —
Vessie remplie de glace sur l'hypogastre, injections
vaginales froides et styptiques, bains de siège froids,
tamponnement à la glace, si c'est nécessaire.

Pilules contre la métrorrhagie (H. Green).

Acide tannique	4 grammes.
Extrait d'opium........	50 centigr.
Conserve de roses......	2 grammes.

F. s. a 30 pilules.

Trois ou quatre par jour contre la métrorrhagie.
— Repos dans la position horizontale. — Sinapismes
sur les bras et sur la poitrine.

Pilules hémostatiques (Aran).

Digitale pulvérisée.....	1 gramme.
Seigle ergoté pulvérisé.	4 —
Sirop simple..........	q. s.

F. a. s. 28 pilules.

Six à dix par jour, pour combattre les hémorrhagies résultant de la présence de corps fibreux dans l'utérus.

Potion contre la métrorrhagie.

Ergotine	1 gramme.
Teinture de digitale....	15 gouttes.
Infusion de roses de Provins	90 grammes.
Sirop de ratanhia......	30 —

F. s. a. — Une potion, qui sera administrée par cuillerées, de demi en demi-heure, pour combattre les pertes utérines. — Repos dans la position horizontale ; sinapismes répétés sur la poitrine et les membres supérieurs. — Boissons acidules froides.

Potion contre la métrorrhagie post-puerpérale (Courty).

Extrait de ratanhia.....	4 grammes.
Ergotine de Bonjean...	1 —
Extrait thébaïque	10 centigr.
Hydrolat de fleurs d'oranger	30 grammes.
Infusion de feuilles de digitale (0^{gr},30)......	100 —
Teinture de cannelle ..	15 —
Sirop de grande consoude.............	30 —

F. s. a. — Une potion dont on donnera une cuillerée à soupe, toutes les douze heures, ou toutes les six heures, ou plus souvent, si c'est nécessaire, dans le cas de métrorrhagie survenant quelques jours après l'accouchement, par suite d'inertie secondaire de l'utérus, de rétention de caillots ou de portions de placenta libres ou adhérentes, de déchirures du côlon ou du vagin, d'endométrie, de rétroflexion, de

oduction de fongosités sur la muqueuse, d'appau-
ïssement considérable du sang, etc. — Injections
ésinfectantes, compresses froides sur l'hypogastre,
bissons fraîches et acidules.

aitement de la métrorrhagie par rétention du placenta
(COURTY).

lLorsque l'hémorrhagie résulte de ce que le pla-
nnta ne se détache pas, on coupe le cordon, on en
xprime le sang, on introduit la canule d'une grosse
ringue dans la veine ombilicale, on lie la veine sur
tte canule, et on injecte lentement de l'eau froide,
ii, arrivant sur le siège d'insertion du placenta,
xovoque les contractions de la matrice. Mais le
oyen le plus efficace est le seigle ergoté, récem-
ent pulvérisé, qu'on administre à la dose de 1 à 2
' même 3 et 4 grammes, sous forme de prises
) 0^{gr},50. On les prescrit de dix en dix minutes,
ns un peu de café noir, d'eau sucrée aromatisée
ec du sirop d'éther, ou dans de l'eau de seltz
acée, afin de prévenir les vomissements. On
ut aussi pratiquer une injection sous-cutanée d'er-
ttine. — Si on ne réussit point, à l'aide de ces
oyens, à provoquer l'expulsion spontanée du pla-
nta, on introduit la main dans l'utérus, pour l'en
traire. — Dans le cas où quelques portions du
acenta séjourneraient dans la matrice, et détermi-
raient une hémorrhagie, on la combattrait immé-
atement par une injection à base de perchlorure
l fer ou de teinture d'iode. S'ils entraient en pu-
éfaction, on pratiquerait des injections détersives
ec du coaltar saponiné, du phénol ou du perman-
mate de potasse étendus d'eau.

MIGRAINE.

Mixture contre la migraine (Letenneur).

Bromure de potassium.   30 grammes.
Eau distillée......... 300   —
Faites dissoudre.

Une cuillerée avant le repas de midi, et deux cuillerées au moment du coucher, pour combattre la migraine à retours périodiques. — Tisane amère. — Pendant l'accès, le malade prisera, trois ou quatre fois par jour, le mélange suivant :

Chlorhydrate de mor-
    phine ....   5 centigr.
Sucre pulvérisé.......   1 gramme.
Mêlez avec soin.

Pilules contre la migraine (Fort).

Sulfate de quinine.....   1 gramme.
Belladone pulvérisée...   15 centigr.
Extrait de digitale......   50   —
Extrait de valériane ....   1 gramme.
Miel ....   q. s.
F. s. a. 20 pilules.

Quelle que soit la longueur de l'intervalle qui sépare deux accès, huit jours, un mois ou deux, le malade doit prendre les 20 pilules avant chaque accès, en commençant quatre jours avant l'arrivée présumée de ce dernier, et de la manière suivante. 1° quatre jours avant l'accès, 2 pilules, une le matin à jeun, et une le soir, en se couchant ; le lendemain, 3 pilules, deux le matin et une le soir ; 3° le troisième jour, 6 pilules, trois le matin et trois le soir ; 4° la veille de l'accès, 9 pilules, quatre le matin et cinq le soir. Si le premier accès n'est pas enrayé

est au moins atténué, et on recommence le trai-
ıment avant l'accès suivant.

Pilules contre la migraine (HERVEZ DE CHÉGOIN).

Aconitine...............	10 milligr.
Sulfate de quinine......	1 gramme.
Acide tannique.........	1 —

Mêlez avec le plus grand soin, pour faire 20 pi-
ıles, qui renfermeront chacune un demi-milli-
ɾamme d'aconitine. — Une à deux chaque jour.

Potion contre la migraine.

Hydrolat de menthe poi- vrée.,...............	90 grammes.
Hydrolat de laurier-ce- rise................	10 —
Sirop de citrate de ca- féine...............	30 —

Mêlez.

A prendre par cuillerées à café, de demi en demi-
ɾure. Quand la migraine revient périodiquement,
ɔ doit essayer d'en prévenir le retour, par des pi-
ɔes de sulfate de quinine administrées deux ou
ɩɔis jours avant l'accès.

Potion contre la migraine (PIORRY).

Quinine pure..........	1 gramme.
Alcool à 80°..........	9 —
Teinture de cannelle...	5 —
Sirop de vanille........	25 —

F. s. a. — Une potion, à donner par cuillerées à
ɔɔé, au début de la migraine. Infusion de mélisse
ɾur boisson, repos dans la position horizontale.

Poudre contre la migraine (MARTIN).

Extrait d'aloès....		4 grammes.
Chlorhydrate d'ammoniaque		
Rhubarbe pulv....		
Quinquina pulv...	ãã 8 —	
Soufre sublimé et lavé..........		
Valériane pulv....		
Scille pulvérisée..		90 centigr.

Mêlez et divisez en 12 paquets.

Un paquet, chaque matin, pour prévenir le reto'o de la migraine.

Prises contre la migraine (G. Sée).

Quand la migraine se déclare dès le matin, prend 2 grammes de salicylate de soude à sée heures du matin, et 2 grammes à onze heures. . la douleur n'est point enrayée, on prend encoo 2 grammes du même sel, vers quatre heures du soo: Le salicylate de soude détermine habituellement prompt soulagement. En cas d'échec de ce remèos on peut recourir au lavement de chloral.

MUGUET.

Collutoire contre le muguet.

Bicarbonate de soude...	4 grammes.
Borate de soude........	2 —
Sirop de mûres	20 —

Faites dissoudre.

On plonge un pinceau de linge dans ce collutoiio et on frotte, trois ou quatre fois par jour, les partïi affectées de muguet.

Collutoire contre le muguet (G. Sée).

Glycérine pure...	20 grammes.	
Amidon..........		
Borate de soude pulvérisé......	ãã 4 —	

F. s. a. — On frictionne avec un linge rude les parties atteintes de muguet, puis on les touche avec le collutoire. Dans les cas rebelles, on peut cautériser avec une solution plus ou moins concentrée de nitrate d'argent. Prescrire une alimentation réparatrice et tonique, combattre la diarrhée, si elle existe, à l'aide de boissons albumineuses, de lavements d'amidon, et de cataplasmes sur la région hypogastrique.

Gargarisme boraté (Gubler).

Borate de soude...	10 grammes.
Eau chaude......	200 —

Faites dissoudre et ajoutez.

Alcoolé de pyrèthre	
Essence de menthe	ãã 10 gouttes.

F. s. a. — Un gargarisme, recommandé contre le muguet. — Préparations toniques à l'intérieur.

Gargarisme détersif.

Infusion de sauge.....	125 grammes.
Borate de soude.......	6 —
Teinture de myrrhe....	6 —
Sirop de mûres........	32 —

F. s. a. — Un gargarisme, conseillé dans le muguet et la stomatite aphtheuse.

MYOPATHIE.

Traitement des myopathies syphilitiques (MAURIAC).

Les myopathies syphilitiques du premier et du
deuxième degré cèdent à l'emploi du mercure seul,
mais une médication mixte (mercure et iodure de
potassium) paraît plus efficace. Les moyens locaux,
tels que émollients, irritants, résolutifs, friction
avec des pommades mercurielles et iodurées, applications de bandelettes de Vigo, sont d'utiles adjuvants pour le traitement interne. — Dans les myopathies gommeuses, il est nécessaire de donner
l'iodure de potassium à très hautes doses, pour produire une résolution rapide, prévenir les dégéné-
rescences du muscle et les infirmités qu'elles en-
traînent. Quelques cas sont réfractaires à l'iodure
de potassium ; chez certains malades, l'état cachect.
que l'empêche de produire tous ses effets curatifs,
mais la plupart du temps, quand on a découvert la
cause spécifique de la myopathie, et que la lésion
n'est pas trop avancée, on réussit à la guérir à l'aide
des remèdes usités pour toute autre affection syphilitique.

NÉVRALGIES.

Collodion morphiné (CAMINITI).

Collodion élastique....	30 grammes.
Chlorhydrate de mor-phine.............	1 —

Mêlez.

On applique le collodion, à l'aide d'un pinceau,
sur les régions qui sont le siège de névralgies. —
Si la douleur névralgique revient périodiquement,
on administre en outre des doses plus ou moins
élevées de sulfate ou de valérianate de quinine.

Gouttes antinévralgiques (Massini).

Le professeur Massini (de Basle) a traité 80 cas de
névralgie du trijumeau, à l'aide de la teinture de
gelsemium. Il administre 20 minims (0^{gr},80 centig.)
de cette teinture, de demi en demi-heure, pendant
une heure et demie. Habituellement, la première
dose procure du soulagement, et la douleur disparaît après l'ingestion de la deuxième ou de la troisième dose. L'auteur n'a jamais dépassé la dose
totale de 60 minims (2^{gr},40 centigr.) ; et dans un
cas seulement, ce remède a déterminé des symptômes désagréables du côté de la tête. — C'est dans
la névralgie rhumatismale des rameaux alvéolaires
du trijumeau, que la teinture de gelsemium rend
les services les plus signalés. Elle calme parfois
aussi la douleur qui persiste après l'obturation d'une
dent cariée. Mais dès qu'il existe quelqu'inflammation de l'os ou du périoste, le gelsemium reste sans
effet. — Comme il est rapidement éliminé par les
reins, on peut le prescrire plusieurs jours de suite.

Injection sous-cutanée antinévralgique (Delioux).

Chlorhydrate de mor- phine..............	10 centigr.
Hydrolat de menthe...	9 grammes.
Alcoolat de menthe....	1 —

F. s. a. une solution, qui contient par gramme un
centigramme de chlorhydrate de morphine. On pratique une injection sous-cutanée, avec une proportion convenable de cette solution, dans le cas de
douleurs névralgiques profondes.

Laudanum de Houlton (Beasley).

Opium ....   7 gr. 50
Vinaigre distillé.......   80 grammes.

Faites macérer six jours à une douce chaleur, fil--
trez et évaporez en consistance d'extrait.
Dissolvez cet extrait dans :

Alcool rectifié........   12 grammes.
Et ajoutez :
Eau distillée.........   85   —

Quatre grammes de cette solution renferment
trente-deux centigrammes d'opium, tandis que la
même quantité de laudanum de Rousseau en ren--
ferme un gramme, et la même quantité de lauda--
num de Sydenham cinquante centigrammes.
Ce laudanum, comme toutes les préparations opia--
cées, peut être utilisé pour combattre l'élément dou--
leur, dans les névralgies, le rhumatisme articulaire,
la goutte, etc.

Liniment antinévralgique.

Huile morphinée......   22 grammes.
Teinture d'aconit.....   5   —
Chloroforme..........   3   —
Mêlez en agitant.

Frictions légères sur la région douloureuse. En
cas d'insuccès, on appliquera de petits vésicatoires
volants, qu'on pansera avec un sel de morphine.

Liniment antinévralgique.

Huile morphinée......   16 grammes.
Chloroforme..........   4   —
Mêlez.

Onctions, plusieurs fois par jour, sur les régions atteintes de névralgie. — Après chaque onction, recouvrir le point douloureux avec de la flanelle et un taffetas gommé.

Liniment antinévralgique.

Teinture d'aconit.....	15 grammes.	
Teinture d'opium cam-phrée...............	15	—
Chloroforme..........	15	—
Alcool camphré.......	15	—

Mêlez.

Dans le cas de douleurs névralgiques ou rhuma-males, on recouvre la région malade, avec un morceau d'ouate arrosé avec le liniment, et on ap-plique, par-dessus le tout, un taffetas gommé.

Liniment antinévralgique (Harvey Lindsly).

Camphre	3 grammes.	
Chloroforme ou essence de térébenthine.....	15	—
Teinture d'opium cam-phrée	15	—
Huile d'olives........	15	—

Mêlez, pour un liniment.

Liniment antinévralgique (Ricord).

Glycérine.............	30 grammes.	
Extrait de jusquiame..	4	—
Extrait de belladone...	4	—

Faites dissoudre.

Faire des onctions plusieurs fois le jour avec ce liniment, sur le testicule atteint de névralgie. Con-siller en outre, pour la nuit, l'emploi d'un suppo-

sitoire de beurre de cacao, additionné de 3 à 5 centigrammes d'extrait de belladone.

Liniment calmant.

Extrait de belladone...	2 grammes.
Chloroforme..........	3 —
Glycérine	15 —

F. s. a. un liniment, avec lequel on pratiquera
des onctions plusieurs fois par jour, pour faire cesser la névralgie de l'anus, quand il n'existe ni fistule ni aucune lésion du rectum.

Liniment rubéfiant et calmant (MAYET).

Ammoniaque liq. à 25°.	15 grammes.
Chloroforme..........	10 —
Camphre	15 —
Teinture d'opium cam- phrée...............	5 —
Alcool à 90°..........	75 —

F. s. a. une solution, qui est très usitée en Angleterre, contre les névralgies et les douleurs rhumatismales. On en imbibe un morceau de flanelle,
qu'on laisse appliqué sur la région douloureuse,
pendant environ quinze minutes.

Mixture antinévralgique (LIÉGARD).

Extrait de belladone..	60 centigr.
Extrait de jusquiame. } āā 1 gramme.	
Extrait de stramonium }	
Hydrolat de laitue....	2 —
Hydrolat de laurier- cerise....	12 —

Mêlez.

On en donne de six à quinze gouttes, trois fois par jour, aux personnes atteintes de douleurs névralgiques. On diminue les doses s'il survient des phénomènes toxiques ; mais on ne cesse point brusquement l'emploi du remède.

Pilules antinévralgiques (H. GREEN).

Extrait de jusquiame.. 1 gr. 50
Valérianate de zinc... 1 gramme.

F. s. a. 30 pilules.

Deux à trois par jour, dans le traitement de la névralgie faciale, et dans les maladies nerveuses ou névralgiques, dans lesquelles le valérianate de fer est indiqué. Onctions calmantes sur la région douloureuse. Si la névralgie revêt un caractère intermittent, on commencera par les préparations de quinquina.

Pilules antinévralgiques (HARVEY LINDSLY).

Extrait de belladone.. 50 centigr.
Limaille de fer....... 1 gramme.
Sulfate de quinine..... 1 —

F. s. a. 20 pilules.

Deux à quatre par jour, pour combattre les douleurs névralgiques.

Pilules antinévralgiques (MARCHAL DE CALVI).

Sulfate de quinine... 1 gramme.
Extrait de valériane.. 1 —
Extrait d'opium..... 20 centigr.
Poudre de feuilles d'oranger......... ãa 1 gramme.
Poudre de cannelle..
Sirop de belladone.. q. s.

F. s. a. 30 pilules.

Cinq à dix, deux heures avant l'arrivée présumée de l'accès, dans la névralgie périodique, et une pilule toutes les deux heures, dans la névralgie trifaciale.

Pilules antinévralgiques (NÉLIGAN).

Extrait de jusquiame.. 50 centigr.
Valérianate de zinc.... 1 gramme.

F. s. a 20 pilules.

Une à trois par jour, dans le traitement des névralgies faciales ; appliquer en outre, sur le point le plus douloureux, un épithème morphiné.

Pilules antinévralgiques (TOURNIÉ).

Valérianate de zinc... 30 centigr.
Extrait de jusquiame.. 15 —
Extrait d'opium....... 9 —
Conserve de roses.... q. s.

F. s. a. 6 pilules.

En donner deux ou trois, à trois heures d'intervalle l'une de l'autre, et renouveler la même médication le lendemain, pour combattre la névralgie trifaciale.

Pilules antinévralgiques (ZEISSL).

Poudre d'iodoforme. 1 gr. 50
Extrait de gentiane. }
Gentiane pulvérisée. } ãã q. s.

Pour 20 pilules.

Deux ou trois chaque jour, dans les névralgies symptomatiques de la syphilis.

Pommade antinévralgique (BERTRAND).

Vératrine............. 30 centigr.
Chlorhydrate de mor-
phine.............. 20 —

Axonge fraîche, ou
    glycérolé d'amidon..   30 grammes.
Mêlez avec soin.

En frictions, au moment des paroxysmes, dans
la névralgie faciale et la migraine, lorsque la quinine et les vésicatoires ont été vainement employés. On répète les frictions à chaque paroxysme,
jusqu'à disparition complète et définitive de la douleur.

Pommade antinévralgique (Bourdon).

Cire blanche..........	15 grammes.	
Huile d'amandes dou-		
ces...............	5	—
Axonge	2)	—
Chloroforme..........	12	—
Acétate de morphine..	10 centigr.	

— Onctions, plusieurs fois le jour, sur les régions
qui sont le siège de douleurs névralgiques ou rhumatismales.

Pommade antinévralgique (Chippendale).

Extrait de nicotiane...	4 grammes.	
Cérat simple.........	28	—

Mêlez.

En frictions, matin et soir, sur les régions affectées de douleurs névralgiques.

Si la névralgie est franchememt intermittente, on
réussira souvent à la faire cesser, en administrant,
dans l'intervalle des accès, du sulfate ou du valérianate de quinine ; et dans le cas où elle serait liée
à la chlorose ou à l'anémie, on administrerait,
après que les accès auraient été coupés, et pour en
prévenir le retour, des préparations de fer et de
quinquina.

Pommade antinévralgique (ROUAULT).

Extrait aqueux de bel-	
ladone................	14 grammes.
Extrait d'opium.......	2 —
Axonge......	16 —

Mêlez.

Frictionner les régions affectées de douleurs névralgiques, avec gros comme une noisette de cett
pommade. Chaque friction sera prolongée huit à di
minutes, c'est-à-dire jusqu'à complète absorption du
corps gras.

Pommade à l'extrait d'aconit (TURNBULL).

Extrait alcoolique d'a-	
conit..............	3 grammes.
Axonge..............,	8 —

Mêlez.

Cette pommade est conseillée pour combattre le
douleurs névralgiques.

Quand il s'agit de douleurs rhumatismales chroniques, l'auteur recommande l'emploi de la préparation suivante :

Extrait alcoolique d'a-	
conit..............	3 grammes.
Ammoniaque.........	10 gouttes.
Axonge..............	12 grammes.

Mêlez intimement pour une pommade, qui sera
conservée dans un flacon bien bouché.

Potion antinévralgique (FÉRÉOL).

Sulfate de cuivre	
ammoniacal.....	10 à 15 centigr.

Sirop de fleurs d'oranger ou de menthe............	30 grammes.
Eau distillée..........	100 —

F. s. a. une potion à prendre par cuillerées à bouche dans les 24 heures, au moment des repas, dans le cas de névralgie faciale. Malgré la saveur métallique désagréable de la potion, elle doit être continuée pendant douze à quinze jours. — Dans plusieurs cas qui avaient résisté à d'autres médications, l'auteur a réussi à calmer la douleur, et il considère le sulfate de cuivre ammoniacal comme capable de produire des guérisons complètes et durables, dans des névralgies anciennes et rebelles.

Poudre antinévralgique.

Sulfate de quinine....	50 centigr.
— de morphine ..	2 —

Mêlez et divisez en trois doses.

Administrer chaque prise d'heure en heure, dans le cas de névralgie à retours périodiques.

En même temps, on fera, sur la région douloureuse, des frictions avec un liniment chloroformé, ou on appliquera un vésicatoire volant, qui pourra être saupoudré de morphine.

Poudre antinévralgique (RAIMBERT).

Sucre pulvérisé.......	2 grammes.
Sulfate de morphine..	10 centigr.

Mêlez avec soin.

On prisera de cette poudre, deux fois à court intervalle, le matin, à midi et le soir, pour combattre les douleurs névralgiques de la face.

Prises contre la névralgie syphilitique (ZEISSL).

Iodoforme............ 1 gr. 50
Sucre pulvérisé....... 3 grammes.
Mêlez avec soin et divisez en 20 prises.

Une prise, trois fois par jour, dans les névralgies d'origine syphilitique.

L'auteur les a trouvées également efficaces dans certains cas de névralgie ordinaire.

Solution contre les névralgies dentaires et faciales.

Extrait d'opium.... ⎫
— de belladone ⎬ ãã 1 gramme.
— de stramoine ⎭
Hydrolat de laurier-
cerise.......... 12 —
Dissolvez et filtrez.

On introduit de quatre à dix gouttes de cette solution dans l'oreille, on bouche celle-ci avec du coton, et on incline la tête du côté opposé. — Cette action toute locale sera en outre avantageusement secondée par des sinapismes promenés sur les membres inférieurs.

Traitement antinévralgique (BÉNI-BARDE).

De tous les moyens analgésiques que l'hydrothérapie met en œuvre pour combattre les névralgies, le plus efficace, selon l'auteur, est la douche écossaise. On projette, sur la partie douloureuse, de l'eau chaude dont on règle le degré sur la tolérance du malade. La température de cette eau est lentement et progressivement élevée, jusqu'à ce que la région douloureuse soit suffisamment échauffée. On y projette alors de l'eau froide, et on termine par

e douche d'eau froide générale. — L'auteur con-
.ère comme peu efficaces les bains de vapeur, les
migations, les bains maures et les douches fili-
mes. Il attache plus d'importance à l'enveloppe-
nt à l'aide du maillot et à l'étuve sèche.

Traitement antinévralgique (LEREBOULLET).

Pour combattre efficacement les diverses formes
 névralgies, il faut surtout s'attacher à reconnaître
 différentes diathèses qui leur ont donné naissance.
. L'iodure de potassium s'adresse aux névralgies
ohilitiques, le bromure de potassium aux névral-
s hystériques. L'arsenic est utilement prescrit aux
émiques, aux névropathes, aux individus empoi-
nnés par le plomb ou par des miasmes paludéens.
convient spécialement dans les névralgies conges-
es, dans celles qui sont liées à l'anémie et à l'ar-
ritisme. Les préparations de quinquina, telles
œ le bisulfate, le chlorhydrate et le valérianate de
inine, paraissent agir surtout dans les névralgies
es à la malaria, dans les névralgies congestives et
ms les névralgies intermittentes. Ce sont celles
i réussissent dans le plus grand nombre de cas. —
ans les formes névralgiques très douloureuses, on
fit avoir recours à l'injection hypodermique d'un
. de morphine ou d'une petite quantité de chloro-
ome.

OBSTRUCTION INTESTINALE

Traitement de l'obstruction intestinale (FRAEYS).

On introduit un ou deux doigts de la main droite
ms le rectum, et dans la gouttière qu'ils for-
ent par leur juxtaposition, on fait glisser le bec
mne sonde œsophagienne. Généralement celui-ci
ent heurter contre le promontoire, et, pour faci-

liter le glissement, on est obligé de le ramener
avant, au moyen des doigts introduits. Dans des c
rares, on parvient à introduire la sonde dans tou
sa longueur, sans rencontrer trop de résistance,
on peut injecter la quantité de liquide convenabl
mais généralement il arrive, à un certain momen
qu'elle ne glisse plus et qu'elle plie. C'est à ce cont
temps que l'auteur a remédié, en poussant une inje
tion assez abondante, dont l'effet immédiat est la d
tension de l'intestin, au devant du bec de la sonde
On profite alors de ce moment de dilatation forcé
pour pousser la sonde plus avant, jusqu'à ce qu'
se trouve encore arrêté par un obstacle. On répèt
alors la même manœuvre, en recommandant au p
tient de bien serrer le sphincter anal. C'est en di
sant cette petite opération en plusieurs temp
qu'on arrive généralement à introduire la sonn
dans toute sa longueur, et à pratiquer le vérita
cathétérisme du gros intestin. Si on atteint le siè
même de l'obstacle, souvent la sonde elle-mêm
peut le faire disparaître ; mais dans la plupart d
cas, c'est le liquide injecté par la sonde, qui joue
principal rôle, en ramollissant les matières stercc
rales dures, et en provoquant les contractions
l'intestin.

Dans le volvulus, l'anse intestinale distend l
pourra se redresser ; dans l'invagination, elle pour
se réduire ; dans le cas de bride effaçant la lumiè
intestinale, l'obstacle pourra céder à la pression
liquide injecté, ou laisser échapper l'anse étranglé
En tout cas, la méthode paraît rationnelle et ino
fensive.

ONGLE INCARNÉ.

Traitement de l'ongle incarné (Bessières).

Matin et soir, on fait tomber deux gouttes

perchlorure de fer à 30°, dans la rainure unguéale,
et on laisse pousser l'ongle, jusqu'à ce qu'on puisse
le couper carrément au niveau de l'extrémité de
l'orteil. Quand le bord tranchant de l'ongle repose
sur un tissu d'aspect ligneux et tout à fait insen-
sible, on arrache cette peau épaissie, ce qui se fait
à peu près sans douleur, et on continue chaque
jour l'emploi du perchlorure, jusqu'à ce que cette
peau ait été renouvelée deux ou trois fois. Le succès
alors est assuré.

OPHTHALMIE.

Collyre antiscrofuleux.

Extrait de belladone...	25 centigr.
Laudanum de Rous- seau................	25 —
Décocté de feuilles de noyer...............	50 grammes.

Faites dissoudre.

En instiller quelques gouttes dans l'œil, soir et
matin, dans le cas d'ophthalmie scrofuleuse avec
lohotophobie. — Huile de foie de morue et sirop
antiscorbutique. — Tisane amère, régime tonique
et reconstituant.

Collyre d'atropine (Sichel).

Sulfate neutre d'atro- pine................	1 centigr.
Eau distillée	10 grammes.
Glycérine pure	5 —

On commence par une instillation chaque jour,
et on augmente peu à peu la fréquence des instillations, chez les personnes dont les paupières sont
facilement irritées par la solution d'atropine dans

l'eau distillée seule. — Après chaque instillation, on bassine pendant dix minutes les yeux fermés avec de l'eau froide.

Collyre au bichlorure de mercure (Hopitaux allemands).

Bichlorure de mercure.	3 centigr.
Eau distillée de roses.	90 grammes.
Mucilage de semences de coings..........	4 —
Hydrolat de laurier-cerise...............	2 —

Faites dissoudre et filtrez.

On en instille quelques gouttes dans les yeux, matin et soir, dans les cas d'ophthalmies syphilitiques avec ulcération des paupières.

Collyre antiseptique contre l'ophthalmie purulente (Masse).

Acide salicylique......	1 gramme.
Borate de soude.......	50 centigr.
Eau distillée........	500 grammes.

Faites dissoudre.

Avec cette solution antiseptique froide, on imbibe des compresses, que l'on maintient sur les paupières des enfants nouveau-nés atteints d'ophthalmie purulente légère. On a soin de les renouveler souvent; de plus, toutes les trois heures, on fait pénétrer entre les paupières, quelques gouttes de la solution antiseptique tiède. — Dans les cas graves, l'ophthalmie purulente doit être combattue par des moyens plus énergiques.

Collyre caustique (FOUCHÉ).

Azotate d'argent cris-
tallisé ....   1 gramme.
Eau distillée.........   150   —
Faites dissoudre et filtrez.

En instiller de trois à cinq fois par jour, entre les
paupières, dans le cas d'ophthalmie purulente. En
outre, pour entraîner le pus, laver soigneusement
œil, avec une solution renfermant 5 grammes de
chlorure de sodium pour 100 grammes d'eau.

Collyre contre l'ophthalmie purulente (CLOT-BEY).

Sulfate d'alumine.. }
Sulfate de zinc.... } ãã parties égales.
Eau distillée.......   q. s.

Dissolvez les sels dans l'eau, jusqu'à saturation.
Selon l'auteur, quelques gouttes de ce collyre
distillées dans l'œil, à quelque période que ce soit
de la conjonctivite purulente, qui se développe dans
les grandes agglomérations d'individus (armées,
camps, vaisseaux), l'arrêtent avec une promptitude
remarquable.

Collyres contre l'ophthalmie purulente des nouveau-nés
(GALEZOWSKI).

N° 1.

Nitrate d'argent cris-
tallisé...............   25 centigr.
Eau distillée.........   10 grammes.
Faites dissoudre.

N° 2.

Nitrate d'argent cris-
tallisé.............. 50 centigr.
Eau distillée......... 10 grammes.
Faites dissoudre.

Deux fois par jour, dans le cas d'ophthalmie purulente des nouveau-nés, on cautérise les paupières
avec l'une ou l'autre de ces solutions. — Tous les
trois ou quatre jours, si la conjonctive est trop bour-
souflée, et présente des plis ou des productions
charnues, on cautérise avec le crayon mitigé au
tiers. Dans le cas où la cornée montre déjà des
altérations, on instille de l'atropine. En outre, toutes
les heures ou toutes les deux heures, on lave les
paupières avec une éponge et de l'eau tiède. Il est
bon de prévenir les parents, que la maladie dure de
deux à quatre semaines, avec des alternatives de
mieux et de pire, dont il ne faut pas s'effrayer, pas
plus que de voir les paupières saigner quand on les
cautérise.

Collyre détersif (DELIOUX).

Biborate de soude.... 1 à 2 grammes.
Hydrolat de lavande. 100   —
Extrait d'opium...... 10 centigr.

F. s. a. un collyre, à employer dans les ophthalmies douloureuses ; sinapismes aux membres inférieurs, révulsifs sur le tube digestif.

Collyre morphiné (LEL).

Sulfate de morphine.. 10 centigr.
Eau distillée......... 24 grammes.
Faites dissoudre et filtrez.

On fait tomber quelques gouttes de ce collyre

is les yeux, plusieurs fois par jour, dans les
nthalmies douloureuses.

Collyre opiacé camphré (LAWRENCE).

Extrait mou d'opium..	25 centigr.
Camphre.............	30 —
Eau chaude..........	140 grammes.

aites dissoudre et filtrez.

nstiller quelques gouttes de ce collyre dans les
ix, trois ou quatre fois le jour, dans le cas d'oph-
lmie douloureuse. — Révulsifs sur les membres
érieurs, purgatifs répétés.

Collyre au sulfate de cuivre (RÉVEILLÉ-PARISE).

Sulfate de cuivre......	15 centigr.
Laudanum de Syden- ham	15 gouttes.
Eau distillée de roses.	125 grammes.

Faites dissoudre.

En instiller quelques gouttes, matin et soir, dans
ophthalmie catarrhale chronique.

Eau brune (WARLOMONT).

Borate de soude.......	10 grammes.
Extrait de jusquiame..	5 —
Décoction d'althæa....	180 —

Faites dissoudre.

Au moment d'employer cette solution, on agite
flacon, on verse une partie de son contenu dans
e tasse, on fait tiédir, et on y trempe une com-
esse de toile de huit doubles, qu'on applique sur
paupières fermées. On l'y maintient, toujours
en humectée et tiède, de vingt-cinq à cinquante

minutes, puis on suspend l'application pendant deux heures, pour la renouveler plus tard de la même façon, pendant trois ou quatre jours.

Cette eau brune est conseillée contre toutes les ophthalmies aiguës, la purulente exceptée.

Pilules antiphlogistiques (SICHEL).

Calomel à la vapeur...	10 centigr.
Extrait de belladone..	15 —

F. s. a. 10 pilules, dont on donnera 2 à 4 par jour, aux personnes atteintes d'ophthalmie aiguë avec photophobie.

Pommade contre l'ophthalmie purulente (GALEZOWSKI).

Nitrate d'argent cristallisé...............	2 à 5 centigr.
Vaseline...............	5 grammes.

F. s. a.

Deux ou trois fois par jour, on introduit cette pommade entre les paupières, en quantité suffisante pour qu'elle baigne le globe oculaire, dans le cas d'ophthalmie purulente et granuleuse. On commence par la dose la plus faible, pour arriver progressivement à la plus forte, quand on s'est assuré que l'œil la supporte, et qu'elle ne provoque pas de trop vives douleurs. — Cette pommade ne rancit point et conserve son activité pendant un temps très long. Elle agit d'une manière plus persistante et plus durable que le nitrate d'argent, employé en collyre ou sous forme de crayon mitigé.

Pommade contre la photophobie (ROUAULT).

Extrait aqueux de bel-
    ladone .... 12 grammes.
Axonge............. 12 —
Mêlez.

Faire des onctions avec cette pommade, sur la
surface cutanée des paupières, sur les tempes et
autour des sourcils. — Dès qu'on peut entr'ouvrir
les paupières, on instille, matin et soir, quelques
gouttes de solution saturée d'extrait de belladone.

Pommade ophthalmique (BÉNÉDICT).

Précipité rouge........ 30 centigr.
Sous-acétate de cuivre. 60 —
Oxyde de zinc .... 70 —
Beurre frais.......... 15 grammes.
Mêlez sur le porphyre.

Onctions sur les paupières, une fois le jour, dans
les ophthalmies scrofuleuses. — Huile de foie de
morue à l'intérieur. — Tisane amère et dépurative.

Pommade ophthalmique (HOPITAUX ALLEMANDS).

Oxyde rouge de fer.... 2 grammes.
Axonge récente........ 16 —

On broie, sur un porphyre, l'oxyde rouge de fer
ou colcothar, et on ajoute l'axonge par petites portions, de manière à obtenir un mélange bien homogène.

On graisse le bord libre des paupières, matin et
soir, avec cette pommade, pour combattre certaines
ophthalmies chroniques.

Les vésicatoires volants appliqués derrière les

oreilles sont aussi, en pareil cas, des adjuvants utiles.

Pommade résolutive (Sichel).

Oxyde noir de cuivre...	1 gramme.
Extrait de belladone....	5 —
Axonge...................	5 —
Huile d'amandes douces	q. s.

F. s. a. une pommade bien homogène, qu'on emploie, en surveillant l'effet produit par la belladone, au traitement de diverses formes d'ophthalmie aiguë.

Cette préparation agit d'une manière analogue à l'onguent napolitain, et n'enflamme point, comme lui, les gencives et les glandes salivaires.

Poudre antiphlogistique (Sichel).

Calomel à la vapeur.	10 centigr.	
Magnésie calcinée..	30 à 50	—
Belladone pulv.....	30 à 50	—

Mêlez et divisez en 10 paquets.

Deux à trois par jour, aux personnes qui ne peuvent pas avaler de pilules, dans le cas d'ophthalmie aiguë avec photophobie.

Du siphon dans l'ophthalmie purulente (Brière).

Un récipient quelconque, d'une contenance d'un à deux litres, est suspendu à un ou deux pieds au-dessus de la tête du malade. On le remplit d'eau contenant par litre 3 ou 4 cuillerées de liqueur de Labarraque, ou 4 grammes d'acide phénique, et on y plonge, par un bout, un tube de caoutchouc de 5 à 6 millimètres de diamètre, dont la plus longue extrémité est terminée par un tube de verre, long de

ou 4 centimètres, émoussé et offrant un diamètre
3 millimètres à sa pointe. Le tube de caoutchouc
fermé par une pince de Brewer, qui fait fonction
robinet. — Toutes les 10 ou 15 minutes, on écarte
peu les paupières, on presse sur la pince après
oir amorcé le siphon, et le lavage de l'œil se pro-
lit. Au besoin, le malade peut opérer lui-même.
Outre les lavages chlorurés ou phéniqués, l'auteur
commande, comme complément du traitement de
ophthalmie purulente, la glace en permanence au
oyen de sacs de baudruche ; les astringents ou lé-
rs caustiques, tels que le glycérolé d'acétate de
omb, tant que les cornées sont absolument saines ;
solution de sulfate de cuivre à 0^{gr},30 ou 0^{gr},40
ur 100 ; le sulfate neutre d'ésérine ; le nitrate
rgent aux deux centièmes, saturé tout de suite
ec l'eau salée ; enfin les scarifications, chaque
s qu'il y a chémosis.

Traitement de l'ophthalmie purulente (VAUTRIN).

Lavage pour ainsi dire continu de l'œil malade ;
uches d'eau froide entre les paupières, au moins
utes les heures. — Toutes les deux heures, injec-
on froide d'un liquide légèrement astringent (col-
re au sulfate d'alumine pur) ; ventouse scarifiée à
tempe plusieurs jours de suite, si c'est nécessaire.
Purgatifs salins ou calomel, à la dose de 2 à 5
ntigrammes, tous les matins, à jeun, pendant
elques jours. — Scarifications de la conjonctive
ns le cas de chémosis ; frictions d'onguent napo-
ain belladoné sur le front et la tempe, 2 ou 3 fois
jour. — Pour calmer les douleurs violentes et re-
édier à l'insomnie, granules d'hyosciamine au
mi-milligramme, donnés suivant l'âge du malade,
a dose de 2 à 8 granules par jour.

Traitement de l'ophthalmie purulente (Velpeau).

Dans le cas d'inflammation purulente de l'intérieur de l'œil, ou ophthalmite, observée chez un
sujet robuste, saignées répétées du bras, sangsues
aux tempes ou derrière les oreilles, compresses froides et résolutives sur l'œil, frictions au pourtour d l
l'orbite avec de l'onguent mercuriel opiacé. — Pen
dant la première période de l'inflammation, c'est-à-dire
le 1er, le 2me, le 3me ou au plus tard le 4me jour, ponction de l'œil au moyen de la lancette. — On la prati
que sur la sclérotique, derrière la cornée, pour donne
issue au liquide séreux de la chambre postérieure.

Traitement de l'ophthalmie purulente des nouveau-nés. (Guéniot).

Après avoir retourné les paupières, on touche l l
muqueuse palpébrale, avec un crayon composé d b
nitrate d'argent et de nitrate de potasse, fondus à
parties égales, et on lave l'œil avec de l'eau tiède
plutôt qu'avec de l'eau salée. La cautérisation est
renouvelée chaque jour, tant que la maladie conserve un caractère franchement inflammatoire.

Quand l'enfant est indocile, et se frotte constamment les paupières, ce qui favorise singulièremen
l'extension de l'inflammation au globe oculaire, l
cautérisation au crayon est remplacée par l'instilla
tion d'un collyre au nitrate d'argent, dont la ri
chesse varie de 15 à 30 centigrammes et jusqu'à 60
centigrammes, pour 60 grammes d'eau distillée.

L'auteur a également recours au collyre de sulfate
de zinc, composé de 30 à 50 centigrammes de sul
fate de zinc pour 60 grammes d'eau, additionné d b
quelques gouttes de laudanum. — S'il existe d
chémosis, il le cautérise largement, et, si la cauté
risation est insuffisante, il en pratique l'excision, su
plusieurs points de sa circonférence.

ORCHITE.

Emplâtre calmant résolutif (Ricord).

Emplâtre de Vigo......   10 grammes.
Extrait de ciguë..... ..   10   —
    —   d'opium........ •   1   —

Malaxez le tout, et étendez sur un morceau de
^au de grandeur convenable. On appliquera cet
nplâtre, dans le cas d'orchite ou de bubon sub-
gu.

Lotion contre l'orchite (Knaggs).

Teinture d'arnica.......   10 grammes.
Eau................,.....   60   —

Mêlez, pour lotions sur le testicule enflammé.
On frictionne en outre, 2 ou 3 fois le jour, le tra-
! du cordon spermatique, avec un liquide conte-
mt un tiers de teinture d'arnica, sur deux tiers de
iiment savonneux. Il est bon de surveiller la peau.
ii pourrait être, à un moment donné, irritée par les
qplications alcooliques.

Pommade contre l'orchite (Alvariz).

Iodoforme ....   1 à 2 grammes.
Axonge..........,.....   30   —
Mêlez.

Pour onctions sur le testicule, dans l'orchite blen-
rrhagique. Cette pommade calme la douleur au
mt d'une heure ou deux, abrège la durée de l'or-
iite, et empêche l'induration consécutive de l'or-
me malade. Elle n'expose point à la salivation
mme l'onguent mercuriel. — On peut substituer
s:ette pommade, du collodion élastique contenant,
mr 30 grammes, de 2 à 4 grammes d'iodoforme.

Pommade contre l'orchite (Bourdeaux).

Iodoforme................ 4 grammes.
Vaseline............... 30   —

Mêlez.

Onctions sur le testicule douloureux, dans le cas
d'orchite et de névralgie du cordon. — Immobilisez
l'organe malade au moyen d'un suspensoir convenablement appliqué.

Pommade fondante résolutive (Langlebert).

Iodure de plomb ou de
   potassium........... 1 gramme.
Extrait de ciguë........ 3   —
Axonge récente........ 20   —

Mêlez.

Onctions soir et matin sur le bubon, et sur le scrotum, dans l'orchite aiguë. — Cette pommade est destinée à remplacer, vers le quatrième ou le cinquième
jour de la maladie, les frictions avec la pommade
mercurielle belladonée, qui détermine quelquefois
quand on en prolonge trop l'usage, des symptômes
d'intoxication dus à l'absorption de la belladone par
la peau, et une salivation plus ou moins grave.

Pommade résolutive (Langlebert).

Onguent napolitain... 20 grammes.
Extrait de belladone.. 3 à 5   —

Mêlez.

Faire une onction matin et soir, avec une petite
quantité de cette pommade, sur le testicule enflammé, et le recouvrir d'un cataplasme. — Si l'orchite est très douloureuse, on appliquera des sang-

jues à la base du cordon. — Boissons laxatives,
bains.

Topique contre l'orchite blennorrhagique (GIRARD).

Nitrate d'argent cris-
tallisé..............   1 gramme.
Eau distillée.........   100   —
Faites dissoudre.

On imbibe une compresse de cette solution, et on
a maintient constamment appliquée sur le testicule
malade. D'après M. Marc Girard, cette application
ne provoque point de douleur, mais une simple chaleur. La douleur propre de l'orchite disparaît au
bout de vingt-quatre heures, et le traitement dure
en moyenne six jours.

Topique résolutif et sédatif (DIDAY).

Extrait de belladone...   6 grammes.
Teinture d'iode.......   6   —

Faites ramollir l'extrait dans quinze à vingt gouttes d'eau, et ajoutez la teinture d'iode.
Ce topique, en adhérant à la peau, agit plus longtemps et plus efficacement qu'une pommade. On l'é-
tend sur la peau à l'aide d'un pinceau.
D'après M. Diday, il est particulièrement utile
dans le traitement des épididymites, quand l'inflammation aiguë a été apaisée par les émissions sanguines et les bains.

Traitement de l'orchite blennorrhagique (HORAND).

On relève le scrotum le plus possible sur le pubis, et on l'entoure d'une couche suffisamment
épaisse de coton cardé, par-dessus lequel on dispose
une toile caoutchoutée de 20 centimètres de largeur,

sur 30 centimètres de long, percée, près de l'un de
ses bords, d'un trou pour le passage de la verge. La
surface gommée doit être en contact avec le coton.
Cela fait, on applique par-dessus le caoutchouc un
suspensoir en toile, de forme spéciale, qui maintien
le tout immobile, en exerçant une compression modérée. Cet appareil est laissé en place 6 ou 8 jours;
et c'est seulement au bout de ce temps qu'on examine la tumeur. Si elle n'est point affaissée, on renouvelle le pansement, en se servant de la même
toile ; si son volume a notablement diminué, on se
contente de frictions avec une pommade résolutive
ou d'un emplâtre fondant. Dans le cas enfin où l'on
constate l'existence d'une quantité notable de liquide
dans la tunique vaginale, on l'évacue et on replace
l'appareil.

Le pansement ainsi appliqué procure un soulagement immédiat au malade, et lui permet de vaquer à
ses affaires. Il doit son efficacité à l'immobilisation
de la tumeur, à la compression qu'il exerce, et à la
sudation abondante qu'il provoque. — Pendant que
l'appareil est en place, on peut administrer au malade des purgatifs et de l'iodure de potassium.

OREILLE (Maladies de l').

Injection anticatarrhale (Triquet).

Acétate de plomb cris- tallisé..............	30 centigr.
Miel rosat...........	30 grammes.
Hydrolat de roses.....	100 —

Faites dissoudre.

En injections dans l'oreille, dans le cas de catarrhe aigu, quand la douleur a été calmée par une application de sangsues et des cataplasmes, et que
l'écoulement seul persiste.

Injection anticatarrhale (Triquet).

Sulfate de cuivre......   1 gramme.
Miel rosat............   30   —
Eau distillée de roses.   100   —

Faites dissoudre. — Mêmes indications que la précédente.

Liniment contre l'herpès de l'oreille (Ladreit de la Charrière).

Chlorhydrate de mor-
    phine............   30 centigr.
Huile d'amandes dou-
    ces ....   30 grammes.

Faites dissoudre.

Dans les cas d'herpès aigu du conduit auditif, on injecte dans l'oreille, toutes les deux heures, de la décoction chaude de têtes de pavots; puis on introduit dans le conduit un petit tampon de coton imbibé d'huile morphinée. On prescrit à l'intérieur, deux jours de suite, le sulfate de magnésie ou une eau magnésienne naturelle; puis, plus tard, l'eau de Sedlitz ou de Vichy. — Si les douleurs sont très vives, on frictionne légèrement le pourtour de l'oreille avec de l'onguent mercuriel opiacé, et on applique un cataplasme de farine de lin. — L'herpès de l'oreille devenu chronique peut amener une otorrhée ou une otite chronique, dont il est souvent difficile de débarrasser le malade.

Pilules purgatives (Triquet).

Aloès succotrin.......   1 gramme.
Résine de scammonée.   1   —
Gomme-gutte........   1   —
Thridace...........   q. s.

F. s. a. 15 pilules.

Deux pilules, le soir, deux ou trois fois la semaine, pour combattre l'otite des fumeurs et des buveurs. — Ventouses aux apophyses mastoïdes ou sangsues à l'anus, si le malade est sujet aux hémorrhoïdes. Fumigations émollientes sur la région enflammée.

Pommade contre la surdité (Boyd).

        Vératrine.............   1 gramme.
        Pommade rosat.......   30   —
Mêlez avec soin.

L'auteur recommande cette pommade au début des surdités nerveuses. On en prend gros comme un pois, et on fait une friction, soir et matin, derrière l'oreille malade.

Poudre contre l'otorrhée (Bonnafont).

        Azotate d'argent fondu..   5 grammes.
        Talc..................   5   —
        Lycopode pulvérisé.....   5   —

Mêlez, et conservez dans un flacon de verre noir. On en insuffle dans le conduit auditif, dans le cas d'otorrhée.

Solution astringente (Triquet).

        Acide tannique.......   10 centigr.
        Glycérine pure.......   10 grammes.
Faites dissoudre.

A l'aide d'un pinceau trempé dans cette solution, on touche la membrane du tympan déchirée, dans le but d'en faciliter la cicatrisation. En outre, on a soin d'immobiliser cette membrane au moyen de boulettes de coton, qu'on introduit jusqu'au fond de l'oreille, à l'aide du spéculum et d'un stylet mousse. — On fait cesser tout bruit dans le voisinage du malade.

ORGEOLET.

Pommade contre l'orgeolet (Panas,.

        Précipité rouge ou pré-
            cipité jaune.........   5 centigr.
        Axonge récente........   10 grammes.
    Mêlez avec soin.

Onction, matin et soir, sur le bord libre de la paupière, pour essayer d'arrêter la marche de l'orgeolet. — On peut, dans le même but, toucher la paupière malade avec un crayon de nitrate d'argent, ou avec un pinceau en blaireau trempé dans la teinture d'iode. Lorsque la suppuration semble inévitable, on applique des corps gras neutres, et en particulier de l'huile d'amandes douces, aidée d'une compression légère des paupières. Généralement l'élimination du bourbillon a lieu spontanément, sans incision préalable. Dans le cas contraire, on ponctionne avec une aiguille à cataracte, ou avec la pointe du couteau linéaire de De Graefe. — Pour prévenir le retour de l'orgeolet, prescrire le fer, l'arsenic, les alcalins, les amers, l'hydrothérapie, les bains alcalins ou sulfureux; préserver les yeux de la poussière, des vents frais ou humides, au moyen de conserves bleues ou fumées.

Traitement du furoncle des paupières (Panas).

Appliquer des compresses d'eau froide ou glacée, qu'on renouvelle souvent, en même temps qu'on administre à l'intérieur des préparations opiacées. Si ces moyens échouent, pratiquer une incision linéaire horizontale, comprenant toute l'épaisseur du furoncle, depuis la peau jusqu'au cartilage tarse exclusivement. Cela fait, on renouvelle les compresses humectées d'eau, et on les recouvre de taffe-tas gommé. On accélère ainsi l'élimination du bourbillon et la granulation de la plaie. Pour mouiller les compresses et pour laver l'œil, on emploie un liquide antiseptique, tel qu'une solution d'acide phénique aux deux centièmes, ou bien encore une solution d'acide thymique ou borique.

Afin d'obtenir une cicatrice régulière, et d'éviter la formation de l'ectropion consécutif, on a recours aux bandelettes emplastiques, et à la traction par des fils élastiques.

Si le furoncle reconnaît pour cause une dyscrasie, liée elle-même à la dyspepsie, à la glycosurie, ou à un affaiblissement quelconque de la constitution, il est bon de prescrire les toniques, et de recommander les moyens hygiéniques utiles en pareils cas.

OS (Maladies des).

DOULEURS OSTÉOCOPES.

Pilules d'aconit (DEVERGIE).

Extrait hydroalcoolique
　　d'aconit........ .....　50 centigr.
　　Conserve de roses......　q. s.
F. s. a. 20 pilules.

Une à deux, matin et soir, contre les douleurs ostéocopes de la syphilis constitutionnelle. — Prescrire, en outre, le traitement général de la syphilis tertiaire.

Prises contre les douleurs ostéocopes (PETER).

Calomel à la vapeur....　2 centigr.
Sucre pulvérisé........　2 grammes.

Mêlez très intimement, et divisez en 20 prises

dont le malade prendra 10 dans la journée, à intervalles égaux.

Ce mode de traitement a réussi dans un grand
nombre de cas.

Traitement des douleurs ostéocopes (Langlebert).

Pour remédier aux douleurs ostéocopes, on administre l'iodure de potassium, à la dose de 3 à
5 grammes par jour, et on applique sur la région
malade un emplâtre de Vigo, ou mieux encore un
vésicatoire, que l'on panse avec de l'onguent mercuriel pur ou mélangé avec du cérat laudanisé. Ce
dernier moyen surtout est le plus efficace.

OZÈNE.

Injection contre l'ozène (Chéqly).

    Hydrate de chloral ....   5 grammes.
    Eau..................   500   —
Faites dissoudre.

Cette solution est employée sous forme de douches nasales. On les pratique à l'aide d'un tube en
caoutchouc du diamètre du doigt, dont une extrémité est engagée dans la narine, tandis que l'autre
plonge dans la solution de chloral, placée à une
petite hauteur au-dessus de la tête du malade.
Chaque jour, on répète l'opération avec un litre ou
plus de la solution chloralée. Quant au malade, il
doit avoir soin d'incliner la tête en avant, et de respirer doucement, afin d'empêcher la solution de
pénétrer dans la gorge.

M. Constantin Paul conseille, contre l'ozène, les
solutions d'hyposulfite de soude à 5 pour 100 :

> Hyposulfite de soude.. 25 grammes.
> Eau................. 500 —

Faites dissoudre.

Les fosses nasales sont lavées tous les jours, soit avec l'irrigateur ordinaire, soit au moyen d'un appareil de Weber, constitué par un tube en caoutchouc, muni à l'une de ses extrémités d'une petite poire en corne ou en verre, qui doit s'appliquer sur la narine, et ouvert à l'autre extrémité, qui plonge dans le vase où se trouve la solution médicamenteuse. Ce siphon, une fois amorcé, fonctionne très bien sans interruption.

Injection contre l'ozène (LENNOX BROWN).

> Borate de soude...... 6 grammes.
> Acide salicylique...... 4 —
> Glycérine............. 75 —
> Eau distillée......... 90 —

Faites dissoudre.

On étend 2 ou 4 grammes de cette solution dans une demi-pinte d'eau (236 gram.) à 35°, et on se sert de ce dernier liquide pour gargarisme, et pour injection dans les fosses nasales, dans le cas d'ozène syphilitique.

Quand l'ozène est purement catarrhal, on peut recourir à une solution composée de : borate de soude et chlorhydrate d'ammoniaque ãã 0, 50, eau distillée 250 grammes. On injecte cette solution dans les fosses nasales, et dans l'intervalle des injections, on y introduit des mèches de charpie chargées de la pommade suivante :

> Iodoforme............ 50 centigr.
> Vaseline............. 30 grammes

Mêlez.

Injection contre l'ozène (WOLFROM).

Acide tannique........   1 gramme.
Glycérine pure.........   50   —
Faites dissoudre.

Après avoir fait passer à travers les fosses nasa-
es un litre de solution de sel marin, on y injecte,
eux fois par jour, pendant 5 minutes, au moyen
l'un pulvérisateur, la solution de glycérine et de
annin. — Quinze jours plus tard, on lui substitue
ne solution d'acétate d'alumine, d'abord à 0 gr.
00 centigrammes, puis à 1 gramme pour 100.

A mesure que les sécrétions catarrhales diminuent
l'abondance et de fétidité, on restreint le nombre
les douches et des pulvérisations.

Liniment contre l'ozène (HEDENUS).

Huile   d'amandes dou-
    ces................   30 grammes.
Extrait de saturne......   4   —
Mêlez.

On imbibe, avec ce mélange, de petits cylindres
le papier non collé, et on en introduit trois par jour
lans les narines, pour combattre l'ozène humide.
Oans l'intervalle, on renifle plusieurs fois de l'eau
salée.

Pommade contre l'ozène (LENNOX BROWN).

Iodoforme ....   30 à 48 centigr.
Éther sulfurique...   3 à 4 gr. 50
Vaseline.........   30 grammes.
Essence de roses..   5 à 8 gouttes.

F. s. a. — Pour enlever les croûtes qui encom-
brent les fosses nasales des personnes atteintes

d'ozène, on injecte, plusieurs fois le jour, des décoctions émollientes tièdes, ou de faibles solutions de salicylate de soude ; puis, à l'aide d'un pinceau, on porte dans le nez la pommade d'iodoforme. Au lieu d'obturer les narines avec des tampons de ouate, on doit s'efforcer de leur maintenir toute leur perméabilité. — Si le malade est scrofuleux, on lui prescrit de l'iodure de potassium, de l'iodure de fer et de l'huile de foie de morue. S'il y a lieu de soupçonner l'infection syphilitique, on conseille les remèdes propres à combattre cette diathèse.

Poudre contre le catarrhe nasal (Beverley).

Iodoforme pulvérisé....	4 grammes.
Camphre pulv..........	4 —
Gomme pulv...........	8 —

Mêlez.

On insuffle cette poudre dans les narines, pour tarir l'écoulement, qui provient de l'arrière-cavité des fosses nasales, et qui exhale parfois une mauvaise odeur. En outre, on prescrit un traitement général, pour modifier l'état constitutionnel du sujet.

Poudre contre l'ozène (Hedenus).

Calomel........   2 grammes.
Marjolaine pulv.. ⎫
Racine d'asarum   ⎬   ãã   4   —
  pulv.........   ⎪
Sucre blanc pulv. ⎭

Mêlez.

Cette poudre doit être prisée en quatre fois, dans la journée, dans le cas d'ozène sec. On devra, en outre, renifler de l'eau salée, trois fois dans les vingt-quatre heures.

Solution contre l'ozène.

Permanganate de po- tasse..............	2 gr. 50 centig.
Eau distillée	250 grammes.

Faites dissoudre.

Dans le cas d'ozène, on injecte cette solution dans les narines, à l'aide d'un appareil pulvérisateur. Si malade est scrofuleux, on lui administre en même temps des dépuratifs et de l'huile de foie de morue.

Solution contre l'ozène (Cozzolino).

Solution de gomme arabique..........	500 grammes.
Acide thymique......	50 centigr.

Faites dissoudre.

Pour injection dans les narines, dans le cas d'ozène.

Incorporé à la vaseline, ou dissous dans l'alcool la glycérine, l'acide thymique a été avantageusement essayé contre la teigne, l'herpès, le pityriasis.

PALPITATIONS NERVEUSES

Traitement des palpitations nerveuses (Péter).

Si les palpitations nerveuses surviennent chez les sujets anémiques, on leur prescrit les toniques sous toutes les formes, par exemple, le vin de quinquina, les préparations ferrugineuses, et entre autres les pilules de valérianate de fer. On leur conseille le séjour à la campagne, les bains de mer, l'hydrothérapie, et on leur administre, en outre, la potion suivante :

Bromure de potas-
sium .... 2 à 4 grammes.
Eau distillée....... 100 —
Sirop d'écorces d'o-
ranges .... 30 —

A donner par cuillerées à bouche dans les vingt
quatre heures.

Dans certains cas, on prescrit avec avantage les
capsules de valérianate d'ammoniaque, à la dose
de 3 à 4 par jour : mais jamais il ne faut recourir
aux préparations de digitale, qui, après un soulagement momentané, provoqueraient plus tard un
redoublement des symptômes morbides.

PANARIS.

Lotion résolutive.

Acétate de plomb li-
quide.............. 15 grammes.
Glycérine............ 25 —
Hydrolat de roses de
Provins........... 100 —
Hydrolat de laurier-
cerise concentré.... 20 —
Mêlez.

Plusieurs fois par jour, et pendant une heure
chaque fois, on baigne dans ce liquide le doigt atteint de panaris.

Dans l'intervalle des bains, cataplasmes arrosés
avec la même solution.

PANNUS.

Collyre contre le pannus (WARLOMONT).

Essence de térébenthine. 4 grammes.
Huile d'olives.......... 8 —
Mêlez en agitant.

Une goutte chaque jour, dans l'œil, dans le pan-
s vasculaire. — Dans un de ces cas, qui avait
iisté à tous les autres moyens, l'auteur a remar-
ié un mieux sensible, dès les premières instilla-
ms. La cornée devint plus pâle, par suite de l'a-
ıphie progressive du pannus, de sorte qu'au bout
 quelques semaines, on put distinguer la couleur
  l'iris, et bientôt après le contour pupillaire.
occ le temps, la guérison devint complète.

PANSEMENTS ANTISEPTIQUES

lile et glycérine antiseptiques (J. LUCAS-CHAMPIONNIÈRE).

N° 1. — Solution faible :

Acide phénique cristal-
      lisé................   10 grammes.
Huile d'olives......... 100   —
Faites dissoudre.

N° 2. — Solution forte :

Acide phénique cristal-
      lisé................   20 grammes.
Huile d'olives......... 100   —
Faites dissoudre.

Ces deux solutions, et particulièrement la pre-
ière, sont employées avec avantage, pour le pan-
ment des plaies. On en imbibe du linge ou de la
siate dégraissée, et elles ne provoquent aucune irri-
ittion, malgré la proportion élevée d'acide phénique
'n'elles renferment.
 La glycérine antiseptique, préparée avec :

Acide phénique cristal-
      lisé................   10 grammes.
Glycérine pure......... 100   —

s'emploie comme la solution huileuse n° 1, pour imbiber de la ouate, de la charpie ou des compresses.

Liquide antiseptique (VOLKMANN).

Acide thymique......	1	gramme.
Alcool...............	10	—
Glycérine...........	20	—
Eau.................	1000	—

Faites dissoudre.

Le professeur Volkmann substitue cette solution à celle de Lister, pour les opérations et les pansements. Elle n'irrite pas les voies respiratoires, n'exerce aucune action corrosive sur les instruments. — La gaze antiseptique à l'acide thymique étant moins irritante que celle de Lister peut être appliquée directement sur la plaie. Généralement, le pansement n'est renouvelé que tous les 6 ou 8 jours.

Pommade antiseptique (J. LUCAS-CHAMPIONNIÈRE).

Acide borique pulv....	20	grammes.
Vaseline.............	100	—
Glycérine neutre......	q. s.	

On dissout l'acide borique à chaud, dans une petite quantité de glycérine, et on incorpore la solution ainsi obtenue à la vaseline. — Cette pommade est conseillée pour le pansement des brûlures, des excoriations et des ulcérations qui accompagnent l'impétigo et l'eczéma.

On peut employer dans le même but, surtout chez les enfants, une solution saturée d'acide borique dans l'eau ou dans la glycérine, les solutions d'acide phénique étant souvent mal supportées par eux.

Solution antiseptique (J. Lucas-Championnière).

Acide phénique cris-		
tallisé...............	50 grammes.	
Acide thymique......	1	—
Glycérine............	50	—
Eau.................	1000	— .

Faites dissoudre.

Si on double la quantité d'eau, on a la solution faible. L'acide thymique masquant en partie l'odeur de l'acide phénique, on emploie ces solutions pour les malades qui supportent mal cette odeur. — Quand on est dans l'impossibilité d'appliquer rigoureusement la méthode de Lister, on peut, à l'aide de ces deux solutions, pratiquer antiseptiquement toutes les opérations chirurgicales. Avec la solution forte, l'opérateur lave les instruments, les éponges, la peau du malade, et finalement la plaie. Avec la solution faible, il se lave les mains, fait les lavages nécessaires pendant l'opération, et imbibe les compresses qui servent aux pansements.

Solutions antiseptiques (J. Lucas-Championnière).

Nº 1. — Solution forte :

Acide phénique cris-		
tallisé............	50 grammes.	
Glycérine..........	50 à 75	—
Eau distillée.......	1000	—

Faites dissoudre.

Nº 2. — Solution faible :

Acide phénique cristal-		
lisé.................	25 grammes.	

Glycérine............   25 grammes.
Eau distillée........   1000   —
Faites dissoudre.

Ces solutions servent à pratiquer la chirurgie antiseptiquement. — Avec la première, on lave ll instruments, les éponges, la peau du malade, et l plaie qui résulte de l'opération. — Avec la second le chirurgien se lave les mains, fait tous les lavage au cours de l'opération, et imbibe les compresses qp restent en contact avec les plaies.

Tampons salicylés pour pansements.

Acide salicyli-
que........   110 grammes.
Alcool à 95°..   3 lit. 1/2 à 4 litres.
Huile de ricin
ou glycérine.   40 grammes.
Mêlez.

On plonge dans ce mélange, du coton cardé bien sec, jusqu'à ce qu'il en soit imprégné dans toutu ses parties, puis on le sèche. — Dans un carré gaze de 15 à 16 centimètres de côté, on roule, sas les serrer, un ou deux grammes d'ouate salicylée, on a ainsi un tampon susceptible de prendre toutu les formes voulues, et qui peut servir pour le premier pansement d'une plaie par arme à feu.

PARASITES.

Pommade parasiticide (HARDY).

Cold-cream............   30 grammes.
Soufre sublimé et lavé.   2   —
Camphre   1   —

F. s. a. une pommade, avec laquelle on friction

era, matin et soir, les régions du corps envahies
ar les parasites. — On donnera en outre des bains
ulfureux.

Pommade parasiticide (Hainaut).

Sublimé corrosif...	12 à 16 grammes.
Axonge	500 —
Noir d'ivoire......	2 —

Triturez soigneusement le noir d'ivoire avec le
sublimé, et incorporez le mélange à l'axonge, afin
savoir une pommade grise bien homogène, et dans
pquelle le sel mercuriel soit uniformément divisé.
Cette pommade est plus efficace que l'onguent
mercuriel simple, pour détruire les poux du pubis
de la tête ; mais elle ne doit être employée qu'avec
rconspection.

Pommade de foie de soufre.

Sulfure de po-	
tassium.....	50 cent. à 2 grammes.
Axonge.......	30 —

Mêlez.

En frictions contre le prurigo pédiculaire ; bains
ulfureux.

Solution et pommade pour détruire les poux (Onv).

1° Carbonate de soude..	10 grammes.
Eau...............	500 —

Pour une solution.

2° Carbonate de potasse.	2 grammes.
Axonge.............	30 —

Mêlez pour une pommade.

Pour détruire les poux de tête, on coupe les cheveux, on saupoudre les vêtements et le cuir chevelu avec de la poudre de staphysaigre, ou bien on fait une onction avec la pommade mercurielle. Plus tard, on lave le cuir chevelu avec la solution de carbonate de soude, et en dernier lieu, on applique la pommade de carbonate de potasse. On complète le traitement en prescrivant des bains sulfureux.

PEAU (Maladies de la).

MALADIES CUTANÉES REBELLES.

Pilules contre les maladies cutanées rebelles (H. GREEN).

> Iodure d'arsenic........ 18 centigr.
> Extrait de ciguë........ 2 grammes.
> F. s. a. 30 pilules.

L'auteur les prescrit à la dose de trois par jour, dans certains cas rebelles de maladies cutanées chroniques ; et il en a obtenu des succès dans la lèpre, le psoriasis et les éruptions vénériennes. On peut augmenter graduellement la dose d'iodure d'arsenic, jusqu'à en faire prendre 12 milligrammes trois fois par jour. S'il survient des accidents du côté de l'estomac, on suspend pendant quelque temps l'usage du médicament, et on y revient plus tard, en recommençant par la dose primitive.

Pilules contre les maladies cutanées rebelles (KOPP).

> Bichlorure de mercure.. 15 centigr.
> Extrait de ciguë........ 4 grammes.

Dissolvez le bichlorure dans une très petite quantité d'alcool, ajoutez l'extrait de ciguë, et quantité suffisante de poudre de réglisse, pour obtenir une masse bien homogène, que vous diviserez en 60 pil-

...es. — De une à six par jour, en augmentant gra-
...ellement, pour combattre les maladies de peau
...belles.

Pommade arsenicale soufrée (MARSHALL).

Acide arsénieux-lavé..........		
Soufre sublimé et lavé.......	ãã	1 gr. 25 centigr.
Cérat simple....		30 grammes.

Mêlez.

...Cette pommade est conseillée contre les affections
...l la peau rebelles, et elle doit être employée avec
...écaution.

Sirop dépuratif (RICORD).

Sirop de saponaire....	500 grammes.
Bicarbonate de soude..	16 —
Arséniate de soude....	15 centigr.

Faites dissoudre.

...Deux cuillerées à bouche, dans de l'infusion de
...ponaire, contre les affections herpétiques. — Bains
...alins, cérat soufré sur le siège du mal.

PEMPHIGUS.

Pommade contre le pemphigus gangréneux (STOKES).

Feuilles fraîches de scrofulaire noueuse.	250 grammes.
Axonge	250 —
Suif................	125 —

Faites bouillir le tout ensemble à un feu doux,
...esqu'à ce que les feuilles soient devenues friables,
...l passez avec expression à travers un linge.
...Cette pommade est recommandée par le Dr Stokes,

dans le traitement du pemphigus gangréneux. O
prescrit en même temps un bon régime, et l'usa
des ferrugineux unis aux préparations amères.

Traitement du pemphigus bulleux (HILLAIRET).

Se fondant sur l'analogie qu'offre le pemphig
avec les brûlures au second degré, le docteur H
lairet traite le pemphigus, qui est ordinairement
rebelle à toutes les médications, par les moye
qu'on emploie contre les brûlures, c'est-à-dire l'e
veloppement de ouate, enduite de liniment oléo-c
caire. L'expérience a été favorable : le prurit a é
calmé rapidement, et au bout d'un temps variab
l'éruption bulleuse s'est arrêtée.

Traitement du pemphigus bulleux chronique (HARDY) (

S'abstenir de bains et d'applications humide
qui favorisent la formation des bulles ; se content
comme topiques, des poudres d'amidon, de tan
de quinquina, qu'on projette sur les parties mal
des. — S'il existe des ulcérations consécutiv
à la rupture des bulles, on les panse avec des co
presses enduites de cérat frais ou de glycéri
ou mieux encore avec du liniment oléo-calcai
Après quoi on entoure les membres d'une couc
de ouate maintenue à l'aide d'un bandage roulé,
qu'on laisse en place pendant plusieurs jours.

Comme traitement interne, les toniques en gé
néral, et en particulier les préparations de quin
quina et de fer. Dans certains cas, on a administr
avec succès la solution d'arséniate de soude à
dose de 5 milligrammes à un centigramme par jour
et l'arséniate de fer en pilules, à la dose de 1 à 3 ce
tigrammes par jour. — Alimentation fortifiante, ha
bitation saine, à l'abri du froid et de l'humidité.

Traitement du pemphigus des nouveau-nés (Hardy).

Quand le pemphigus, qui le plus souvent ne paraît point pouvoir être rapporté à la syphilis, se développe aux mains et aux pieds des nouveau-nés, le professeur Hardy se contente de saupoudrer les parties malades avec de l'amidon, de les envelopper dans de la ouate, et de panser les ulcérations avec du cérat frais ou de la glycérine. On doit s'efforcer en même temps d'augmenter la vigueur de l'enfant, en lui choisissant une bonne nourrice, et en remédiant aux accidents gastro-intestinaux, à l'aide de la décoction blanche de Sydenham, du sous-nitrate de bismuth et des lavements amidonnés.

PÉRIOSTITE.

Pommade fondante (Voillemier).

Iodure de plomb.......	2 grammes.
Onguent napolitain.....	3 —
Axonge...............	10 —

Mêlez pour une pommade qu'on emploiera en onctions, matin et soir, contre la périostite commençante. — Cataplasmes de mie de pain et de lait après chaque onction. — Régime azoté et tonique.

PÉRITONITE.

Traitement de la péritonite (Siredey et Danlos).

Le traitement de la péritonite aiguë comprend quatre ordres de moyens : 1° le repos absolu ; 2° les émissions sanguines ; 3° les révulsifs ; 4° le froid. On applique des sangsues au nombre de 20 ou 30 sur les points douloureux, et on laisse le sang couler pendant un temps variable, selon la force du sujet ; au besoin, on réitère cette application. — Après les sangsues, on place sur la région qui est

le siège de la douleur, un linge plusieurs fois re-
plié, et sur ce linge une vessie imperméable remplie de glace. On renouvelle la glace sans interruption.

Parmi les révulsifs, on peut recourir à l'essence
de térébenthine. On en imbibe une flanelle qu'on
applique sur le ventre, et qu'on recouvre d'un taffetas gommé. On enlève le taffetas, si la douleur est
trop vive. Les onctions d'onguent mercuriel simple
ou belladoné agissent dans le même sens. — Les
sangsues et les révulsifs ne sont applicables qu'au
début, tandis que la glace et les frictions mercurielles conviennent à toutes les périodes. Pour combattre les vomissements, liquides glacés ou morceaux
de glace.

Dans la pelvi-péritonite, l'enduit de collodion
élastique préconisé par le Dr de Robert de Latour
jouit d'une action sédative manifeste. — L'opium est
indiqué dans les cas où il existe de la diarrhée au
début, et il doit être administré à doses élevées. —
Le sulfate de quinine seul ou associé à l'opium est
particulièrement efficace dans les pelvi-péritonites
puerpérales. — Immobilité absolue dans la position
horizontale, sans même changer de lit, pendant une
ou plusieurs semaines, s'il le faut.

PHAGÉDÉNISME.

Du bain prolongé contre les ulcères phagédéniques (Cooper.

Le malade s'assied dans un bain de siège ou dans
une baignoire, de manière que la région malade soit
entièrement submergée, et il y reste huit à dix
heures chaque jour. La température est maintenue
autant que possible, à 36°,6. — Dans la soirée, on
panse l'ulcère avec de l'iodoforme finement pulvérisé
ou autrement, et le lendemain, le malade entre

ans le bain avec son pansement, ce qui permet à
e dernier de se détacher plus facilement. — Avant
e commencer l'usage des bains, on administre un
urgatif, et pendant la cure balnéaire, on prescrit
es toniques ou un traitement interne approprié à
état du sujet. On continue ainsi jusqu'à la guéri-
on de la plaie.

Sur les 31 cas rapportés par l'auteur, 22 étaient
es ulcères phagédéniques du pénis ; les autres
taient des plaies phagédéniques, gangréneuses, de
yphilis tertiaire siégeant sur le pénis, le scrotum,
es aines et les cuisses. Les premiers guérirent dans
espace de quelques jours à plusieurs semaines ;
es autres durèrent de deux à six jours. Dans aucun
as, on n'employa le bain plus d'une douzaine de
ours.

Inhalations contre le phagédénisme (A. Fournier).

> Iodure de potassium...   4 grammes.
> Eau distillée...........   250   —

Faites dissoudre.

Quand le phagédénisme tertiaire s'étend à la bouche et à la gorge, le traitement doit consister : 1° en
gargarismes ou plutôt en bains de bouche fréquemment répétés avec de la décoction de guimauve ;
∞ en inhalations de la solution iodurée, qu'on fait
pénétrer dans la gorge, à l'aide d'un pulvérisateur.
En outre, deux ou trois fois par jour, on badigeonne
es ulcérations avec un pinceau à aquarelle, chargé
de teinture d'iode.

Pommade contre les ulcérations phagédéniques (E. Vidal).

> Acide pyrogallique.   10 à 20 grammes.
> Axonge ou vaseline.   100   —

Mêlez.

On applique cette pommade une fois par jour, sur les ulcérations chancreuses phagédéniques et sur les chancres virulents. Elle détermine une légère cautérisation, qui provoque de la douleur pendant huit à dix minutes. Trois cautérisations suffisent généralement pour détruire la virulence et modifier le phagédénisme, au point de permettre à la cicatrisation de s'opérer. — On varie la force de la pommade, selon les circonstances et selon la force du malade.

Potion contre le phagédénisme.

Chlorate de potasse ..	2 grammes.	
Iodure de potassium..	10	—
Sirop de quinquina....	50	—
Eau distillée..........	150	—

Faites dissoudre.

Une à deux cuillerées par jour, aux sujets atteints d'ulcères phagédéniques.

Traitement du phagédénisme tertiaire (A. Fournier).

Le traitement du phagédénisme tertiaire se résume de la manière suivante : 1° iodure de potassium à la dose de 3 à 5 grammes par jour ; 2° pansement occlusif avec bandelettes entre-croisées de sparadrap de Vigo ; 3° balnéation répétée. Au début, et pendant quelques jours, un bain tiède quotidien, d'une heure de durée ; plus tard, un bain tous les deux ou trois jours. Le pansement occlusif doit être pratiqué immédiatement au sortir du bain, et laissé en place jusqu'au bain suivant.

Habituellement, l'iodure de potassium suffit au traitement du phagédénisme tertiaire, et il est rare qu'on soit forcé d'y adjoindre le mercure. Si l'on a recours à ce dernier remède, c'est exclusivement sous forme de frictions.

En cas d'échec de ce traitement, on peut essayer
 pansement à l'iodoforme, qui consiste à saupou-
er l'ulcération d'iodoforme, et à la recouvrir de
ate et de taffetas gommé. On peut également
nser avec une solution faible de nitrate d'argent
 gramme pour 100 ou 150 grammes d'eau distil-
(e), puis revenir au pansement occlusif avec les
ndelettes de Vigo.

PHARYNGITE.

) Collutoire contre la pharyngite chronique (Darney).

Ergotine......	1 gr. 20 centigr.
Teinture d'iode........	3 grammes.
Glycérine...............	24 —

Faites dissoudre.

Avec un pinceau trempé dans cette solution, on
uche, deux fois le jour, le fond de la gorge, dans
 cas de pharyngite chronique et d'hypertrophie des
mygdales.

Collutoire contre la pharyngite chronique (Vidal).

Borate de soude.......	10 grammes.
Hydrolat de laurier-cerise............. .	25 —
Glycérine........ ..	15 —

F. s. a. un collutoire, avec lequel on badigeonne,
ueux ou trois fois par jour, le fond de la gorge des
ersonnes atteintes de pharyngite chronique. — S'il
agit de sujets arthritiques, on leur prescrit en
ême temps des bains alcalins.

PHTHISIE.

Administration de l'arsenic aux phthisiques (Jaccoud).

Dans la phthisie chronique, dès que les phénomènes imputables à l'anémie globulaire ont été
amendés par le fer, ou bien en l'absence d'amélioration, dans un délai de deux mois, M. Jaccoud
abandonne le fer, et en vient à la médication arsénicale. Il emploie exclusivement les granules d'a-
cide arsénieux à un milligramme. Les granules sont
pris au commencement de chacun des deux principaux repas. On commence avec deux par jour, et
tous les huit jours on augmente de deux, jusqu'à
ce qu'on soit arrivé à huit ou dix selon les cas.
Quand cette dose maximum est atteinte, l'auteur la
maintient indéfiniment, à moins qu'il survienne
quelque phénomène d'intolérance, crampes d'estomac, inflammations oculaires, éruptions cutanées,
vomissements, diarrhée. Alors, il ne supprime point
le médicament ; il se borne à en diminuer momentanément la dose, et il revient aussitôt que possible
au maximum toléré. — L'arsenic améliore puissam-
ment le processus nutritif, dans la phthisie pulmonaire chronique. Il calme l'excitation nerveuse, et il
possède une action antifébrile assez marquée, pour
combattre efficacement la fièvre intermittente vespé-
rale.

Aussi longtemps que le processus phthisiogène
garde ses allures torpides, et qu'il ne se développe
pas d'épisodes aigus à fièvre pseudo-continue, la
médication arsénicale doit être maintenue au maximum toléré, conjointement avec le régime spécial :
la viande alcoolisée, le quinquina et l'huile de foie
de morue.

Administration de l'huile de foie de morue aux phthisiques (JACCOUD).

Lorsque l'huile de foie de morue est mal supportée seule, dans la phthisie pulmonaire chronique, M. Jaccoud y fait ajouter de l'eau-de-vie, du rhum, du kirsch ou du whisky, dans la proportion de deux tiers d'huile pour un tiers d'alcool, et il recommande au malade de fermer les narines au moment de l'ingestion. On commence par de petites doses : une cuillerée à bouche par jour, et on doit s'efforcer d'arriver jusqu'à 150 à 200 grammes dans la journée.

Voici du reste diverses préparations d'huile de foie de morue, entre lesquelles le malade peut choisir.

Huile de foie de morue au chloral.

Hydrate de chloral cristallisé............... 10 grammes.
Huile de foie de morue. 190 —
Faites dissoudre.

Une à deux cuillerées, le soir, aux phthisiques, pour amener le sommeil, diminuer les sueurs nocturnes et réveiller l'appétit.

L'huile de foie de morue additionnée de chloral est moins nauséabonde que l'huile pure.

Huile de foie de morue (CARLO PAVESI).

Huile de foie de morue. 20 parties.
Café torréfié et moulu.. 1 —
Noir d'ivoire purifié..... 1/2 —

On mélange le tout avec soin dans un matras de verre, on chauffe au bain-marie à 50 ou 60 degrés, pendant un quart d'heure, en laissant le matras bouché. On retire du feu, on laisse reposer trois jours le mélange, en l'agitant de temps en temps, puis on filtre au papier, et on obtient ainsi une huile très limpide, de couleur ambrée, dont l'odeur et la saveur rappellent le café, et qui renferme tous les principes actifs contenus dans l'huile pure.

Phthisie, scrofule, etc.

Huile de foie de morue iodée (FONSSAGRIVES).

Huile de foie de morue blonde........	100 grammes.
Iodoforme...........	25 centigr.
Essence d'anis........	10 gouttes.

Mêlez.

L'addition de l'iodoforme et de l'essence d'anis masque en grande partie la saveur et l'odeur de l'huile de foie de morue, qui se trouve ainsi contenir 1 centigramme d'iode métallique par cuillerée. — Aux malades qui font usage d'huile de foie de morue ordinaire, l'auteur conseille d'additionner l'huile d'une petite quantité de sel de cuisine, qui en modifie la saveur fade, et en facilite la digestion.

Électuaire laxatif (FERRAND).

Manne en larmes......	30	grammes.
Magnésie calcinée......	4	—
Miel blanc...........	30	—

Mêlez, pour un électuaire.

Une cuillerée à soupe, le matin, aux phthisiques, pour entretenir la liberté du ventre.

Embrocation révulsive (TODD).

Iode.....................	4 grammes.
Iodure de potassium....	2 —
Alcool...................	30 —

Faites dissoudre, et étendez sur la peau avec un pinceau. Après plusieurs applications successives, on obtient une cuisson plus ou moins vive, et quelquefois une vésication.

Dans la bronchite chronique et la tuberculisation pulmonaire, on appliquera avec avantage cette solution révulsive sur la poitrine, en avant et en arrière, et si elle est impuissante à arrêter la marche du mal, on recourra aux vésicatoires volants.

Gargarisme calmant (JACCOUD).

Décoction d'orge ou de guimauve.....	250 grammes.
Sirop diacode..,...	40 à 60 —

On conseillera ce gargarisme aux phthisiques qui font usage de potions alcooliques, s'il survient une stomatite érythémateuse, caractérisée par la chute de l'épithélium, la dénudation des papilles linguales, et une rougeur vive dans la cavité buccale.

Inhalations contre la phthisie laryngée (CH. FAUVEL).

Bromure de potassium.............	10 grammes.
Chlorhydrate de morphine...........	1 —
Hydrolat de laurier-cerise...........	50 —
Eau distillée........	450 —

Faites dissoudre.

Cette solution est introduite dans un appareil[
pulvérisation, et le malade fait, deux fois par jour
pendant cinq minutes, et de préférence avant l[
repas, des inhalations qui ont pour but de faciliter
déglutition.

Lait de chèvre pour les phthisiques (Mascarel).

Chlorure de sodium...   30 grammes.
Phosphate de chaux pul-
  vérisé..............   20   —
Acide arsénieux.......   5 milligr.

Mêlez et incorporez à la ration quotidienne de [
chèvre.

Le lait fourni par l'animal auquel ce mélange e[
administré, doit être pris à la température du pi[
et à la dose de 1 litre à 1 litre 1/2 par jour, dan[
la forme dite éréthique de la tuberculisation pulm[
naire. — Vésicatoires volants sur les sommets, [
badigeonnages avec la teinture d'iode.

Lavement contre la diarrhée des tuberculeux (Boundor[

Ipéca pulvérisé.......   10 grammes.
Eau...,..............   120   —

Faites bouillir, décantez ; versez de nouvea[
120 grammes d'eau sur la même poudre ; fait[
bouillir, décantez ; répétez une troisième fois l'op[
ration, et mélangez les liquides obtenus après filtr[
tion. Vous aurez ainsi de 200 à 250 grammes [
décoction, à laquelle vous ajouterez 10 à 15 goutt[
de laudanum, et que vous administrerez en lavemen[
en une seule fois, pour combattre la diarrhée d[
tuberculeux.

Ce lavement, dans certains cas, modère ou fa[
cesser les sueurs profuses des malades, alors qu[

garic blanc et les médicaments usités en pareil
ont échoué.

Liqueur contre les sueurs nocturnes (Nairne).

    Teinture de belladone .   25 grammes.
    Eau-de-vie............   25   —
Mèlez.

On étend ce mélange avec la main, sur toute la
surface du corps, dans le cas de sueurs nocturnes
excessives, chez les phthisiques. — D'après l'auteur,
la friction pratiquée avant la transpiration l'empêche de se produire, et, si elle est faite après que la
transpiration a commencé, elle l'arrête presque immédiatement.

Lotion contre les sueurs nocturnes (Péter).

Chez les phthisiques, les lotions vinaigrées sont
très efficaces pour diminuer la chaleur de la peau,
et modérer les sueurs nocturnes. Elles ont en outre
l'avantage de procurer aux malades un véritable bien-
être, en raison de la sensation de fraîcheur qu'elles
leur apportent. On les fait sur toute la surface du
corps, au moment du coucher, avec une éponge légèrement imbibée d'eau acidulée.
Du reste, l'auteur insiste pour qu'on stimule les
fonctions de la peau chez les tuberculeux. On commence par des frictions sèches, pratiquées soir et
matin, pendant cinq minutes, sur toute la surface
du corps ; puis on a recours à l'éponge mouillée,
suivie immédiatement de la friction sèche. La friction dure une à deux minutes. C'est au sortir du lit,
alors que le malade a le plus chaud, qu'il se frotte
avec une éponge imbibée, la face, le cou, et la poitrine. Plus tard, il étend ses lotions à tout le tronc,
puis au corps tout entier ; plus tard encore, il prend

l'éponge ruisselante, ou même la douche en jet, de quelques secondes de durée. Cependant ces pratiques hydrothérapiques ne sont point conseillées pendant la période hémorrhagique.

Lotion contre les sueurs des phthisiques (Pietra Santa).

Teinture de quinquina...	
Alcoolat de mélisse..........	ãã 50 grammes.
Baume de Fioravanti........	

Mêlez.

Le soir, au moment du coucher, on pratique sur tout le corps, et principalement sur les membres des frictions avec une flanelle imbibée de ce mélange, afin de diminuer les sueurs nocturnes des phthisiques. Badigeonner les sommets de la poitrine, en avant et en arrière alternativement, avec de la teinture d'iode. — Huile de foie de morue, alimentation tonique et réparatrice.

Mixture contre les sueurs des phthisiques (Graves).

Infusion de cascarille...	90 grammes.
Sulfate de quinine.....	10 centigr.
Acide sulfurique dilué..	2 grammes.
Teinture de jusquiame.	' 1 gr. 50

F. s. a. une solution, à donner en trois fois dans la journée aux phthisiques, pour combattre les transpirations nocturnes, au début de la tuberculisation pulmonaire. — Régime substantiel ; exercice au grand air, plusieurs heures par jour.

Pilules contre la toux (Péter).

Extrait d'opium........	10 centigr.
— de belladone...	5 —
Guimauve pulvérisée..	q. s.

Pour 10 pilules.

On prescrit d'abord une ou deux de ces pilules, pour calmer la toux des phthisiques, qu'elle soit ou non suivie d'expectoration ; et on en donne davantage, si le résultat n'est point satisfaisant. — Quand la toux s'accompagne d'expectoration, on donne en même temps un mélange de 30 grammes de sirop de tolu, et de 30 grammes de sirop de térébenthine. Enfin, quand la toux se complique de vomissements alimentaires, on conseille, peu de temps avant le repas, l'ingestion de un milligramme de morphine ou bien d'une ou deux gouttes de laudanum dans une petite cuillerée d'eau.

Potion alcoolique.

Eau-de-vie............	100 grammes.
Teinture de cannelle...	5 —
Sirop simple..........	45 —
Eau....	50 —

Mêlez. A donner par cuillerées à bouche d'heure à heure.

La potion alcoolique, dont on peut augmenter ou diminuer la richesse en alcool, selon les cas, s'administre dans les maladies caractérisées par une notable dépression des forces et par le délire.

Le professeur Fuster, de Montpellier, associe l'alcool à la viande crue, pour arrêter le progrès des maladies consomptives, et en particulier de la phthisie pulmonaire à tous les degrés.

Potion béchique (DAVIS).

Sulfate de morphine..	6 centigr.
Sirop d'iodure de fer..	15 grammes.
Glycérine	75 —

Faites dissoudre.

Deux à trois petites cuillerées à café par jour aux phthisiques, pour calmer la toux et retarder l'émaciation.

Potion contre la fièvre des phthisiques (MOUTARD-MARTIN).

Teinture de digitale .	20 gouttes.
Kermès minéral.....	25 centigr.
Julep gommeux......	120 grammes.

F. s. a. une potion, à donner par cuillerées à bouche aux phthisiques, dont le pouls est toujours fréquent (123 à 130 pulsations). On en suspend l'usage, dès que cette fréquence a disparu. — Quand le malade est épuisé par des sueurs abondantes, on lui prescrit, chaque jour, deux ou trois pilules renfermant chacune 10 centigrammes de tannin. S'il a de la diarrhée, on lui prescrit le sous-nitrate de bismuth associé à l'opium.

Dans la forme de tuberculisation pulmonaire qui ne s'accompagne pas de fièvre, l'auteur administre l'acide arsénieux, pour réveiller l'appétit et activer les fonctions de l'estomac. Il fait prendre, chaque jour, sept à huit granules renfermant 1 milligramme de ce corps, et il a soin de les donner au moment du repas, pour éviter au malade les envies de vomir et la diarrhée, qui obligent souvent de cesser l'emploi de ce médicament.

Potion contre la phthisie aiguë (JACCOUD).

Vin rouge vieux...	125 grammes.	
Teinture de cannelle...........	8	—
Cognac vieux......	30 à 80	—
Extrait mou de quinquina......	2 à 4	—
Sirop d'écorces d'oranges.........	30	—

F. s. a. une potion, à donner par cuillerées à ruche d'heure en heure, ou de deux en deux heures.

Le malade prendra en outre du bouillon deux fois le jour, 10 à 20 centilitres de vin de Bordeaux, de la gelée blanche par cuillerées, ou du jus de viande. — Vésicatoires volants constamment promenés sur le thorax.

Deuxième forme de potion contre la phthisie aiguë
(JACCOUD).

Vin de quinquina au bordeaux ou au malaga.......	125 grammes.	
Teinture de cannelle...........	8	—
Cognac vieux......	30 à 80	—
Sirop d'écorces d'oranges.........	30	—

F. s. a. une potion, à donner par cuillerées, d'heure en heure ou de deux en deux heures. — Le vin de quinquina remplace l'extrait, et la potion est moins épaisse.

Potion contre la phthisie aiguë (JACCOUD).

Vin rouge vieux...	125 grammes.
Teinture de cannelle............	8 —
Cognac vieux......	30 à 80 —
Extrait mou de quinquina......	2 à 4 —
Sirop d'écorces d'oranges..........	30 —

F. s. a. une potion, à donner par cuillerées à bouche d'heure en heure, ou de deux en deux heures.

Le malade prendra en outre du bouillon deux fois le jour, 10 à 20 centilitres de vin de Bordeaux, de la gelée blanche par cuillerées, ou du jus de viande. — Vésicatoires volants constamment promenés sur le thorax.

Deuxième forme de potion contre la phthisie aiguë (JACCOUD).

Vin de quinquina au bordeaux ou au malaga.......	125 grammes.
Teinture de cannelle............	8 —
Cognac vieux......	30 à 80 —
Sirop d'écorces d'oranges..........	30 —

F. s. a. une potion, à donner par cuillerées, d'heure en heure ou de deux en deux heures. — Le vin de quinquina remplace l'extrait, et la potion est moins épaisse.

Troisième forme de potion contre la phthisie aiguë
(JACCOUD).

Feuilles de digitale pulvérisées......	30 à 50 centigr.
Eau bouillante.....	25 grammes.

Laissez infuser, filtrez et ajoutez :

Vin rouge vieux....	125 grammes.
Teinture de cannelle...........	8 —
Cognac vieux......	30 à 80 —
Extrait mou de quinquina...........	2 à 4 —
Sirop d'écorces d'oranges	30 —

F. s. a. une potion, à prendre par cuillerées à bouche d'heure en heure, ou de deux en deux heures, duand le pouls est presque effacé, et que les symptômes de cyanose et de dyspnée vont croissant. On supprime la digitale, aussitôt que la contractilité du cœur est restaurée.

Quatrième forme de potion contre la phthisie aiguë
(JACCOUD).

Vin rouge vieux....	125 grammes.
Teinture de cannelle...........	8 —
Cognac vieux......	30 à 80 —
Extrait mou de quinquina...........	2 à 4 --
Acétate d'ammoniaque...........	8 à 10 —
Sirop d'éther.......	30 —

F. s. a. une potion, à donner par cuillerées à

bouche d'heure en heure, ou de deux en deux heures, aux personnes atteintes de phthisie aiguë, lorsque la faiblesse est extrême, et que cet état est im-
putable à la consomption fébrile elle-même, plutôt
qu'à l'aggravation des lésions pulmonaires ou à la
parésie cardiaque.

Potions contre la tuberculisation pulmonaire (Péter).

1° Extrait de quin-	
quina	4 grammes.
Cognac.......	40 —
Julep gommeux.	100 —

Faites dissoudre.

2° Kermès miné-	
ral..........	20, 30 et 40 centigr.
Julep gommeux.	100 grammes.

Mêlez.

Donner d'heure en heure, alternativement, une
cuillerée à bouche de chacune de ces deux potions,
aux tuberculeux qui ont la fièvre, mais chez lesquels
les voies digestives sont encore dans un état satisfaisant. Appliquer un large vésicatoire sur le thorax,
afin d'enrayer momentanément les progrès du mal.

Poudre contre les sueurs des phthisiques (Rodolfi).

Bicarbonate de soude	
pulvérisé............	10 grammes.
Soufre sublimé et lavé.	3 —
Sous-nitrate de bismuth	3 —

Mêlez et divisez en 20 paquets.

On en donne douze par jour, un toutes les deux
heures. Quatre ou cinq jours de traitement suffisant, selon l'auteur, pour suspendre ou au moins

diminuer notablement, les transpirations nocturnes
des phthisiques, dont l'état se trouve sensiblement
amélioré, au bout de quinze ou vingt jours.

Poudre contre la toux.

Saccharure   de   lichen
    pulvérisé...... .....   30 grammes.
Réglisse pulvérisée....   30   —
Opium brut pulvérisé..   10 centigr.
Kermès minéral.......   10   —
Mêlez avec soin et divisez en 10 paquets.

De un à cinq paquets par jour, dans une cuillerée
à café de miel, pour combattre la toux de la bronchite ou de la phthisie, et faciliter l'expectoration.

Poudre contre la toux (GUÉNEAU DE MUSSY).

Poudre de gomme ara-
    bique...............   9 grammes.
Poudre de racine de bel-
    ladone   1   —
Mêlez.

On fait priser cette poudre, dix à douze fois par
jour, jusqu'à effet calmant, aux malades qui ont
une toux fatigante et quinteuse, avec expectoration
presque nulle, et aux phthisiques qui se plaignent
d'un chatouillement laryngé, avec des accès de toux
sèche et pénible.

Prises contre la gastrorrhée des tuberculeux (PÉTER).

Sous-nitrate de bismuth.   10 grammes.
Opium brut pulv.......   10 centigr.
Mêlez et divisez en 5 paquets.

Un paquet avant chaque repas, aux phthisiques

ιui ont des digestions pénibles, qui se plaignent d'anorexie, et qui vomissent, le matin, un liquide transparent, filant, mêlé de bile. On leur prescrit en outre,
après le repas, de 2 à 4 gouttes d'acide chlorhydrique, dans une petite quantité d'eau. Bientôt les vomissements cessent, et les digestions s'accomplissent
avec plus de facilité. Quant à l'appétit, on réussit
généralement à le réveiller, en donnant immédiatement avant le repas, au lieu de bismuth opiacé,
deux gouttes de teinture amère de Baumé.

Révulsifs divers applicables aux tuberculeux (Péter).

Si le tuberculeux est encore robuste, on applique
les ventouses scarifiées ou même des sangsues, sur
ces points du thorax où se perçoivent les signes de
la congestion pulmonaire. Si le malade est affaibli,
on a recours aux ventouses sèches, aux sinapismes,
aux vésicatoires volants. On badigeonne les sommets avec de la teinture d'iode. On doit rejeter absolument l'huile de croton, le thapsia, les emplâtres
attibiés et la poix de Bourgogne, qui laissent après
eux des marques indélébiles. — Si les lésions sont
plus profondes, on établit, au moyen du caustique
de Vienne, un cautère ovoïde, qui occupe le second
ou le troisième espace intercostal, à un ou deux
centimètres du bord libre du sternum. Dans le cas
où le malade ne voudrait point l'entretenir, on en éta-
blirait un second avant la cicatrisation du premier,
afin de ne point suspendre l'effet révulsif. — Enfin,
un mode de révulsion qui est quelquefois recommandé, est la cautérisation ponctuée et très superficielle, obtenue avec une tringle de rideau rougie au
feu. Tous les cinq jours, on applique 20 ou 30 poin-
tes de feu, sous l'une ou l'autre clavicule.

Sirop béchique.

Sirop de baume de Tolu.	25	grammes.
Sirop de sulfate de morphine..............	25	—
Hydrolat de laurier-cerise...............	5	—

Mêlez.

On administre ce sirop composé, soit pur, soit mêlé à la tisane, en deux fois dans la soirée, dans le but de diminuer les quintes de toux, et de procurer du sommeil aux tuberculeux, ou aux sujets atteints d'une affection aiguë des voies respiratoires.

Solution caustique contre la phthisie laryngée (GRAVES).

Nitrate d'argent ou sulfate de cuivre........	60 centigr.	
Eau distillée..........	30 grammes.	

Faites dissoudre.

On porte ce liquide, à l'aide d'une petite éponge fixée à l'extrémité d'une baleine, sur la muqueuse du pharynx et à l'entrée du larynx, dans le cas de phthisie laryngée.

Traitement de la diarrhée des tuberculeux (PÉTER).

On prescrit du lait additionné d'une cuillerée à café d'eau de chaux par tasse, et 5 à 10 paquets de 1 gramme chaque, de sous-nitrate de bismuth, délayés dans une petite quantité d'eau. — S'il existe de la gastrite, vésicatoire volant à l'épigastre, opium associé au bismuth, une ou deux gouttes de laudanum prises 4 ou 5 fois chaque jour par la bouche, et un ou deux quarts de lavements additionnés chacun de 5 à 10 gouttes de laudanum. — Pour nour-

...ture, de petites quantités de lait, des œufs à la coque
...us pain, de la viande crue râpée, par 20 grammes
...la fois. — Constate-t-on des symptômes d'entérite,
...n pratique des frictions stimulantes sur le ventre,
...vec une flanelle imbibée de baume de Fioravanti ou
...l'alcoolat de mélisse ; ou mieux encore, on applique
...ccessivement, et à 4 ou 5 jours d'intervalle, sur le
...sajet du côlon et autour de l'ombilic, de 3 à 5 vési-
...catoires volants, de 6 centimètres de long sur 5 de
...large. — Enfin, si ces moyens échouent, et qu'il se
...produise une diarrhée abondante et fétide, on peut
...recourir aux pilules de nitrate d'argent de un cen-
...gramme, dont on prescrit une, puis deux et trois. —
...Quant à la diarrhée dite colliquative des phthisiques,
...on n'a trouvé jusqu'ici aucun remède efficace à lui
...opposer.

Traitement révulsif dans la phthisie (JACCOUD).

Dans la phthisie aiguë, M. Jaccoud poursuit les
désordres pulmonaires, au moyen de larges vésicatoires volants, qu'on renouvelle sans interruption.
Seulement, il remplace le pansement avec papier
brouillard et cérat, par un morceau de diachylon,
qui déborde d'un bon travers de doigt en tous sens,
la surface de vésication. On enlève l'emplâtre pro-
tecteur au bout de quatre jours, et on trouve la cicatrisation achevée.

Dans le cas de processus phthisiogène chronique,
et non pas encore de phthisie confirmée, on applique
sous la clavicule, d'un seul ou des deux côtés, des
cautères à la pâte de Vienne, de la grandeur d'une
pièce de 20 centimes au maximum, et on répète
l'application de ces cautères ponctiformes, aussi
longtemps qu'on constate quelque modification favorable.

Vin créosoté (BOUCHARD ET GIMBERT).

Créosote pure du goudron de bois........	13 gr. 50
Teinture de gentiane..	30 grammes.
Alcool de Montpellier.	250 —
Vin de Malaga	q. s. pour 1 litre..

De 2 à 4 cuillerées, en 24 heures, chaque cuillerée dans un verre d'eau, édulcorée avec du sirop de groseilles, aux personnes atteintes de tuberculisation pulmonaire. Le vin créosoté est mieux toléré quand on l'administre au moment des repas. Il est applicable à tous les degrés de la tuberculose sauf la phthisie aiguë. Il n'est contre-indiqué, que quand on observe de l'intolérance de l'estomac, de l'aggravation de la toux et de la dyspnée. — La créosote agit sur la sécrétion bronchique, qu'elle diminue ou tarit et modifie singulièrement. Secondairement elle fait disparaître la toux ; puis, en améliorant l'état local, elle agit par contre-coup sur l'état général.

PIQURES D'INSECTES.

Lotion contre les piqûres de guêpe (LAND).

Acide phénique.......	4 grammes.
Eau distillée.........	250 —

Faites dissoudre.

Sur un malade dont la langue, piquée par une guêpe, était très gonflée, et remplissait entièrement la bouche, on toucha directement le point piqué avec de l'acide phénique pur, puis on prescrivit des lavages continus avec la solution phéniquée. Au bout de 24 heures, tous les accidents étaient conjurés.

Pour remplir le même but, le Dr Saunders recommande les solutions concentrées d'alun et d'acide

trique, et il déclare que la solution d'alun lui a
ès bien réussi sur lui-même, après une piqûre de
scorpion.

Lotion contre les piqûres des moustiques (THORNLEY).

>   Acide phénique......   15 grammes.
>   Eau bouillante.......   250   —

Faites dissoudre.

Cette solution diminue considérablement la démangeaison, la chaleur de la peau et le gonflement
résultant de la piqûre des moustiques. On en imbibe
une éponge, qu'on passe sur la face et les mains,
avant de se mettre au lit, et les moustiques ne pi-
quent point tant que l'acide n'est pas évaporé. Aussi,
pour retarder cette évaporation, est-il avantageux de
faire des mélanges en proportions variables d'acide
phénique, d'huile d'olives et de glycérine.
Le Dr Digges indique un remède encore plus simple : dès qu'on a été piqué par le moustique, et qu'on
éprouve une vive démangeaison, on frotte le siège de
la piqûre avec du savon, pendant quelques instants.
Puis on fait couler dessus un filet d'eau froide pendant 3 ou 4 minutes. Aussitôt la démangeaison cesse,
ainsi que tous les autres inconvénients de la piqûre.

PITYRIASIS.

Glycéré contre le pityriasis (VIDAL).

>   Acide tartrique........   2 grammes.
>   Glycéré d'amidon.......   30   —

Mêlez.

Pour onctions, soir et matin, sur les régions
affectées de pityriasis. — Bains alcalins, — laxatifs.

Lotion contre le pityriasis (Bazin).

Eau de son...	500 grammes.
Glycérine pure	30 —
Carbonate de soude...... 25 cent. à 1	—

Faites dissoudre.

En lotions, trois ou quatre fois par jour. — On prescrira en outre les bains alcalins et les bains de vapeur, les douches alcalines et les douches de vapeur.

Lotion contre le pityriasis (Delioux).

Carbonate neutre de potasse pur.........	1 gramme.
Eau de goudron.......	50 —
Rhum vieux..........	50 —

Faites dissoudre.

Il est souvent nécessaire d'ajouter de la glycérine à cette préparation, pour empêcher les cheveux de devenir cassants. — Lotions chaque jour, sur le cuir chevelu atteint de pityriasis.

Dans les cas légers, l'auteur emploie tout simplement de l'infusion de thé, additionnée de rhum.

Lotion contre le pityriasis (Hardy).

Acide nitrique........	1 gramme.
Eau distillée..........	100 —

Mêlez.

Pour lotions sur le cuir chevelu affecté de pityriasis.

Au lieu de ces lotions, on peut faire des onctions avec la pommade nitrique, pourvu que cette préparation ne contienne que 1 gramme d'acide nitrique pour 30 grammes d'axonge.

Lotion contre le pityriasis (Martineau).

Hydrate de chloral ....   30 grammes.
Liqueur de Van Swie-
ten 100   —
Eau 500   —

Faites dissoudre.

Cette solution s'emploie chaude, dans le cas de pityriasis du cuir chevelu, accompagné de prurigo et d'érythème. On fait des frictions chaque jour, et quand le prurigo a disparu, on remplace la solution ci-dessus par la suivante :

Hydrate de chloral ....   25 grammes.
Eau 500   —

Lotion contre le pityriasis (Mialhe).

Sous-borate de soude..   10 grammes.
Alcool................. 125   —
Hydrolat de roses..... 125   —

Faites dissoudre.

Lotions, deux fois la semaine, sur le cuir chevelu atteint de pityriasis.

Lotion contre le pityriasis versicolor (E. Besnier).

Bichlorure de mercure.   25 centigr.
Eau distillée.......... 125 grammes.

Faites dissoudre.

On commence par frotter la peau avec du savon, chez les malades atteints de pityriasis versicolor, puis on pratique les lotions de sublimé, ou on administre un bain de sublimé.

Dans certains cas, on peut se contenter de lotions de savon noir, suivies d'onctions avec la pommade de turbith minéral, préparée dans la proportion 1 gramme de turbith pour 30 grammes d'axonge.

Pommade contre le pityriasis (BAZIN).

Turbith minéral.......   20 centigr.
Huile d'amandes dou-
    ces................   5 grammes.
Axonge..............   25   —

Mêlez.

Pommade contre le pityriasis (HARDY).

Acide nitrique........   1 gramme.
Axonge...............   30   —

F. s. a. une pommade, conseillée contre le pityriasis capitis, et qu'on appliquera quand les cheveux auront été coupés. En même temps, on prescrit l'usage interne des amers, tels que le houblon, la centaurée, le sirop antiscorbutique, le vin et le sirop de gentiane. Dans les cas rebelles, on administre les sulfureux à l'intérieur et les eaux minérales sulfureuses.

Pommade contre le pityriasis (MALASSEZ).

Turbith minéral.   1 gramme.
Beurre de cacao.)
Huile de ricin... } ãã   20   —
Huile d'amandes
    douces.......)

F. s. a. Après avoir rasé la tête, ou coupé les cheveux très courts, on graisse, matin et soir, le cuir chevelu avec cette pommade, dans le cas de pityriasis capitis, de nature parasitaire.

On peut également faire des lotions avec la solution suivante :

Sublimé corrosif.....   1 à 10 centigr.
Eau distillée........   250 grammes.
Teinture de benjoin.   2   —

Il est indispensable de n'employer pour la tête,
que des brosses et des peignes très propres, afin de
ne pas propager, par un nouvel ensemencement, le
champignon que le microscope a fait découvrir dans
les pellicules.

Pommade contre le pityriasis (Vidal).

Huile de ricin..........   25 grammes.
Beurre de cacao........   5   —
Turbith minéral........   75 centigr.
Teinture de benjoin....   q. s.

F. s. a. une pommade, conseillée contre le pityriasis.

On peut remplacer le turbith par 3 grammes de
cuivre sublimé et lavé.

Chaque matin, avant de faire une nouvelle onction, on
lave la tête avec de l'eau de noyer et du savon.

Contre ce même pityriasis, M. Lailler prescrit des
lotions deux fois par semaine, avec de la décoction
d'écorce de panama additionnée d'alcool. Les autres
jours, on fait, matin et soir, des onctions sur le cuir
chevelu, avec gros comme une noisette de baume
d'Oldeloch.

Pommade contre le pityriasis versicolor (Hardy).

Soufre sublimé........   9 grammes.
Axonge...............   80   —

Mêlez.

Le pityriasis appelé versicolor ou parasitaire, parce
qu'il est occasionné par la présence dans les lamelles
épidermiques du microsporon furfur, cède souvent
au seul emploi des bains sulfureux répétés tous les

jours, pendant 3 ou 4 semaines, et à des onctions faite matin et soir, avec la pommade soufrée. — On pe recourir aussi à la pommade oxygénée du codex, mieux encore à une pommade renfermant 20 goutt d'acide nitrique pour 50 grammes d'axonge. — O a également conseillé les lotions avec une solution sublimé au millième, et même les bains de sublim préparés en ajoutant à un bain ordinaire, dix gramm de bi-chlorure de mercure dissous dans l'alcool. Les eaux de Bagnères-de-Luchon, d'Ax ou d'Aix-Chapelle peuvent être avantageusement employées. Aux personnes débilitées, on prescrira une médica tion tonique et une bonne hygiène.

Pommade soufrée (HARDY).

Fleurs de soufre.......   1 gramme.
Axonge...............   30   —
Mêlez.

En frictions, soir et matin, contre le pityriasis la tête, les cheveux ayant été préalablement coupé — Bains sulfureux, préparations soufrées à l'intérieu

Sirop alcalin.

Sirop de fumeterre..   500 grammes.
Bicarbonate de sou-
de...............   4 à 10   —

F. s. a. Une cuillerée à soupe, matin et soir, un heure avant le repas, dans le pityriasis. — Eau alca line aux repas.

Sirop alcalin (BAZIN).

Bicarbonate de soude...   8 grammes.
Sirop simple..........   60   —

faites dissoudre le sel alcalin dans une petite
antité d'eau, filtrez, et ajoutez la solution au sirop
: sucre, que vous aurez eu soin de faire un peu
œ cuire.

On administre une ou deux cuillerées de ce sirop.
)que jour, aux sujets atteints d'affections cutanées,
qui présentent la diathèse arthritique.

PLAIES.

Emplâtre phéniqué (LISTER).

Huile d'olives.........	120	grammes.
Litharge..	120	—
Cire.................	30	—
Acide phénique cris-tallisé.............	25	—

On prépare cet emplâtre, sans y ajouter d'eau, et
l'étend, comme du diachylon, sur une toile mince.
l'emploie pour le pansement des plaies qui ont
ooin d'être désinfectées.

Émulsion de goudron végétal (ADRIAN).

Goudron choisi........	100	grammes.
Jaunes d'œufs.........	150	—
Eau.................	750	—

Divisez le goudron à l'aide du jaune d'œuf, et ajou-
l'eau par portions.
Cette émulsion, qui contient 100 grammes de gou-
an par litre, peut s'étendre d'eau, et servir aux in-
ríions et lavages des plaies.

Épithéme argileux contre les plaies (P. VIGIER).

Terre glaise fine ethumide des statuai-res.................	100	grammes.
Glycérine pure........	50	—

Triturez dans un mortier jusqu'à parfait mélange et broyez ce dernier sur un porphyre, au moyen de la molette ou d'un rouleau de marbre.

Si on emploie l'argile desséchée, on a recours à la formule suivante :

Argile sèche, en poudre impalpable	75 grammes.
Glycérine..............	50 —
Eau	25 —

Triturez jusqu'à ce que la pâte soit bien homogène.

On étale ce mélange d'argile et de glycérine sur un linge, en couche un peu épaisse, et on recouvre le linge d'une feuille mince de gutta-percha ou de taffetas gommé, pour empêcher l'épithème de se dessécher.

Cet emplâtre, appliqué sur les plaies, diminue la suppuration, et hâte la cicatrisation. Il n'irrite pas la peau, et il est imputrescible.

Goudron glycériné (ADRIAN).

Goudron..............	150 grammes.
Jaunes d'œufs..........	150 —
Glycérine	300 —

Mêlez.

Cette préparation, qui a la consistance d'une pommade, n'adhère pas à la peau comme la pommade au goudron. Elle peut s'étendre d'eau, et s'emploie alors pour le pansement des plaies gangréneuses et des ulcères rebelles.

Huile phéniquée (LISTER).

Huile d'olives ou de lin bouillie	27 grammes.

Acide phénique cris-
tallisé................ 3 grammes.
Faites dissoudre.

On imbibe de cette solution, de la charpie ou des
compresses, que l'on applique ensuite sur les plaies
que l'on veut désinfecter.

Lotion balsamique (Kirkland).

Teinture de myrrhe... 60 grammes.
Eau de chaux.......... 60 —
Mêlez.

Conseillée pour laver les tumeurs fongueuses et les
plaies de mauvaise nature.

Lotion contre les plaies (N. Guéneau de Mussy).

Acide salicylique...... 2 grammes.
Alcool................. 40 —
Décocté de pavots..... 400 —
Faites dissoudre.

Cette solution s'emploie pour le pansement des
plaies blafardes et de mauvais aspect. Elle les déterge
rapidement et hâte la cicatrisation.

Pansement des plaies (Cane).

On dissout de l'acide borique dans l'eau bouillante
jusqu'à saturation, et on y plonge de la charpie ou
de la ouate, qu'on fait ensuite sécher, et au milieu
desquelles on constate la présence de l'acide borique, sous forme de cristaux floconneux. — On peut
également préparer une pommade, en incorporant
2 grammes d'acide borique dans 30 grammes d'axonge
simple ou benzinée. — Le coton, la charpie et la
pommade d'acide borique sont recommandés pour le

pansement des plaies, vis-à-vis desquelles ils se comportent comme des agents antiseptiques, et dont ils hâtent la cicatrisation sans les irriter.

Pansement des plaies de tête (GOSSELIN).

Dans le cas de plaie contuse superficielle du cuir chevelu, l'auteur prescrit le pansement avec l'alcool pur. — Sous l'influence de ce moyen, la cicatrisation est rapide, la suppuration moins abondante, et on observe moins de tendance à l'érysipèle et à l'inflammation phlegmoneuse.

Pommade antiseptique.

Extrait alcoolique de
    quinquina.......... 5 grammes.
    Axonge............... 40 —
Mêlez.

On graisse des plumasseaux de charpie avec cette pommade, et on les applique sur les plaies gangreneuses. — On prescrit en même temps les préparations de quinquina à l'intérieur et un régime tonique.

Pommade salicylée.

Acide salicylique..... . 3 grammes.
Alcool............... .. 6 —
Axonge récente........ 30 —

F. s. a. une pommade, pour panser les plaies dont la cicatrisation marche lentement, et qui ont besoin d'être stimulées et désinfectées.

Pommade stimulante (WAGNER).

Acide salicylique...... 1 gr. 50
Alcool................ 3 grammes.
Axonge .... 15 —

Dissolvez l'acide dans l'alcool, et incorporez la
solution à l'axonge.

Cette pommade est conseillée contre les plaies
infectes, et qui se cicatrisent difficilement.

Poudre désinfectante (Demarquay).

Permanganate de
 potasse .... \
Carbonate de chaux   \
 pulvérisé ....   } āā parties égales.
Amidon en pou-   /
 dre ....,   /

Mêlez.

On peut panser avec cette poudre, sans déterminer de douleur, certaines plaies à odeur fétide. le
cancer du sein ulcéré par exemple.

Solution alcaline concentrée de goudron (Adrian.

Goudron choisi ....   100 grammes.
Soude liquide à 36°...   50   —
Eau   850   —

Cette solution, qui peut être étendue d'eau à volonté, est limpide et se conserve indéfiniment, sans
laisser déposer aucune partie de goudron. — Usage
interne et externe.

Solution antiseptique (Martineau).

Solution d'hydrate de
 chloral au 100° ......   500 grammes.
Alcoolé d'essence d'eu-
 calyptus   50   —

Mêlez.

Cette solution est conseillée pour panser les plaies
gangréneuses, les escàrres au sacrum, pour traiter
les kystes purulents à suppuration fétide.

Solution antiseptique (THIERSCH).

Acide salicylique......	2	grammes.
Phosphate de soude...	6	—
Eau...................	100	—

Faites dissoudre.

Des plumasseaux de charpie trempés dans cette
solution sont maintenus sur les plaies putrides,
pour en hâter le bourgeonnement et la cicatrisation.

L'auteur propose de substituer l'acide salicylique
à l'acide phénique, dans le traitement des plaies par
la méthode de Lister.

Solution contre les ulcères atoniques (VALLIN).

Hydrate de chloral......	1	gramme.
Glycérine..............	30	—
Eau distillée..........	50	—

Faites dissoudre.

On imbibe des plumasseaux de charpie de cette
solution, et on les applique sur les plaies atoniques
contractées dans les pays chauds, afin d'en hâter la
cicatrisation.

Solution désinfectante (DEMARQUAY).

Permanganate de po- tasse............	1	gramme.
Eau distillée........	1000	—

Faites dissoudre.

Cette solution est destinée à laver les plaies infectes.

On en imbibe des plumasseaux de charpie, qu'on laisse à demeure, sur les clapiers qui exhalent une mauvaise odeur. On l'injecte dans les narines en cas d'ozène ; dans le vagin, dans le cas de cancer de l'utérus.

Pour faire cesser la transpiration fétide des pieds, on conseillera de les laver avec une solution de permanganate de potasse, contenant 15 grammes de ce sel pour 1000 grammes d'eau.

PLAIES ET ULCÈRES DE LA CORNÉE.

Collyre antiseptique (SATTLER).

Acide salicylique......	1 gramme.
Acide borique.........	3 —
Eau distillée.........	100 —

Faites dissoudre.

Des compresses imbibées de ce liquide sont appliquées sur l'œil, dans le cas d'ulcère rongeant de la cornée. On s'efforce, en outre, d'arrêter la marche envahissante de l'ulcère par la cautérisation ignée, pratiquée d'une manière légère et superficielle, au moyen d'une petite olive pointue. Cette cautérisation, qui n'est pas douloureuse, a besoin parfois d'être répétée, et elle abrège sûrement la durée du traitement. — Il est important de s'assurer que l'acide borique ne renferme point de sels de plomb, comme cela arrive assez souvent, car il en résulterait un danger sérieux pour l'œil.

Lotion contre les plaies de la cornée (GALEZOWSKI).

Extrait de belladone...   1 gramme.
Extrait de jusquiame...   2   —
Eau distillée..........   150   —
Faites dissoudre.

On fait tiédir cette solution, et on y trempe des compresses, qu'on maintient sur l'œil, pendant au moins 6 heures par jour, quand, à la suite d'un coup d'ongle par exemple, il existe une érosion de la cornée, des douleurs profondes et de la photophobie. En outre, on instille dans l'œil quelques gouttes de collyre au sulfate d'atropine, et on recommande le repos absolu, l'organe malade étant recouvert d'un morceau de soie noire.

Pommade antiseptique (GALEZOWSKI).

Acide borique..........   10 centigr.
Vaseline..............   10 grammes.

F. s. a. — On introduit cette pommade dans l'œil plusieurs fois par jour, après les opérations de paracentèse, de kératotomie, de staphylôme pellucide. L'auteur recommande de les pratiquer par la méthode de Lister, afin d'éloigner tous les germes d'infection qui pourraient produire la fonte de la cornée.

La pommade d'acide borique et la pommade d'ésérine (sulfate neutre d'ésérine $0^{gr},02$, vaseline 5 grammes) sont également efficaces dans le traitement des abcès profonds de la cornée, dans les ulcères rongeants, dans les abcès des moissonneurs.

Pommade contre l'érosion de la cornée (GALEZOWSKI).

Chlorhydrate de mor-
    phine ....   25 centigr.

Eau distillée........... q. s. p. dissoudre.
Axonge............... 30 grammes.

F. s. a. une pommade, pour onctions, 3 ou 4 fois [j]jour autour de l'orbite, dans le cas d'érosion de la [co]rnée déterminée par un coup d'ongle, quand le ma[la]de accuse des douleurs profondes, qui n'ont point [été] calmées par l'instillation du collyre au sulfate [d']atropine. Repos absolu de l'organe, sur lequel on [ma]intiendra, plusieurs heures par jour, des com[pr]esses trempées dans la solution suivante, qu'on [au]ra préalablement fait tiédir :

Extrait de belladone... 1 gramme.
—   de jusquiame.. 2   —
Eau distillée.......... 150   —

Si l'iris s'enflamme à son tour, on appliquera à la [te]mpe correspondante, de 2 à 4 sangsues, suivant [l'â]ge.

Pommade contre les ulcères de la cornée (Warlomont).

Oxyde rouge de mercure. 10 centigr.
Axonge................ 4 grammes.
Baume du Pérou....... 8 à 12 gouttes.

Mêlez.

Cette pommade est vantée comme un excellent [ci]catrisant des ulcères de la cornée, chez les vieil[la]rds, les enfants scrofuleux, et chez les malades [q]ui présentent des ulcérations perforantes de la [c]ornée avec hernie de l'iris, dans le cours de l'oph-[th]almie purulente.

Traitement des piqûres de la sclérotique (Yvert).

Application de sangsues à la tempe du côté blessé, [in]stillation souvent répétée du collyre à l'atropine, [o]nctions avec la pommade belladonée au pourtour de

l'orbite, eau fraîche ou sachets de glace maintenu
en permanence sur l'œil, purgatifs à l'intérieur, te
sont les principaux moyens recommandés par l'au
teur, si l'inflammation semble prendre des propo
tions anormales.

PLAQUES MUQUEUSES.

Gargarisme antisyphilitique (LANGLEBERT).

Teinture d'iode.......	4 grammes.
Eau distillée..........	400	—
Sirop de mûres.......	40	—

F. s. a. un gargarisme, à employer dans le cas o
plaques muqueuses et d'ulcérations secondaires de
lèvres et de la cavité buccale. Cette solution est pr
férable au gargarisme de sublimé, dont l'efficaci
est incontestable, mais qui a le double inconvénie
de noircir les dents, et de laisser après lui un go
styptique des plus désagréables. — Quand les ulc
rations sont rebelles, il y a lieu de les toucher lég
rement avec le nitrate acide de mercure.

Gargarisme au sublimé (GIBERT).

Bichlorure de mercure.	25 centigr.
Laudanum de Syden-		
ham..............	25	—
Miel rosat..........	30 grammes.
Hydrolat de laitue.....	180	—

Faites dissoudre.

Ce gargarisme produit les meilleurs effets, dans l
cas d'ulcérations vénériennes de la gorge.

Gargarisme ioduré (CULLERIER).

    Iodure de potassium...   1 gramme.
    Sirop de miel........   30   —
    Décoction d'orge......   125   —
Faites dissoudre.

Contre les ulcères syphilitiques de la bouche et de
la gorge.

Gargarisme ioduré (GAUTHIER).

    Iodure de potassium...   60 centigr.
    Teinture d'iode.......   2 grammes.
    Eau distillée.........   140   —
Faites dissoudre.

Mêmes indications que le précédent.

Lotion contre les plaques muqueuses (LANGLEBERT).

    Liqueur   de   Labarra-
        que................   100 grammes.
    Eau distillée.........,   300   —
Mêlez.

On conseille aux femmes atteintes de plaques muqueuses de la vulve, de faire de fréquentes lotions
avec ce liquide, et de recouvrir d'une couche de
pommade au calomel, les ulcérations qui viennent
d'être lotionnées. Le même traitement est applicable
aux plaques et aux ulcères de l'anus. Cependant,
on obtient ordinairement un succès plus rapide,
dans ce dernier cas, avec la décoction concentrée de
ratanhia.

Solution contre les plaques muqueuses (A. FOURNIER).

    Nitrate d'argent cristallisé..   50 centigr.
    Eau distillée............   75 grammes.
Faites dissoudre.

Pour panser les plaques muqueuses ulcérées. — On augmente, s'il le faut, la proportion de nitrate d'argent. — Quand les plaques muqueuses sont situées dans la bouche, on peut les cautériser avec le nitrate acide de mercure ; mais on doit opérer avec la plus grande circonspection, ne toucher la plaie qu'avec une quantité extrêmement faible de liquide, et faire aussitôt gargariser avec une décoction émolliente. Si une seconde cautérisation semblable est nécessaire, laisser écouler 6 à 7 jours avant d'y revenir. — Dans les cas légers, la solution de nitrate d'argent est suffisante.

Solution contre les plaques muqueuses (HARDY).

    Chlorure de zinc....... 1 gramme.
    Eau distillée.......... 15   —
Faites dissoudre.

On touche les plaques muqueuses avec un pinceau trempé dans cette solution. Dans les cas rebelles, on a recours à la solution suivante :

    Nitrate acide de mer-
      cure............... 1 gramme.
    Eau distillée......... 100   —

Les plaques muqueuses de la bouche réclament plus particulièrement l'emploi du nitrate acide de mercure.

Trochisques antisyphilitiques (LANGLEBERT).

    Charbon de braise fine-
      ment pulvérisé.... . 25 grammes.
    Proto-iodure de mer-
      cure............... 2   —
    Benjoin.............. 50 centigrammes.

Mêlez exactement, et ajoutez assez d'eau sucrée
jur faire une pâte, que vous diviserez en 20 tro-
iisques.

Le malade brûlera un trochisque, matin et soir, et
dirigera la fumée vers la bouche, dans le cas
nlcères syphilitiques du larynx et de la trachée.

PLEURÉSIE.

Liniment ioduré vésicant (NÉLIGAN).

Iode....................	10	grammes.
Iodure de potassium....	4	—
Camphre................	2	—
Alcool.................	60	—

Faites dissoudre successivement dans l'alcool
iode, l'iodure alcalin et le camphre.

Ce liniment ne doit être appliqué qu'avec pré-
ution, car il jouit d'une propriété vésicante éner-
gue.

On peut l'employer dans la pleurésie avec épan-
ocment, quand on craint l'action sur les reins d'un
ésicatoire cantharidé.

Mixture purgative et diurétique (CRUVEILHIER).

Teinture d'aloès.....	4 à 8	grammes.
— de scille....	20	gouttes.
— de digitale..	20	—

Mêlez.

A prendre le matin à jeun, dans un demi-verre
infusion de pariétaire, tous les deux ou trois
urs, dans la pleurésie chronique avec épanchement.

— Vésicatoires volants sur le thorax.

PLEURODYNIE.

Traitement de la pleurodynie (D'Heilly).

Dans les cas légers, application locale de quelqu[..]
agents narcotiques, ou de révulsifs légers : cat[..]
plasmes laudanisés, frictions de baume tranquill[..]
badigeonnages avec un mélange à parties égales [..]
teinture d'iode et de laudanum, sinapismes, sache[..]
de sable chaud, compresses de chloroforme. — Do[..]
ner au corps une position favorable, pour que l[..]
muscles douloureux soient relâchés.

Si la douleur est très violente, émissions sanguin[..]
locales, sangsues, ventouses scarifiées, vésicatoir[..]
morphinés, bains tièdes, bains russes, bains de v[..]
peur. — Si l'affection tend à la chronicité, douch[..]
chaudes avec des eaux sulfureuses ou salines, cur[..]
à Luchon, à Barèges, à Aix en Savoie, au Mont-Dor[..]
à Néris, à Bourbonne. — Électrisation à l'aide [..]
courants constants. — Afin de prévenir les récidiv[..]
se prémunir contre le froid et l'humidité.

PNEUMONIE.

Mixture diaphorétique et expectorante (S. Dickson).

Poudre d'ipéca.........	4 grammes	
Teinture d'opium cam-		
phrée..............	6	—
Infusion de racine de		
serpentaire.........	130	—

Mêlez.

L'auteur prescrit cette mixture, comme diapho[..]
tique et expectorante, dans les phlegmasies d[..]
organes respiratoires, telles que la pneumonie, [..]
bronchite, le croup, etc. La dose varie, suivant l'â[..]
du sujet et les particularités de la maladie, de 4[..]

grammes, donnés à des intervalles d'une demi-
ıre à deux héures.

Potion alcoolique (Gubler).

Alcool à 85°...........	50 grammes.
Eau commune.........	50 —
Sirop d'écorces d'oran-	
ges amères.........	50 —

Mêlez, pour une potion, dont on donnera une
llerée à bouche toutes les deux heures, ou plus
vent, dans la pneumonie ataxo-adynamique, et
us d'autres affections accompagnées de délire.
Il. le docteur Jaccoud administre également l'al-
l, contre le délire de la pneumonie. Aux buveurs,
onne chaque jour, jusqu'à 100 grammes d'alcool,
x 250 grammes de vin de Bordeaux.
ans les formes ataxo-adynamiques de la pneu-
mie, Béhier prescrivait une potion alcoolique,
ht il augmentait ou diminuait les proportions
au-de-vie, selon l'intensité des symptômes à com-
tre. Si le délire était violent, il rapprochait les
ses, et il les éloignait dans le cas contraire, en
nt soin de ne pas supprimer trop brusquement
ggestion de l'alcool.

Potion au musc (Delioux).

Alcoolé de musc.....	4 à 8 grammes.
Extrait de quinquina.	4 —
Vin rouge...........	60 —
Eau commune.......	60 —
Sirop de baume de	
Tolu...............	30 —

.'. s. a. une potion, qu'on donne à la dose d'une
lllerée à bouche, toutes les deux heures, dans
1 pneumonies typhoïdes et les fièvres ataxiques.

Potion contre la pneumonie (Laboulbène).

Julep gommeux.....	125 grammes.
Tartre stibié........	15 centigr.
Digitale pulvérisée..	5 à 10 —
Sirop diacode.......	15 grammes.

F. s. a. une potion, qu'on administre par cuill 1
rées, de deux en deux heures, dans la pneumoni(
aiguë franche.

Potion contro-stimulante.

Antimoine diaphorétique lavé................	4 grammes.
Extrait thébaïque......	5 centigr.
Hydrolat de laitue......	75 grammes.
Hydrolat de laurier-cerise................	15 —
Sirop de baume de Tolu.	20 —

F. s. a. une potion, à donner par cuillerées
dans les inflammations aiguës de l'appareil respira
toire.

Potion contre-stimulante (Accornati).

Musc.................	60 centigr.
Kermès minéral......	20 —
Sirop de polygala......	30 grammes.
Infusion de valériane..	250 —

F. s. a. une potion, à donner par cuillerées, dans
les vingt-quatre heures, dans la pneumonie atas
que.

Potion stimulante (H. Roger).

Infusion de mélisse.	60 grammes.
Eau-de-vie.........	10 à 30 —

Sirop de quinquina.)
Sirop de fleurs d'o- } āā 15 grammes.
    ranger ....)

F. s. a. une potion, à donner par cuillerées à café,
'tes les demi-heures, aux enfants atteints de
oncho-pneumonie primitive, quand il existe de
ldynamie, de la cyanose et des symptômes asphy-
ques. — Petits vésicatoires sur la poitrine, enve-
ppement des membres dans la ouate, infusion
aude de café, par cuillerées fréquemment répé-
es.

Potion tonique.

Hydrolat de tilleul..... 90 grammes.
Extrait de quinquina
    jaune................ 4 — .
Musc................. 40 centigr.
Sirop d'écorces d'oran-
    ges .... 30 grammes.

F. s. a. une potion, à donner par cuillerées, dans
 affections inflammatoires du poumon, avec symp-
rmes adynamiques.

Potion tonique.

Acétate d'ammoniaque. 10 grammes.
Teinture de cannelle... 5 —
Extrait de quinquina... 2 —
Eau distillée de mé-
    lisse................ 120 —
Sirop d'écorces d'oran-
    ges amères........ 30 —

F. s. a. une potion, à donner par cuillerées,
heure en heure, dans la pneumonie adynamique.

Poudre contro-stimulante.

Ipéca pulvérisé.........	1 gramme.
Kermès minéral........	50 centigr.
Camphre pulvérisé.....	1 gramme.
Sucre de lait pulvérisé..	10 —

Mêlez, et divisez en 10 paquets.

Un paquet toutes les deux heures, dans la pneumonie adynamique.

Poudre expectorante (Hôpitaux allemands).

Kermès minéral........	15 centigr.
Camphre pulvérisé.....	30 —
Sucre blanc pulvérisé...	6 grammes.

Mêlez, et divisez en 12 paquets.

On en prescrit de quatre à six par jour, pour faciliter l'expectoration, dans les maladies aiguës du poumon.

POLYPES.

Solution contre les polypes muqueux des fosses nasales
(Frédéricq).

Bi-chromate de potasse.	8 grammes.
Eau distillée..........	q. s.

Pour une solution saturée, que l'on porte à l'aide d'un petit pinceau, sur les points accessibles du polype, en évitant autant que possible d'humecter les parties voisines. L'opération est répétée chaque jour jusqu'à ce qu'elle détermine de la douleur, et qu'il produise un commencement d'inflammation. On suspend alors l'application du bi-chromate, pour y revenir s'il y a lieu, dès que l'irritation est calmée. Au bout d'un temps variable, trois ou quatre jours selon l'auteur, le polype devient le siège d'une sorte d'inflamma-

...on, qui se propage quelquefois dans le nez. Elle ne dure jamais plus de quarante-huit heures, et ne doit inspirer aucune inquiétude. C'est pendant sa durée, que s'opère un travail actif de résorption.

Que les polypes aient été détruits par cette méthode, ou par l'arrachement, ou par la ligature, on doit chercher à prévenir les récidives par des injections, des douches, des pulvérisations de liquides astringents, par des insufflations de poudres astringentes ou caustiques, telles que l'alun, le tannin, le ratanhia, le sulfate de zinc ou de cuivre, la noix de galle.

PROSTATE (maladies de la).

Lavement calmant (LANGLEBERT).

Camphre	50 centigr.
Extrait thébaïque......	5 —
Jaune d'œuf...........	N° 1
Eau distillée	200 grammes.

F. s. a. un lavement, conseillé dans le cas d'inflammation de la prostate. — Saignée générale, si l'état du malade le permet ; application de sangsues soit au périnée, soit dans le rectum, sur la surface correspondant à la prostate. — Administration à l'intérieur de laxatifs répétés.

Pilules calmantes (RICORD).

Extrait de belladone....	30 centigr.
Castoréum pulv........	2 grammes.
Camphre pulv..........	4 —
Magnésie calcinée......	q. s.

F. s. a. 30 pilules. — Trois à quatre par jour, pour combattre la constipation des personnes atteintes de prostatite aiguë. — En outre, on pratique

sur le périnée des onctions avec la pommade suivante :

Extrait de bella-
done ....
Extrait de jusquia-
me ....
}
ãã   4 grammes.

Onguent napolitain   30   —

Un large cataplasme tiède est appliqué après chaque friction. — Pour boissons, des tisanes de lin o o
de guimauve presque froides ; lait et bouillon pou-
toute alimentation.

Suppositoire fondant (Stafford).

Iodure de potassium....   5 gr. 20
Extrait de jusquiame...   30 centigr.
Extrait de ciguë........   30   —
Beurre de cacao........   5 grammes.
F. s. a. un suppositoire.

Conseillé contre les engorgements et l'hypertroph d
de la prostate.

PRURIGO.

Glycéré contre le prurigo (Guéneau de Mussy).

Glycérine neutre.......   40 grammes.
Amidon...............   4   —
Bromure de potassium..   4   —
Calomel à la vapeur....   2   —
Extrait de belladone....   40 centigr.

l'intérieur, on administre le bromure de potassium, et on recommande l'abstinence de boisso o
alcooliques et d'excitants de toute sorte.

jection hypodermique contre le prurigo (Fleischmann).

>   Acide phénique.......   2 grammes.
>   Eau distillée......... 100   —

Faites dissoudre.

On injecte sous la peau la moitié du contenu de
seringue de Pravaz, puis, plus tard, la totalité,
ns le cas de prurigo avec démangeaison vive. L'in-
ction est pratiquée dans les régions qui sont le
ège du prurit le plus constant, on la répète plus
 moins souvent, selon l'intensité des cas. Pour les
alades observés par l'auteur, le nombre total des
jections a varié de 3 à 15. Une injection au moins
été pratiquée tous les deux ou trois jours.

Injection hypodermique contre le prurigo (O. Simon).

>   Chlorhydrate de pilocar-
>   pine..............   5 centigr.
>   Eau distillée.......... 10 grammes.

Faites dissoudre.

Dans le cas de prurigo chez l'adulte, le Dr O. Simon,
 Breslau, pratique tous les jours une injection sous-
tanée avec un gramme de cette solution, et il affirme
'au bout de quelques jours, les démangeaisons di-
inuent puis disparaissent, sans qu'on soit toutefois
'abri des récidives. — A défaut de pilocarpine, il
escrit, à la dose de 2 ou 3 cuillerées par jour, le
oop de jaborandi préparé avec : feuilles de jabo-
ndi 3 parties, sucre 18 parties, eau 15 parties.

Pommade contre le prurigo (Girou de Buzareingues)

>   Goudron............... 15 grammes.
>   Laudanum de Rousseau.   2   —
>   Axonge................ 60   —

Mêlez.

Frictions matin et soir, contre le prurigo.

Après quelques applications, les démangeaisons cessent, et la guérison ne tarde pas à s'établir définitivement.

Pommade contre le prurigo (Hébra).

Soufre sublimé et lavé...........	18	grammes.
Craie préparée....	12	—
Huile de faine....	18	—
Savon vert........	} ãã 50	—
Axonge		

F. s. a. une pommade, avec laquelle on pratique des onctions plusieurs fois le jour, pour combattre le prurigo ferox. Le soir, potion de chloral pour procurer du sommeil ; huile de foie de morue et fer si le malade est anémique.

Pommade contre le prurigo (Hillairet).

Iodoforme............	5	grammes.
Axonge	45	—

Mêlez à la température du bain-marie, et agiter jusqu'à refroidissement. — Cette pommade est recommandée contre le prurit, le prurigo, l'eczéma chronique, les fissures et les ulcères douloureux...

Solution contre le prurigo (Guibout).

Bichlorure de mercure.	1	gramme.
Eau distillée.........	120	—

Faites dissoudre.

On verse une cuillerée à café de cette solution dans un quart de verre d'eau froide, et on fait, trois ou quatre fois par jour, des lotions prolongées

s organes génitaux de l'homme et de la femme,
ans le cas de prurigo scrotal, anal ou vulvaire. On
essuie pas, et on saupoudre avec de l'amidon les
arties humides.

Certaines applications hydrothérapiques, telles
ue des douches d'eau froide, en colonne ou en ar-
soir, dirigées avec force sur les régions malades,
onnent encore de bons résultats. On peut en dire
ntant de certains irritants locaux, tels que l'huile
e cade et la teinture d'iode.

Solution contre les démangeaisons (HARDY).

Bichlorure de mercure.	1 gramme.
Eau distillée..........	125 —
Alcool...............	q. s.

Faites dissoudre.

Une cuillerée à café dans un verre d'eau chaude,
our calmer les démangeaisons du prurigo. — Bains
dditionnés d'alun ou de carbonate de soude.

PRURIT.

Liniment contre le prurit (BAZIN).

Eau de chaux.........	30 grammes.
Glycérine............	30 —
Huile d'amandes dou-ces...............	60 —

F. s. a. un liniment, recommandé pour calmer le
rurit de l'anus, si fréquent dans l'arthritis.

Lotion antiherpétique (CAZENAVE).

Sulfure de potassium..	4 grammes.
Savon blanc..........	8 —
Eau distillée..........	250 —

F. s. a. une solution, recommandée pour calmer
les démangeaisons, dans les affections prurigineuses.
— Bains alcalins, — laxatifs.

La lotion antipsorique de Cullen s'emploie à peu
près dans les mêmes cas. Elle est préparée avec :

Sulfure de potassium..   2 grammes.
Décoction légère d'ellé-
    bore blanc..........   500   —
Faites dissoudre.

Lotion antiprurigineuse.

Suc de citron..........   10 grammes.
Vinaigre aromatique..   5   —
Eau................   200   —
Mêlez.

Lotions plusieurs fois le jour, pour calmer le prurit de la vulve et du scrotum. Après chaque lotion
sécher la peau, et la couvrir de fécule de pomme
de terre ou de poudre de lycopode. — Grands bains
répétés; abstinence de boissons alcooliques.

Lotion antiprurigineuse (DELAPORTE).

Phénate de soude.....   25 grammes.
Eau de Cologne.......   75   —
Glycérine neutre......   100   —
Eau distillée.........   300   —
Faites dissoudre.

On imbibe une éponge de cette solution, et on la
passe légèrement sur la peau, quand elle est le siège
de démangeaisons rebelles, dans l'eczéma ou le
prurigo, et dans le prurit vulvaire.

Lotion antiprurigineuse (Jeannel).

Carbonate de potasse...	1 gramme.
Hydrolat de laurier-cerise...............	20 —

Faites dissoudre et filtrez.

Lotions, matin et soir, au moyen d'une éponge, dans le cas de prurit de la vulve, de l'anus et du scrotum.

Lotion antiprurigineuse (Meigs).

Borate de soude.......	10 grammes.
Sulfate de morphine...	40 centigr.
Eau distillée de roses..	200 grammes.

Faites dissoudre.

Cette solution est employée en lotions, deux ou trois fois le jour, pour combattre le prurit de la vulve.

Dans l'intervalle des lotions, on applique de la poudre de lycopode ou de la fécule de pommes de terre.

Lotion de borax camphrée.

Borate de soude.....	5 à 10 grammes.
Alcool camphré.....	20 —
Eau distillée........	500 —

Faites dissoudre.

Pour lotions contre les démangeaisons et les affections dartreuses du cuir chevelu.

Lotion contre le prurit (Vidal).

Hydrate de chloral..	5 à 10 grammes.
Eau	250 —

Faites dissoudre.

En lotions contre toutes les affections prurigi--
neuses de la peau. Bains amidonnés, laxatifs répé--
tés, boissons amères.

Lotion contre le prurit vulvaire (DELIOUX).

Hydrolat de laurier-ce-		
rise.................	15	grammes.
Carbonate de potasse..	30	—
Eau..................	500	—

Faites dissoudre.

Cette solution s'emploie froide, à l'aide d'une
éponge. — S'il y a de l'eczéma, on badigeonne avec
l'huile de cade.

Lotion contre le prurit vulvaire (GELLÉ).

Hydrate de chloral....	10	grammes.
Eau distillée.........	100	—

Faites dissoudre.

Dans le cas de prurit vulvaire, on fait plusieurs
lotions par jour, et on laisse à demeure, entre les
grandes lèvres, un tampon de ouate imbibé de la
solution.

On emploie également avec succès une solution
de bromure de potassium, dont la richesse peut
varier, et aller même jusqu'à la saturation. On lave
à l'eau chaude, avant d'employer la solution bromurée, et si la démangeaison ne disparaît point
tout à fait, elle est au moins rendue très suppor--
table.

Lotion contre le prurit vulvaire (GILL ET WINCKEL).

Nitrate d'alumine.....	1 gr. 50	
Eau distillée.........	120	grammes.

Faites dissoudre.

Cette solution est conseillée pour combattre le prurit vulvaire, qui s'observe pendant la grossesse. On la fait tiédir, et on pratique une ou deux lotions par jour. — Quand il s'agit de combattre le prurit vulvaire chez une femme diabétique, le Dr Winckel recommande les lotions abondantes et répétées, avec une solution composée de 1 gramme d'acide salicylique pour 300 grammes d'eau distillée. Si on échoue, on peut recourir aux lotions saturnines ou phéniquées, à la pommade d'oxyde de zinc ou de précipité blanc, au glycérolé de tannin, aux bains de siège, à l'eau de son. En outre, on prescrit à l'intérieur, le traitement le plus propre à guérir la glycosurie, et en particulier la médication alcaline.

Lotion contre le prurit vulvaire (Guéneau de Mussy).

Borax pulvérisé.......	5 grammes.	
Hydrolat de laurier-cerise.................	25	—
Décoction de feuilles de mauve..........	500	—

F. s. a. Lotions répétées plusieurs fois le jour. Dans l'intervalle des lotions, saupoudrer la région vulvaire avec le mélange suivant :

Poudre de lycopode...	30 grammes.	
Sous-nitrate de bismuth...............	10	—
Racine de belladone pulvérisée..........	2	—

Prendre, en se couchant, un à deux grammes d'alcoolature d'aconit, et le double d'hydrolat de laurier-cerise, pour combattre l'excitation nerveuse, et favoriser le sommeil.

Lotion contre le prurit vulvaire (TROUSSEAU).

Bichlorure de mercure.	4 grammes.
Alcool	q. s.
Eau distillée.........	160 grammes.

Dissolvez le bichlorure de mercure dans suffisante quantité d'alcool, et ajoutez l'eau distillée.

Une à quatre cuillerées à café de cette solution dans 500 grammes d'eau tiède, avec laquelle on pratiquera des lotions, plusieurs fois le jour, dans les cas de prurit de la vulve. Limonade nitrique pour boisson. — Bains de siège prolongés.

Pommade contre le prurit (BULKLEY).

Camphre............	4 grammes.	
Hydrate de chloral....	4 —	4
Onguent rosat	30 —	

On broie soigneusement ensemble le chloral et le camphre, et au bout de quelques minutes de trituration, à la place des deux substances cristallines, on obtient un liquide transparent, incolore, de la consistance de la glycérine, qu'on incorpore à l'onguent rosat. — Cette pommade, appliquée sur la peau saine, ne produit aucun effet; mais si la peau est le siège d'une éruption accompagnée de démangeaisons, elle détermine une sensation brûlante passagère, à laquelle succède un calme qui dure des heures ou même une journée entière. — L'auteur réduit, dans certains cas, la proportion du camphre et du chloral, à deux grammes de chaque, pour 30 grammes de véhicule gras ; d'autres fois, il en élève la dose à 6 grammes de chaque, pour le même poids de graisse. — Ce qu'il ne faut pas oublier, c'est que cette pommade ne convient point, quand la peau

résente quelque solution de continuité, et qu'il
ut alors recourir à un remède moins irritant.

mmade contre le prurit vulvaire (N. Guéneau de Mussy).

Glycérolé d'amidon fait avec de la glycérine neutre.....	20 grammes.
Bromure de potassium............	
Sous-nitrate de bismuth	āā 1 gramme.
Calomel à la vapeur.	40 centigr.
Extrait de belladone.	20 —

F. s. a. Onctions plusieurs fois le jour.

Dans certains cas de prurit vulvaire rebelle, on
ut essayer des onctions avec la pommade du
E. Besnier, composée de parties égales d'onguent
achylon et d'huile d'olives.

Pommade substitutive (Hardy).

Coldcream........	30 grammes.
Onguent citrin.....	1 à 3 —
Camphre.........	1 —

Mêlez.

Contre les affections cutanées accompagnées de
rurit.

Solution contre le prurit (Lailler).

Acide phénique.....	2 grammes.
Glycérine neutre....	5 à 10 —
Eau distillée........	100 —

Mêlez.

On pulvérise ce liquide au moyen de l'appareil de Richardson, et on dirige le jet sur les surfaces cutanées qui sont le siège de démangeaisons. — On peut également en imbiber des compresses.

Vinaigre aromatique.

Vinaigre blanc....	60 grammes.	
Alcoolat de mélisse.	15 —	
Essence de citron.	} ãã 10 gouttes.	
— de lavande		
— de girofle.	4 —	

Mêlez et filtrez.

Ce vinaigre est excitant et antiseptique. Étendu d'eau, il peut être employé en lotions, contre le prurit qui accompagne certaines affections cutanées.

PSORIASIS.

Lotion contre le psoriasis (Crocker).

Acide thymique (ou thymol)....	30 centigr.	
Alcool rectifié....	} ãã 30 grammes.	
Glycérine pure...		
Eau distillée....	210 —	

Faites dissoudre.

On applique cette solution avec un pinceau, dans le cas où le psoriasis s'étend sur une grande surface. Préalablement, on détache les écailles autant que possible. Comparé au goudron, à l'acide chrysophanique ou à l'huile de cade, le thymol offre l'avantage d'être plus propre, d'être incolore et moins sujet à décolorer la peau et les cheveux. En outre, son odeur n'est point désagréable.

Lotion contre le psoriasis (Hebra).

Savon vert............	60 grammes.
Esprit de vin rectifié..	30 —
Alcoolat de lavande...	8 —

F. s. a. une solution, avec laquelle on touche les plaques de psoriasis, et qu'on laisse en contact avec la peau pendant plusieurs jours. Pendant ce temps, le malade ne change ni de linge ni de draps ; après quoi il prend un bain. — Les bains de vapeur et les bains d'eau minérale sulfureuse sont utiles également pour faire tomber les écailles. — Les onctions d'huile d'olives sont efficaces dans les cas aigus.

Pilules arsénicales composées (Wilson).

Arséniate de soude....	12 centigr.
Gaïac pulvérisé.......	2 grammes.
Soufre doré d'antimoine............	1 gr. 25
Mucilage...........	q. s.

Divisez soigneusement l'arséniate, à l'aide de quelques gouttes d'eau distillée, ajoutez les autres substances, et divisez en 24 pilules.

On en donne une par jour, dans les affections rebelles de la peau, telles que l'eczéma et le lichen chroniques, le psoriasis, la lèpre, le lupus.

Pilules contre le psoriasis (Guibout).

Arséniate de soude....	20 milligr.
Extrait de gentiane ...	2 grammes.

F. s. a. 20 pilules.

Deux à six par jour, contre le psoriasis herpétique. Frictions avec l'huile de cade, pour provoquer la chute des squames, et faire disparaître la colora-

tion de la peau. Deux ou trois fois par semaine, de
bains de vapeur, et plus tard des bains alcalins
contenant chacun de 800 à 1000 grammes de carbonate de soude. — Si le psoriasis est d'origine syphilitique, le traitement local est le même ; mais, à
l'intérieur, on administre l'iodure de potassium 0
solution, à la dose de 1 à 8 grammes par jour.

Pilules soufrées.

Soufre précipité et lavé..	2 grammes.
Extrait de gentiane......	2 —
Poudre de guimauve....	q. s.

F. s. a. 20 pilules.

Deux à dix par jour, dans les affections cutanées
squameuses. — Bains sulfureux.

Pommade antiherpétique (Ricord).

Turbith minéral........	1 gramme.
Goudron..............	4 —
Cérat soufré..........	30 —

Mêlez pour une pommade, avec laquelle on pratiquera des onctions légères, soir et matin, pour
combattre le lichen, le psoriasis et l'herpès circinné. Dans les cas de psoriasis rebelle, on donnera
les préparations arsenicales à l'intérieur.

Pommade à l'huile de cade (Devergie).

Axonge...............	49 grammes.
Huile de cade........	1 —

Mêlez.

On fait aussi des pommades au 40°, au 30°, au
20°, au 10° et à parties égales.

Elles sont particulièrement employées contre le
psoriasis.

On débute souvent par la pommade au 20ᵉ, et tous les quinze jours, on augmente la proportion d'huile de cade, selon l'âge du malade, la finesse de la peau et l'ancienneté de l'affection cutanée.

Pommade contre le psoriasis (Bradbury).

Bi-sulfure de mercure	} āā	36 centigr.
Oxyde rouge de mercure.......		
Créosote	8	—
Axonge.........	30 grammes.	

Mêlez.

Cette pommade a été employée avec succès sur plusieurs malades atteints de psoriasis, qui prenaient en même temps la liqueur de Fowler à l'intérieur.

Pommade contre le psoriasis (Charassé).

Acide pyrogallique 5, 10 à 20 grammes.
Axonge.......... 100 —
Mêlez.

De une à quatre frictions par jour. — La durée du traitement est de 3 à 4 semaines. A l'intérieur, les préparations arsenicales. — Il est bon d'être prévenu, qu'une trop forte dose d'acide pyrogallique dans la pommade pourrait provoquer de l'érythème, quelquefois même une dermatite aiguë et des ulcérations.

Pommade contre le psoriasis (Crocker).

Acide thymique........ 60 centigr.
Axonge .... 30 grammes.

Mêlez avec soin sur un porphyre, car s'il restait

des cristaux dans la pommade, ils pourraient creu-
ser de petits trous dans l'épaisseur de la peau. La
pommade au thymol s'applique sur les plaques de
psoriasis, après qu'on en a détaché les écailles. Si
elle paraît insuffisante, on augmente la dose d'acide
thymique, par fractions de 0gr,30 centig., jusqu'à ce
qu'on atteigne la dose maxima de 1gr,80 pour
gram. d'axonge. Dans plusieurs cas très chroniques,
qui avaient résisté à d'autres traitements, la pommade au thymol a fini par guérir les malades qui en
ont fait un usage prolongé.

Pommade contre le psoriasis (Hardy).

    Huile de cade.......... 10 grammes.
    Axonge 50   —
Mêlez.

Onctions matin et soir.

On commence le traitement par l'application des
émollients à l'extérieur, et par l'administration des
préparations arsenicales à l'intérieur.

Pommade contre le psoriasis (Lutz).

    Sulfocyanure de mer-
    cure .... 50 centigr.
    Axonge récente........ 50 grammes.
Mêlez.

Cette pommade est employée avec succès à l'hôpital Saint-Louis, par MM. Hillairet et Lailler, pour
combattre le psoriasis chronique. Les malades sont
en même temps soumis à l'usage des bains de vapeur.

Pommade contre le psoriasis (Neumann).

    Acide chrysophanique.. 6 grammes.
    Axonge 30   —
Mêlez.

On étale la pommade avec de la charpie, ou bien,
la peau est infiltrée, on étend la pommade sur
es bandes de toile, qui sont ensuite appliquées
 la région malade. — Après 3 ou 4 pansements,
 écailles ont disparu, et la peau sous-jacente est
nt à fait blanche ; mais au bout de quelques jours,
e a repris son aspect pigmenté normal. Quand le
oriasis est accompagné d'une infiltration abon-
nte, dix ou douze onctions sont nécessaires. —
ur l'herpès tonsurant et le pityriasis versicolor,
is onctions sont généralement suffisantes ; mais
st encore contre le psoriasis que l'acide chryso-
nanique se montre le plus efficace. Malheureuse-
ent la cure n'est pas radicale, et l'éruption peut
oaraître plus tard. — L'acide chrysophanique ne
ût être appliqué sur la face qu'avec beaucoup de
serve, en raison des changements de couleur qu'il
ut provoquer sur la peau et les cheveux. Il a en
tre l'inconvénient de tacher le linge.
Le D O. Will réduit la proportion d'acide chry-
phanique de 0, 90 à 1, 20, pour 30 gram. d'a-
nge, et il la trouve suffisamment active pour
mplir toutes les indications.

PURGATIFS.

Apozéme purgatif (Combes).

Sulfate de magné- sie.............	30 à 45 grammes.
Café torréfié......	40 —
Eau bouillante....	500 -

Faites bouillir deux minutes, enlevez de dessus
 feu, laissez infuser quelques instants, filtrez et
dulcorez.
A prendre par verres, le matin à jeun.

Bols purgatifs.

Poudre de racine de ja-
lap .... 90 centigr.
Bitartrate de potasse... 1 gr. 25
Sirop simple.......... q. s.

F. s. a. 2 bols, à prendre à une demi-heure d'intervalle.

On boira un verre d'eau sucrée après chaque
bol, pour le délayer, et l'empêcher d'adhérer sur
un point circonscrit de la muqueuse stomacale.

Liniment de coloquinte (Helm).

Teinture de coloquinte.. 15 grammes.
Huile de ricin......... 45   —
Mêlez.

On graisse le ventre, soir et matin, avec une
cuillerée à café de ce liniment, pour obtenir un
effet purgatif, ou amener la résolution des glandes
enflammées.

Looch purgatif.

Looch blanc du Codex. 120 grammes.
Huile de croton ti-
glium............. 1 à 2 gouttes.
Émulsionnez l'huile avec les amandes.

Purgatif agréable et sûr, à prendre par cuillerées
à bouche, d'heure en heure.

Mixture cathartique (J. H. Dixon).

Rhubarbe pulvérisée... 4 grammes.
Sulfate de magnésie... 30   —
Essence d'anis, de men-
the ou de sassafras.. 2 gouttes.
Eau distillée......... 150 grammes.

Faites un mélange, dont on prescrira une à deux cuillerées à bouche, pour déterminer un effet laxatif.

Mixture purgative (BRANDE).

Rhubarbe pulvérisée..	2 gr. 50.
Tartrate borico-potassique..............	30 grammes.
Hydrolat de menthe poivrée	150 —
Teinture de séné.....	12 —
Sirop de gingembre ...	12 —

Faites dissoudre.

Deux cuillerées à bouche, le matin à jeun.

Mixture purgative (DE VIENNE).

Manne en larmes.	64 grammes.	
Follicules de séné.	10	--
Crème de tartre..	4	—
Coriandre		
Raisin sec.......	ãã 2	—
Polypode........		
Eau commune...	320	—

Faites bouillir le tout ensemble, jusqu'à ce que le poids de l'eau soit réduit à 190 grammes.
A prendre le matin, à jeun.

Pilules laxatives (KITCHENER).

Poudre de rhubarbe....	7 gr. 50
Essence de carvi........	10 gouttes.
Sirop simple...........	q. s.

F. s. a. 40 pilules.

On en donne de deux à quatre au plus, le matin à jeun, selon l'effet que l'on veut obtenir.

Pilules purgatives.

Aloès succotrin........	1 gramme.
Résine de jalap.........	1 —
Scammonée d'Alep.....	1 —
Savon médicinal.......	1 —

F. s. a. 20 pilules.

Deux le matin, à jeun, tous les quatre ou cinq jours, aux personnes pléthoriques, sujettes aux congestions céphaliques ou thoraciques. — Bains simples répétés ; régime peu animalisé.

Pilules purgatives (BAILLIE).

Extrait de coloquinte composé	3 grammes.
Extrait d'aloès.........	3 —
Savon blanc.....	1 —
Essence de girofle......	6 gouttes.

F. s. a. 20 pilules.

On les administre à la dose de trois, le soir, ou le matin à jeun, pour obtenir un effet purgatif.

Pilules purgatives (DEBREYNE).

Scammonée d'Alep.	ãã	1 gramme.
Aloès succotrin....		
Sirop de nerprun..	q. s.	

Pour 20 pilules.

Deux ou trois, matin et soir, pour obtenir un effet purgatif.

Pilules purgatives (ROBINSON).

Extrait aqueux d'aloès..	4 grammes.
Scammonée	1 gr. 25
Baume du Pérou.......	50 centigr.
Essence de carvi.......	10 gouttes.

Mêlez et divisez en 20 pilules.

2 ou 3 le matin, à jeun, pour déterminer un effet
urgatif plus ou moins prononcé.

Potion laxative (ABERNETHY).

Sulfate de magnesie...	16	grammes.
Manne en larmes......	8	—
Infusion de séné......	100	—
Teinture de séné.....	6	—
Hydrolat de menthe...	25	—
Miel pour édulcorer...	q. s.	

A prendre le matin, à jeun.

Potion laxative (BRANDE).

Sulfate de magnésie...	10	grammes.
Hydrolat de menthe poivrée...........	80	—
Teinture de jalap.....	4	—
Sirop de gentiane.....	25	—

Faites dissoudre et filtrez.

A donner le matin, à jeun, comme laxatif.

Potion purgative.

Sulfate de magnésie...	25	grammes.
Manne en larmes......	16	—
Hydrolat de menthe poivrée...........	150	—
Sirop de miel........	50	—

Faites fondre le sulfate de magnésie et la manne,
dans l'eau distillée de menthe, filtrez et ajoutez le
sirop.

A donner le matin, à jeun, pour obtenir un effet
urgatif.

Potion purgative (MARCHANT).

Pulpe de tamarin....	30 grammes.
Eau bouillante.......	150 —
Sulfate de magnésie..	30 —
Sirop de nerprun.....	30 —

Infusez la pulpe de tamarin, et ajoutez à l'infusion, le sel de magnésie et le sirop de nerprun. — Filtrez.

A prendre le matin à jeun, en trois fois, à une demi-heure d'intervalle.

Potion purgative (PARIS).

Infusion de séné......	100 grammes.
Teinture de séné.....	3 —
Teinture de jalap composée.............	5 à 10 —
Tartrate de potasse...	4 —
Sirop de séné........	30 —

Mêlez.

Pour une potion, qu'on prendra le matin, à jeun.

Potion purgative (VELPEAU).

Huile de ricin........	40 grammes.
Infusion de menthe...	100 —
Sirop citrique........	30 —
Gomme pulvérisée....	q. s.

F. s. a. un potion émulsionnée.

Après l'opération de la hernie étranglée, Velpeau faisait administrer un lavement purgatif, et si ce dernier restait sans effet, il donnait, quelques heures plus tard, la potion à l'huile de ricin.

Potion de scammonée.

Scammonée d'Alep....	75 centigr.
Bicarbonate de soude.	75 —
Sucre blanc	8 grammes.
Lait de vache........	100 —

F. s. a. une potion, à prendre en deux fois, à une demi-heure d'intervalle, le matin à jeun, pour obtenir un effet purgatif.

Poudre laxative de Grégory.

Magnésie calcinée	30 grammes.
Rhubarbe pulvérisée...	10 —
Gingembre pulvérisé..	2 gr. 50

Mêlez.

On prescrira 6 à 10 grammes de cette poudre, le soir, au moment du coucher, pour obtenir un effet laxatif le lendemain, et on répétera, s'il y a lieu, l'administration du même remède deux ou trois jours de suite.

Poudre laxative et altérante.

Podophylline.........	1 gramme.
Sucre blanc pulvérisé.	19 —

Mêlez avec soin.

Cette poudre se donne comme laxative et altérante, à la dose de 30 à 60 centigrammes par jour. On peut la prescrire, dans tous les cas où les purgatifs mercuriels sont indiqués.

Poudre purgative composée (BEASLEY).

Séné pulvérisé........	30 grammes.
Bitartrate de potasse ..	30 —

Scammonée pulv......   7 gr. 50
Gingembre pulv........   4 grammes.

Mêlez.

On donne de 1 gr. 25 à 4 grammes de cette poudre, le matin à jeun, pour obtenir un effet purgatif.

Poudre purgative composée (SAUNDERS).

Rhubarbe pulv.........   2 grammes.
Scammonée pulv.....   50 centigr.
Sulfate de potasse....   60   —
Essence de fenouil ...   1 goutte.

Mêlez.

A prendre le matin, à jeun, dans un demi-verre d'eau ou de lait.

Purgatif salin sans saveur desagréable (YVON).

Sulfate de magnésie...   20 grammes.
Eau distillée.........   40   —
Essence   de   menthe
poivrée ....   3 gouttes.

Faites dissoudre.

L'essence de menthe masque la saveur salée et amère du sulfate de magnésie, pourvu que ce sel soit dissous dans une très petite quantité d'eau.

Teinture purgative (DODELL).

Podophylline ....   12 centigr.
Essence de gingembre.   5 grammes.
Alcool rectifié........   60   —

Faites dissoudre.

Une cuillerée à thé dans un verre d'eau, chaque soir en se couchant, ou tous les 2, 3 ou 4 jours, au

.oment de se mettre au lit, pour combattre la cons-
pation habituelle. — L'auteur affirme que, sous
ette forme, la podophylline n'offre aucun des in-
onvénients qu'on lui reproche, quand elle est don-
ëe en pilules, associée à la coloquinte, à la rhu-
arbe ou à la belladone. Elle agit doucement sur le
iie, sans déterminer ni coliques ni ténesme.

PURPURA HÆMORRHAGICA.

Potion ferrugineuse (Trousseau).

Tartrate ferrico-potas-	
sique	4 à 8 grammes.
Acide tartrique	20 centig.
Eau distillée.........	100 grammes.
Hydrolat de cannelle.	20 —
Sirop de baume de	
Tolu..............	30 —

F. s. a. une potion, qu'on donnera par cuillerées
bouche, d'heure en heure, dans le cas de purpura
ææmorrhagica, de variole hémorrhagique, de chan-
re phagédénique et de gangrène.

PUSTULE MALIGNE.

Traitement de la pustule maligne (Klingelhoffer).

On cautérise la pustule maligne avec de l'acide
phénique liquéfié, et on la recouvre d'une compresse
mbibée d'une solution au huitième d'acide phéni-
ue, dans l'eau ou l'huile de lin. En même temps,
m administre à l'intérieur la potion suivante :

Acide phénique........	75 centigr.
Sirop de quinquina....	60 grammes.
Infusion de tilleul	100 —

Une cuillerée, toutes les deux heures.

PYROSIS.

Pilules antidyspeptiques (Sass et Lincoln).

Sulfate de quinine.....	1 gr. 50
Pepsine...............	7 grammes.
Extrait d'absinthe......	q. s.

F. s. a. 40 pilules.

On donne deux pilules, avant chaque repas, aux personnes affectées de dérangements fonctionnels de l'estomac, tant primaires que secondaires, notamment dans les cas de pyrosis, de flatulence, de gastralgie succédant aux repas, et principalement dans ceux où la digestion des aliments azotés est laborieuse.

Potion antiacide.

Bicarbonate de soude..	90 centigr.	
Eau distillée..........	100 grammes.	
Teinture de colombo..	3	—
Sirop de gentiane.....	30	—

Mêlez.

A prendre dans la journée, contre les aigreurs et les flatuosités. — Surveiller attentivement l'alimentation.

Potion antiacide (Pionny).

Bicarbonate de soude...	6 grammes.	
Eau distillée..........	30	—
Sirop de fleurs d'oranger.................	30	—
Huile essentielle d'anis.	1 goutte.	

F. s. a. une potion, à donner en une fois, pour combattre le pyrosis. Si le mal récidive dans la même journée, on réitère l'usage de la potion.

Poudre absorbante.

Magnésie calcinée......   2 grammes.
Bicarbonate de soude...   4   —
Craie préparée........   5   —
Sucre pulvérisé........   10   —
Mêlez et divisez en 10 paquets.

Un paquet, une demi-heure avant chacun des deux principaux repas, dans la dyspepsie acide.

Poudre absorbante antiacide.

Sous-nitrate de bis-
   muth ....   25 à 50 centigr.
Magnésie calcinée..   10   —
Opium brut pulv...   3   —

Mêlez, pour une prise, qui sera ingérée un quart d'heure avant chacun des deux principaux repas, dans la dyspepsie acide. — Eau minérale alcaline aux repas, pour couper le vin.

Poudre absorbante aromatique.

Craie préparée........,   3 grammes.
Cannelle pulvérisée.....   1   —
Muscade pulvérisée....   1   —
Girofle pulvérisé.......   40 centigr.
Cardamome pulvérisé..   40   —
Sucre de lait pulvérisé..   5 grammes.
Mêlez et divisez en 20 paquets.

Deux par jour, une demi-heure avant les repas, dans la dyspepsie acide et flatulente.

RACHITISME.

Poudre contre le rachitisme (Bouchut).

Phosphate de chaux....	4 grammes.
Carbonate de soude....	8 —
Sucre de lait..........	12 —

Mêlez.

Trois pincées à chaque repas, aux enfants rachi-
tiques, huile de foie de morue, bains salés et aromatiques, frictions sur la peau, avec une flanelll
imprégnée de vapeurs aromatiques.

RHUMATISME.

Bain antirhumatismal (N. Guéneau de Mussy).

Arséniate de soude..	1 à 2 grammes.
Carbonate de soude..	100 —

Pour un grand bain, recommandé dans le cas du
rhumatisme noueux. — A l'intérieur, le malade fait
usage de la potion suivante :

Extrait mou de quin- quina............	60 cent. à 1 gr.
Jodure de potassium.	30 — à 1 gr.
Julep gommeux....	120 grammes

Pour boisson, de la tisane de gaïac.

Boisson tempérante.

Émulsion d'amandes douces............	500 grammes.
Crème de tartre solu- ble...............	4 —
Nitrate de potasse....	2 —
Sirop des cinq racines.	75 —

Faites dissoudre.

lA prendre par demi-verres dans la journée, dans
s affections inflammatoires aiguës, le rhumatisme
ticulaire, par exemple.

Bols contre le rhumatisme (Hôpitaux de Londres).

Bois de gaïac.....		5 gr. 60
Poudre d'ipéca...	āā 30 centigr.	
Extrait d'opium..		
Conserve de cy-		
norrhodons....		q. s.

lF. s. a. 6 bols.

On donne un bol, deux fois le jour, aux mala-
es atteints de rhumatisme articulaire aigu. En
ême temps, on étend un liniment calmant sur les
ntures douloureuses, et on les enveloppe de
ate.

Eau-de-vie antiarthritique (Graves).

Écorces d'oranges a-	
mères.............	60 grammes.
Rhubarbe	30 —
Aloès	60 —
Cannelle	60 —
Eau-de-vie..........	1000 —

Faites macérer pendant 8 jours, et filtrez.

Cette préparation est conseillée contre la goutte
le rhumatisme, à la dose d'une cuillerée, soir et
atin. On l'administre ordinairement étendue d'une
ertaine quantité d'eau.

Glycéré antirhumatismal (Delioux).

Extrait de belladone....	5 grammes.
Safran pulvérisé.......	5 —
Glycéré d'amidon......	40 —

F. s. a. — Onctions plusieurs fois le jour, pour calmer les douleurs rhumatismales, névralgiques même goutteuses.

Injection contre le rhumatisme musculaire (Pepper). .

Sulfate d'atropine.		
Sulfate de mor- phine.........	ãã	15 milligr.
Eau distillée.....		q. s.

Pour dissoudre.

L'auteur conseille d'injecter la moitié de la solution ainsi obtenue, dans le muscle atteint de rhumatisme, et il affirme que ce moyen a toujours produit entre ses mains d'excellents résultats. — Cette méthode de traitement est particulièrement mise en usage dans les classes pauvres, et elle mérite d'être signalée, en raison du soulagement presque instantané qu'elle procure. Cependant le médecin ne doit pas, sans réflexion, administrer la morphine ou l'atropine à des nourrices, car la belladone jouit de la propriété de tarir la sécrétion lactée, et souvent aussi la morphine, en passant dans le lait, peut agir sur l'enfant d'une manière fâcheuse.

Liniment antirhumatismal.

Savon blanc............	40	grammes.
Opium brut............	12	—
Camphre...............	25	—
Essence de romarin	5	—
Alcool rectifié.........	250	—

Faites macérer le savon et l'opium dans l'alcool pendant six jours, filtrez, ajoutez l'essence et le camphre, et agitez pour obtenir la solution.

Employé en frictions douces, sur les articulations douloureuses.

Liniment antirhumatismal.

Essence d'origan.......	15 grammes.	
Essence de térében-		
thine	15	—
Teinture d'opium cam-		
phrée................	30	—
Ammoniaque..........	30	—
Huile d'olives..........	30	—

Mêlez.

Ce liniment est recommandé dans le traitement du rhumatisme intercostal, et des douleurs rhumatismales, qui ont leur siège à la poitrine et au dos. Il agit comme rubéfiant et narcotique.

Liniment antirhumatismal.

Baume tranquille.
Huile camphrée...
Huile de camomille
Huile de jusquiame
} ãã 15 grammes.

Mêlez.

Faire des onctions plusieurs fois le jour, sur la jointure affectée de rhumatisme, et l'envelopper d'une feuille de ouate recouverte de taffetas gommé.

Liniment révulsif (DELFRAYSSÉ).

Essence de térében-		
thine	30 grammes.	
Tartre stibié..........	4	—

Mêlez.

Frictionnez trois ou quatre fois le jour, avec ce liniment, les régions affectées de douleurs rhumatismales ou névralgiques, afin de provoquer une éruption.

Liniment térébenthiné acétique (Pharmacopée anglaise).

Essence de térében-thine	15 grammes.
Acide acétique	15 —
Camphre	3 —
Huile d'olives	12 —

Cette préparation, qui n'est autre chose que le célèbre liniment de St-John Long, est vantée comme résolutive, dans le traitement du rhumatisme.

Pilules antirhumatismales.

Calomel à la vapeur	5 centigr.
Poudre de digitale	7 —
Extrait d'opium	5 —

F. s. a. une pilule.

Administrer cette pilule le soir, pour calmer les douleurs du rhumatisme articulaire aigu, en même temps qu'on fera une embrocation opiacée sur l'articulation malade.

Pilules antirhumatismales (Porcher).

Sulfate de quinine	2 grammes.
— de morphine	50 centigr.

F. s. a. 20 pilules.

Une à deux par jour, contre les douleurs névralgiques et rhumatismales.

Pilules calmantes (Oppolzer).

Extrait d'opium	60 centigr.
Chlorhydrate de morphine	15 —
Réglisse pulvérisée	q. s.

F. s. a. 10 pilules.

Une le soir, dans le rhumatisme articulaire aigu,
vec fièvre violente, et une seconde, deux heures
lus tard, si le calme n'a pas été obtenu.

Pommade antirhumatismale.

Pommade de laurier....	15	grammes.
Baume nerval..........	30	—
Baume de Fioravanti...	5	—
Essence de térében- thine.............	5	—

F. s. a. une pommade, avec laquelle on friction-
era les jointures qui ont perdu leur souplesse, par
uite d'un repos trop prolongé, et les membres qui
ont le siège de douleurs rhumatismales chroni-
ues. On administrera en outre des bains sulfureux.

Pommade antirhumatismale (Guéneau de Mussy).

Extrait de belladone....	4	grammes.
— de jusquiame...	6	—
— d'opium........	2	—
Axonge..............	50	—

Mêlez.

Frictions 3 ou 4 fois par jour, sur les jointures
es douloureuses, dans le cas de rhumatisme articu-
ire aigu.

Ou bien encore :

Extrait de jus- quiame.......	} āā 3 grammes.	
Extrait de bella- done.........		
Extrait de ciguë.	4	—
Axonge........	40	—

F. s. a. une pommade, avec laquelle on fera des

onctions douces sur les articulations malades. Celle-
ci seront ensuite enveloppées de ouate ou de cataplasmes pendant quelques heures, si la tension inflammatoire est excessive.

Potion antirhumatismale (ARCHAMBAULT).

Salicylate de soude...	4 à 6 grammes.
Rhum...............	30	—
Sirop de limons......	30	—
Julep gommeux.......	80	—

F. s. a. une potion, à donner en 4 fois dans 1
24 heures.

Cette potion est prescrite trois jours de suite, a;
enfants de 5 à 10 ans, atteints de rhumatisme ar-
culaire aigu. A partir de la troisième dose, l'am-
lioration est évidente ; à la quatrième, la doulel
cesse presque complètement.

Potion antirhumatismale (GRAVES).

Vinaigre de colchique.	6 grammes.
Acétate de morphine..	3 centigr.
Nitrate de potasse.....	2 grammes.
Hydrolat de laitue	160	—
Hydrolat de laurier-ce-rise...............	10	—
Sirop simple..........	30	—

F. s. a. une potion, dont on prescrira une cui-
lerée à bouche, d'heure en heure, ou de deux ;
deux heures, aux personnes affaiblies, atteintes a
rhumatisme articulaire chronique.

Potion antirhumatismale (LEMIRE).

Sulfate de quinine.....	2 grammes.
Iodure de potassium...	1 gramme.

Eau de Rabel........   q. s.
Eau distillée..........   125 grammes.
Sirop simple..........   45   —
Faites dissoudre.

Une cuillerée à bouche, de deux en deux heures,
dans le rhumatisme articulaire aigu. — Embrocations calmantes sur les jointures douloureuses.

Potion antirhumatismale (OULMONT).

Feuilles de digitale....   1 gramme.
Eau bouillante........   120 grammes.
Faites infuser et édulcorez.

Cette potion est prescrite par cuillerées, d'heure
en heure, aux sujets atteints de rhumatisme articulaire aigu. On en continue l'usage, jusqu'à ce qu'il
survienne des nausées et des vomissements, et on
la cesse, si la maladie marche vers la guérison. En
cas de rechute, on reprend la potion, avec 50 centigrammes de digitale seulement. — L'amélioration,
traduite par la diminution de fréquence du pouls et
l'abaissement de la chaleur, commence au bout de
36 ou de 48 heures. Les douleurs rhumatismales diminuent à partir du troisième ou quatrième jour,
surtout si l'inflammation des jointures est franchement pyrétique et accidentelle. — Le remède échoue
souvent, au contraire, quand la maladie est diathési-
que, ou qu'il y a eu déjà des attaques antérieures.

Potion antirhumatismale (PUTÉGNAT).

Sulfate de quinine....   1 gramme.
Teinture alcoolique de
  castoréum..........   1   —
Teinture alcoolique de
  fleurs de colchique..   1   —
Julep gommeux........   120 grammes.

F. s. a. une potion, qu'on administrera par cuille)
rées, pour combattre le rhumatisme cérébral.

En même temps, on fera boire de l'infusion d|)
feuilles de frêne, on mettra de la ouate sur la tètoj
et on appliquera des sinapismes sur la région où
siégeait la douleur, avant de se porter au cerveau.` .

Potion antirhumatismale (H. Roger).

Sulfate de quinine.,...	60 cent. à 1 gr.
Eau de Rabel........	3 à 5 gouttes.
Sirop d'écorces d'oran-	
ges	30 grammes.
Eau distillée........	50 —

F. s. a. une potion, à donner dans la journée pour
combattre le rhumatisme articulaire de la seconde
enfance. Tisane de feuilles de frêne, frictions sur les
articulations douloureuses, avec de l'huile laudanisée ; enveloppement du membre avec de la ouate et
du taffetas gommé.

Dans la forme suraiguë, l'auteur prescrit la potion
suivante :

Teinture de colchi-	
que...............	5 à 10 gouttes.
Teinture de digitale.	6 à 8 —
Julep gommeux.....	60 grammes.

A donner par cuillerées à dessert, dans les vingt-
quatre heures. — Tisane de feuilles de frêne.

Potion contre le rhumatisme articulaire (G. Sée).

Salicylate de soude.	8 à 10 grammes.	
Sirop d'écorces d'o-		
ranges amères....	30	—
Rhum..............	30	—
Julep gommeux.....	150	—

F. s. a. une potion, à donner dans la journée, aux personnes atteintes de rhumatisme articulaire aigu.

Potion iodurée (BOGROS).

Iodure de potassium..	4 grammes.
Teinture de digitale...	2 —
Hydrolat de tilleul....	150 —
Sirop de morphine....	32 —

F. s. a. une potion, dont on donnera une cuillerée, toutes les trois heures, dans le rhumatisme articulaire aigu. — Liniment narcotique sur les jointures douloureuses.

Poudre antirhumatismale (PEREIRA).

Poudre de gaïac........	4 grammes.
Poudre de feuilles d'oranger	2 —
Acétate de morphine...	4 centigr.

Mêlez et divisez en 6 prises.

Une prise, toutes les deux heures, contre le rhumatisme articulaire aigu.

Poudre diaphorétique.

Azotate de potasse.....	8 grammes.
Opium pulvérisé.......	80 centigr.
Ipéca —	1 gramme.

F. s. a. 12 paquets.

Un à deux paquets, le soir, dans le rhumatisme articulaire aigu, pour produire une diaphorèse légère.

Sirop contre le rhumatisme (SIREDEY).

Iodure de potassium...	5 grammes.
Iode	5 centigr.
Sirop de gentiane.....	125 grammes.

Faites dissoudre.

Une cuillerée à bouche, matin et soir, dans le cas
de rhumatisme chronique des petites jointures. —
Bain de vapeur tous les deux jours ; application de
teinture d'iode sur les articulations malades. — En
cas d'insuccès, remplacer les bains de vapeur par les
bains d'arséniate de soude, selon le conseil du D' N..
Guéneau de Mussy.

Solution contre l'arthrite (GUBLER).

Iodoforme.......   10 grammes.
Éther sulfurique.)
Alcool ....)   ãã 20   —
Faites dissoudre.

Dans le cas d'arthrite chronique, on étend cette
solution avec un pinceau sur la jointure malade, et
on recouvre le tout d'un morceau de soie huilée.

Pour remplir la même indication, le D' Cottle fait
dissoudre l'iodoforme dans du chloroforme. Le D' Mo-
retin fait étendre sur les jointures un collodion ainsi
composé :

Iodoforme........ .   5 grammes.
Collodion élastique....   100   —

ROUGEOLE.

Potion expectorante (H. ROGER).

Oxyde blanc d'anti-
    moine............   50 centigr.
Sirop de digitale......   10 grammes.
Julep gommeux.......   60   —

A donner par cuillerées, de deux en deux heures,
dans la bronchite qui accompagne la rougeole.

Tisane de fleurs pectorales, édulcorée avec du sirop de goudron.

Potion diaphorétique (Bourdox).

Acétate d'ammonia-	
que............	3 à 6 grammes.
Alcoolat de cannelle.	6 —
Julep gommeux.....	120 —

F. s. a. une potion, à donner par cuillerées à bouche, dans la journée, aux enfants atteints de rougeole, quand l'éruption ne se fait pas franchement.

RUPIA.

Traitement du rupia (Bazin).

Pendant la période éruptive, on saupoudre d'amidon les parties malades, et on les recouvre d'un linge mêtré enduit de cérat. On perce les bulles volumineuses, en laissant l'épiderme en contact avec l'ulcération sous-jacente, et on n'enlève pas les croûtes, à moins qu'elles soient pour les parties malades une cause d'irritation et de douleur. Quand le rupia est devenu ulcéreux, et que l'ulcère est enflammé et douloureux, on applique des cataplasmes de fécule, on pratique des lotions émollientes de guimauve et pavot, et on panse avec le cérat opiacé. Dans les cas d'ulcère superficiel et de bon aspect, on se contente de lotions d'eau de chaux, d'eau d'orge miellée, d'eau de sureau, suivies d'un pansement simple. Si, au contraire, l'ulcère est profond, sanieux, atonique, et sans tendance spontanée à la cicatrisation, on pratique des lotions avec des solutions de nitrate d'argent ou de sulfate de zinc, ou encore avec du vin aromatique, et du coaltar saponiné étendu de 2 ou 3 fois son volume d'eau. Enfin, s'il est indispensable de réveiller la vitalité des tissus par des modificateurs plus énergiques, on touche l'ulcère avec le nitrate

d'argent, les acides nitrique et chlorhydrique, ll
nitrate acide de mercure. Les bains simples ou add
ditionnés de 100 à 250 grammes de sous-carbonatt
de soude sont aussi conseillés avantageusement. —
Les sujets atteints de rupia étant presque toujourr
plus ou moins débilités et cachectiques, on doit s'els
forcer d'améliorer les conditions hygiéniques au mir
lieu desquelles ils vivent, et de fortifier leur consti t
tution par l'administration des toniques, tels que ll
fer, le quinquina, les amers.

SALIVATION MERCURIELLE.

Collutoire astringent (Neunoy).

Sulfate d'alumine et de
    potasse .... 4 grammes.
Teinture de myrrhe. ... 2 —
Miel rosat.............. 60 —

Faites dissoudre.

Conseillé contre la salivation mercurielle et ll
gingivite ulcéreuse. — Trois ou quatre applicationn
par jour, à l'aide d'un pinceau.

Collutoire créosoté (Faulcon).

Infusion de sauge .... 200 grammes.
Créosote .... 1 gramme.

Mêlez en agitant.

Touchez avec précaution les ulcérations de ll
bouche qui peuvent accompagner la salivation mercu
curielle.

Gargarisme alcoolique (Watson).

Eau-de-vie............. 50 grammes.
Eau commune........ 100 —

Mêlez.

Conseillé pour combattre la salivation mercurielle.

Gargarisme contre la salivation mercurielle.

Décoction de quinquina.	60 grammes.
Infusion de sauge......	60 —
Chlorate de potasse....	4 —
Acide chlorhydrique....	8 gouttes.
Sirop d'écorces d'oran-	
ges	30 grammes.

F. s. a. un gargarisme conseillé contre la salivation mercurielle. Les ulcérations des gencives seront
touchées légèrement avec le nitrate d'argent.

Gargarisme iodé (Boinet).

Teinture d'iode....	10 à 20 grammes.
Tannin...........	1 gramme.
Eau distillée......	250 grammes.

Faites une solution, avec laquelle on touchera les
gencives, dans la salivation mercurielle.

Potion contre la salivation mercurielle (Kluge).

Iode	20 centigr.
Alcool..............	8 grammes.

Faites dissoudre et ajoutez :

Eau distillée de can-	
nelle...............	80 grammes.
Sirop de sucre.......	16 —

Une demi-cuillerée d'abord, et plus tard une cuillerée, quatre fois par jour, pour combattre la salivation mercurielle.

Poudre contre la salivation mercurielle (Panas).

Quinquina jaune pulvérisé.......	}	
Extrait de cachou pulvérisé.......	āā 15 grammes.	
Acide tannique pulvérisé..........	2 —	
Alun pulvérisé....	1 gramme.	
Essence de menthe ou d'anis.......	q. s.	

On frictionne, plusieurs fois le jour, les gencives avec cette poudre, afin d'en prévenir ou d'en atténuer le gonflement, chez les malades qui font usage de mercure, et particulièrement chez ceux qui sont soumis à des frictions d'onguent napolitain.

SCARLATINE.

Mixture contre la scarlatine.

Carbonate d'ammoniaque...............	2 gr. 50
Teinture d'opium camphrée............	6 grammes.
Vin d'ipéca.........	12 —
Eau distillée........	150 —

Faites dissoudre.

Une cuillerée à bouche, toutes les quatre ou six heures.

Ce remède est prescrit, en Amérique, aux personnes atteintes de scarlatine. On étend la cuillerée de mixture de trois cuillerées d'eau ; on sucre, on ajoute environ 4 grammes de jus de citron, et on fait avaler le mélange pendant l'effervescence.

Potion diaphorétique.

Acétate d'ammoniaque.	15 grammes.
Hydrolat de fleurs d'o- ranger	30 —
Infusion de tilleul	120 —
Sirop des cinq racines.	60 —

F. s. a. une potion, à donner par cuillerées, heure en heure, pour rappeler une éruption su- ement disparue, la scarlatine par exemple. — ur tisane, de l'infusion de fleurs de sureau.

Potion diaphorétique (Trousseau).

Esprit de Mindererus ..	8 grammes.
Hydrolat de mélisse....	60 —
Sirop d'éther..........	20 —
Sirop de fleurs d'oran- ger	20 —

Mêlez.

On donne cette potion, par cuillerées, aux mala- s qui offrent tous les symptômes du début de la arlatine, et chez lesquels l'éruption tarde trop à aître. — Infusions aromatiques chaudes.

Potion calmante (Archambault).

Bromure de potassium.	2 à 4 grammes.
Sirop de laurier-cerise.	20 —
Sirop diacode........	10 —
Hydrolat de tilleul...	100 —

F. s. a. une potion, dont on administrera une illerée à soupe, toutes les heures, aux enfants eints de scarlatine, chez lesquels il survient du lire. — Pour combattre l'angine, chlorate de po- se en gargarisme, ou pour les enfants plus jeunes, ns forme de pastilles, ou bien mêlé avec du sucre.

— Maintenir le malade au lit aussi longtemps que possible ; prendre des précautions contre le froid pendant trois ou quatre semaines, à cause de la néphrite qui apparaît du douzième au vingt-troisième jour, et rarement après la quatrième semaine. Bien couvrir les articulations qui sont fréquemment atteintes de rhumatisme ; séjour à la chambre pendant 6 semaines, bains après la troisième. — Cold-cream, glycérine ou amidon pour calmer la démangeaison. — Alimentation modérée d'abord, plus abondante quand la fièvre a cessé.

SCIATIQUE.

Injection contre la sciatique (LEREBOULLET).

Chlorhydrate de mor-
    phine............... 30 centigr.
Sulfate neutre d'atro-
    pine................ 2 centigr.
Eau distillée.......... 10 grammes.
Faites dissoudre.

Pour une solution qui renferme, par centimètre cube, trois centigrammes de chlorhydrate de morphine et deux milligrammes de sulfate neutre d'atropine.

On injecte, toutes les six heures, jusqu'à ce que survienne un amendement notable de la douleur dans le tissu cellulaire de la face postérieure de la cuisse, depuis la grande échancrure sciatique jusqu'au niveau du creux poplité, la moitié du contenu de la seringue de Pravaz, c'est-à-dire un demi-centimètre cube de la solution. On arrive ainsi très rapidement à calmer la douleur, sinon à guérir radicalement la sciatique, sans détou

hiner les accidents d'intolérance que provoque si
ouvent l'absorption de la morphine.

hjections de chloroforme contre la sciatique (E. Besnier).

On fait une première injection de chloroforme
jur, au point douloureux le plus élevé, avec le con-
enu de la seringue (1 gr. 20 centigr. environ) :
e lendemain, une injection plus bas ; le troisième
our, plus bas encore. Dans certains cas, on pratique
nême deux ou trois injections le même jour, c'est-à-
ire qu'on introduit sous la peau 3 à 4 grammes de
hloroforme.

Dans les sciatiques rebelles, le Dr E. Besnier
conseille d'injecter une seringue entière au point
supérieur ; une deuxième au niveau du grand tro-
chanter ; une troisième vers la tête du péroné ; une
quatrième vers la malléole. — Si la douleur n'a pas
disparu au bout de 3 ou 4 jours, il y a lieu de recourir à un autre mode de traitement.

Le Dr C. G. Comegys mentionne deux cas de sciatique guéris par l'injection de l'éther sulfurique.
Il injecte deux fois, à douze heures d'intervalle,
trente gouttes d'éther. L'injection ne doit pas être
faite profondément, et quoiqu'elle cause momentanément une vive douleur, elle ne détermine, selon
l'auteur, aucun effet fâcheux consécutif.

Liniment au chloroforme (Wahu).

Chloroforme...........   4 grammes.
Alcool rectifié..........   8   —

Mêlez et ajoutez :

Huile d'amandes dou-
    ces   24   —
Agitez vivement.

En onctions, trois ou quatre fois le jour, po[ur]
combattre les douleurs rhumatismales ou névralg[i]
ques, et en particulier la sciatique. — Après chaqu[e]
onction, ou applique un cataplasme de farine de li[n]
ou on enveloppe le membre dans une feuille d'ouat[e]
recouverte elle-même de taffetas gommé.

Liniment révulsif (LABORDE).

Essence de térében- thine	250 grammes.
Chloroforme	
Laudanum de Rous- seau	ãã 8 —

Mêlez en agitant.

Ce liniment est très efficace, dans le cas de do[u]
leurs névralgiques ou myosalgiques localisées ; da[ns]
la pleurodynie, la névralgie intercostale, la sciatiqu[e]
le lumbago, etc.

On en imbibe une flanelle, et on frictionne do[u]
cement, plusieurs fois le jour, la région doulou[reu]
reuse. Dans certains cas, on laisse la flanelle sur
siège du mal ; dans d'autres cas, on la remplace p[ar]
un cataplasme de farine de lin.

SCORBUT.

Collutoire antiscorbutique (DELIOUX).

Myrrhe pulvérisée.....	4 grammes.
Sirop de ratanhia.....	30 —

Mêlez.

Toucher, avec un pinceau trempé dans ce mé[l]
lange, les ulcérations scorbutiques de la bouche. —
De temps en temps, dans l'intervalle des attou[che]
chements, le malade fera usage d'un gargarism[e]

préparé avec une infusion de feuilles de ronces,
édulcorée avec du sirop de mûres, et additionnée,
pour un verre, de 10 grammes environ de teinture
de myrrhe.

Gargarisme antiscorbutique.

Décoction de quinquina..............	125 grammes.
Suc de citron.........	25 —
Teinture de myrrhe...	5 —
Miel rosat...........	45 —

F. s. a. un gargarisme, à employer dans le
scorbut. — Régime tonique, composé de viandes
rôties et de légumes frais. — Exercice au grand
air.

Potion antiscorbutique.

Vin rouge......... ...	125 grammes.
Teinture de cannelle..	5 —
Alcoolat de cochléaria.	8 —
Sirop de quinquina au vin ....,.....	30 —

F. s. a. une potion tonique, qu'on donnera par
cuillerées, d'heure en heure, aux sujets affaiblis par
le scorbut. — Alimentation réparatrice, frictions
sèches sur la peau, promenades au soleil.

Potion antiscorbutique (Bucquoy).

Eau de mélisse..:......	120 grammes.
Jus de citron.........	60 —
Eau-de-vie..........	10 —
Sirop de quinquina...	50 —

F. s. a. une potion, qu'on administre dans les cas
aggravés de scorbut, quand il existe une débilité ex-

trême, et des troubles sérieux des fonctions digestives. — Cresson et viande rôtie aux repas.

Solution contre les ulcères scorbutiques.

Chlorate de potasse....	20 grammes.
Eau distillée..........	200 —

Faites dissoudre.

On imbibe avec cette solution, des plumasseaux
de charpie qu'on applique, deux ou trois fois le jour,
sur les ulcères scorbutiques, pour en hâter la cicatrisation.

Teinture antiscorbutique (COPLAND).

Cachou..............	25 grammes.
Myrrhe	15 —
Quinquina gris	8 —
Baume du Pérou......	6 —
Alcoolat de raifort....	45 --
Esprit-de-vin rectifié..	300 —

Faites macérer dans l'esprit-de-vin, pendant
quinze jours, les quatre premières substances;
ajoutez l'alcoolat de raifort, et filtrez.

Cette teinture sera étendue d'une certaine quantité d'eau, avant d'être employée pour toucher les
gencives fongueuses, et facilement saignantes, des
personnes atteintes de scorbut.

Mêlée avec dix-huit fois son volume d'infusion de
roses rouges, elle sera avantageusement employée
en gargarisme, toutes les fois qu'il s'agira de tonifier la muqueuse buccale.

SCROFULES.

Collyre antiscrofuleux (Orosi).

Chlorure de baryum....	50 centigr.
Mucilage de semences de coings...............	2 grammes.
Laudanum de Sydenham	2 —
Eau distillée............	30 —

Faites dissoudre.

On en instille quelques gouttes, entre les paupières des sujets atteints d'ophthalmie scrofuleuse. On prescrit en outre l'huile de foie de morue, les préparations de quinquina et un régime azoté.

Huile de foie de morue modifiée (Bouchut).

Huile de foie de morue.	150 grammes.
Sirop de quinquina...	50 —
Elixir de Garus.......	50 —

Mêlez.

A donner aux mêmes doses que l'huile de foie de morue ordinaire, dans la bronchite des scrofuleux.

Liniment fondant.

Fiel de bœuf concentré.	45 grammes.
Extrait de ciguë.......	3 —
Savon médicinal......	4 —
Huile d'olives........	15 —

Mêlez.

Ce liniment est employé en frictions, quatre fois par jour, dans les cas d'hypertrophie glandulaire des sujets lymphatiques et scrofuleux.

Liniment savonneux ioduré.

Savon desséché.......	23	grammes.
Iodure de potassium...	23	—
Glycérine	15	—
Essence de citron.....	2	—
Eau distillée.........	150	—

Dans un flacon de 300 grammes de capacité, mes. tez l'iodure, la glycérine et 50 grammes d'eau. D'autre part, faites dissoudre dans un ballon, à bain-marie, le savon délayé dans le reste de l'eau. filtrez la solution encore chaude, dans le flacon qui renferme l'iodure ; laissez reposer quelques minutes, puis mêlez en agitant. A ce moment, ajoutez l'essence de citron, secouez vivement le flacon, recommencez à l'agiter de deux en deux heures afin d'obtenir une gelée blanche et molle bien homogène.

Ce liniment s'emploie en frictions, comme fondant des engorgements ganglionnaires et scrofuleux.

Lotion antiscrofuleuse (GLOVER).

Brome..............	1 à 3 grammes.
Eau distillée........	250 —

Mêlez.

Cette solution est conseillée en lotions, pour hâter la cicatrisation des ulcères scrofuleux.

Régime tonique, huile de foie de morue, et préparations de quinquina à l'intérieur.

Lotion contre la couperose scrofuleuse (BAZIN).

Borate de soude...	50 centigr. à 1 gr.
Sous-carbonate de soude............	50 — 2 gr.

Glycérine pure.....   10 à 15 grammes.
Eau distillée......   300   —
Faites dissoudre.

Pour laver deux ou trois fois par jour la peau de la face, dans la couperose scrofuleuse, à forme pustuleuse. Tous les deux ou trois jours, on applique de l'huile de cade ou du coaltar saponiné. Si les pustules sont petites, elles disparaissent en général assez promptement. — C'est dans la forme scrofuleuse de la couperose, que l'auteur préconise les préparations ferrugineuses, les eaux chlorurées sodiques et bromo-iodurées, comme l'eau de Sierck, de Salins et de Salies-de-Béarn, ou les eaux chlorurées sodiques et sulfureuses, comme Uriage, ou enfin les eaux sulfureuses faibles. — L'huile de foie de morue, les vins de quinquina et de gentiane sont également efficaces dans cette forme de couperose.

Mixture dépurative iodée (Mayet).

Sirop antiscorbutique..   60 grammes.
Sirop de quinquina....   60   —
Vin antiscorbutique....   280   —
Teinture d'iode.......   40 gouttes.
Mêlez et filtrez.

Les substances qui entrent dans cette préparation renferment assez de tannin, pour que l'iode forme, avec ce dernier, une combinaison iodo-tannique, dans laquelle on ne retrouve plus les caractères de l'iode par le réactif amidonné, et c'est là une condition favorable, pour que l'iode soit absorbé sans irriter le tube digestif.

Chaque cuillerée de 20 grammes de cette mixture contient 2 gouttes de teinture d'iode, c'est-à-dire

4 milligrammes d'iode. On en administre deux p[…]
jour, aux enfants scrofuleux.

Pilules antiscrofuleuses (Bossu).

Limaille de fer.........   4 grammes.
Gentiane pulvérisée....   1 gr. 25
Rhubarbe pulvérisée....   60 centigr.
Extrait d'absinthe......   q. s.

F. s. a. des pilules de 10 centigrammes.

Trois à cinq par jour. Régime tonique : bai[…]
sulfureux ou bains iodés ; insolation.

Pilules antiscrofuleuses (Thomson).

Sesquioxyde de fer ....   4 grammes.
Extrait de ciguë........   1 gr. 20

Mêlez et divisez en 24 pilules.

Une à quatre par jour, pour combattre certai[…]
accidents de la scrofule, et remédier à la cachex[…]
cancéreuse.

Pilules fondantes (Laboulbène).

Poudre de ciguë........   1 gramme.
Extrait de ciguë.........   1   —
Mucilage...............   q. s.

F. s. a. 20 pilules.

On les prescrit à la dose de trois à six par jou[…]
dans le rhumatisme mono-articulaire chronique, [...]
dans les engorgements strumeux.

Pommade bromo-iodée.

Bromure de potassium..   2 grammes.
Iodure de fer   2   —
Brome ....   10 gouttes.
Axonge purifiée........   30 grammes.

F. s. a. une pommade, avec laquelle on frictionnera, soir et matin, les tumeurs d'origine scrofuleuse.

Pommade caustique contre les scrofulides (HARDY).

Axonge................	8 grammes.
Bi-iodure de mercure...	8 —

Mêlez.

Cette pommade s'emploie contre les scrofulides érythémateuses, pustuleuses et même tuberculeuses, lorsqu'il n'y a pas d'ulcération, ou que cette dernière est superficielle. — On étend une légère couche de pommade sur la partie malade, et on détermine une espèce d'érysipèle artificiel, qui produit le même effet, et amène une modification aussi prompte, et presque aussi efficace que l'érysipèle spontané.

Pommade contre l'érythème scrofuleux (GUIBOUT).

Axonge fraîche lavée...	15 grammes.
Bi-iodure de mercure..	5 —

Mêlez pour une pommade.

Dans l'érythème scrofuleux, avec ou sans squames, on commence le traitement par les cataplasmes de fécule. En cas d'insuccès, on modifie quelquefois heureusement les surfaces malades, à l'aide de badigeonnages à l'huile de cade ou à la teinture d'iode. Mais si l'action de ces altérants reste nulle ou insuffisante, on recourt à la pommade au bi-iodure de mercure.

Une couche de cette pommade, étendue sur les parties malades, y détermine une violente inflammation, qui se caractérise par un véritable impétigo. Or, cette inflammation intense, aiguë et artificielle, surtout lorsqu'elle est renouvelée plusieurs fois par de nouvelles applications de la même pommade, c faites après la chute des croûtes impétigineuses, amène habituellement une modification profonde dans la vitalité des tissus cutanés et sous-cutanés, et cette modification se traduit souvent par la disparition de l'hypertrophie et de la coloration morbides.

Pommade contre la scrofulide pustuleuse (GIBOUT).

> Bi-iodure de mercure...   15 grammes.
> Axonge fraîche.........   30   —

F. s. a. une pommade, qu'on appliquera plusieurs fois, à 8 ou 10 jours d'intervalle, dans la scrofulide pustuleuse ou pustulo-crustacée, pour modifier la nature maligne de l'ulcère, et le rendre apte à produire une cicatrice. Quelquefois, des pansements faits avec des bourdonnets de charpie, imbibés de teinture d'iode ou d'une solution concentrée de chlorate de potasse, produisent d'excellents résultats.

A l'intérieur, l'huile de foie de morue et les préparations iodées, le fer et le quinquina. — Exercice au soleil, alimentation azotée.

Pommade fondante.

> Proto-iodure de mercure.   60 centigr.
> Iodure de potassium....   4 grammes.
> Cérat simple..........   30   —

Mêlez.

Onctions matin et soir, sur les tumeurs scrofuleuses, pour en favoriser la résolution.

Pommade fondante (DUVAL).

> Camphre..............   4 grammes.
> Extrait de ciguë.......   4   —

Iodure de plomb........   4 grammes.
Axonge récente.......   3?   —

F. s. a. une pommade, avec laquelle on frictionnera les engorgements scrofuleux. — Huile de foie de morue et vin de quinquina.

Pommade fondante (LINDEMANN).

Iodoforme..............   3 grammes.
Baume du Pérou......   6   —
Vaseline ou axonge....   24   —

F. s. a. une pommade conseillée contre l'engorgement strumeux des ganglions cervicaux, contre l'orchite et la lymphangite. Aux sujets scrofuleux, on prescrit en même temps l'huile de foie de morue à l'intérieur. — Le baume du Pérou est destiné à masquer l'odeur désagréable de l'iodoforme.

On peut employer, à peu près de la même manière, un liniment composé de :

Iodoforme.............   1 partie.
Baume du Pérou.......   3 parties.
Esprit-de-vin ou glycé-
    rine................   12   —

Pommade fondante (J. SIMON).

Extrait de ciguë...
Extrait de bella-
    done .... }
Iodure de potas-   } ãã   4 grammes.
    sium ....)
Axonge..........   32   —

F. s. a. une pommade, pour frictionner les ganglions strumeux engorgés. — Médication dépurative à l'intérieur.

Pommade résolutive (Guéneau de Mussy).

Carbonate d'ammonia- que pulvérisé........	5 grammes.
Camphre pulv.........	1 gramme.
Axonge	30 grammes.

Mêlez.

Onctions sur les ganglions cervicaux indolents des sujets scrofuleux. — Tisane dépurative.

Potion antiscrofuleuse (Guibout).

Iodure de potassium..	2 grammes.
Teinture d'iode.......	1 gramme.
Tannin...............	1 —
Sirop de quinquina....	50 grammes.
Julep gommeux.......	150 —

F. s. a. une potion à donner en 4 fois, de 2 ci 2 heures, aux adultes atteints de diverses maladies scrofuleuses. — Pour les enfants, on réduit la proportion des substances actives selon l'âge des sujets.

Potion antistrumeuse.

Iodure de potassium...	4 grammes.
Extrait de quinquina...	2 —
Infusion de pensée sau- vage................	80 —
Sirop antiscorbutique..	20 —

F. s. a. une potion, dont on prescrira un quart chaque jour, le matin à jeun, aux personnes atteintes d'engorgements glandulaires. Nourriture azotée, principalement composée de viandes rôties; bains sulfureux ou bains de mer; deux cuillerées d'huile de foie de morue avant le repas du soir.

Potion antistrumeuse.

Iode . . . . 40 centigr.
Iodure de potassium . . . . 6 grammes.
Teinture de cardamome. 25 —
Sirop de salsepareille
  composé . . . . 75 —

Deux à trois cuillerées à café par jour, pour combattre la diathèse strumeuse. — Régime azoté, exercice au grand air, gymnastique.

Potion antistrumeuse (Guépin).

Chlorhydrate d'ammo-
  niaque . . . . 3 grammes.
Iodure de potassium . . . 5 —
Sirop antiscorbutique . . 45 —
Hydrolat de tilleul . . . . 100 —

F. s. a. une potion, dont on donnera une cuillerée à café, matin et soir, dans les cas d'engorgement strumeux. — Tisane amère et dépurative (fumeterre, pensée sauvage, bardane, gentiane), huile de foie de morue au commencement des repas, bains salés, exercice au grand air, nourriture tonique et reconstituante.

Sirop antiscrofuleux (Verneuil).

Iodure de potas-
  sium . . . . 4 grammes.
Teinture d'iode . . 4 —
Sirop de gentiane.)
Sirop de quin- } ãã 150 —
  quina . . . .)
Faites dissoudre.

Une à deux cuillerées à café par jour, aux personnes atteintes de scrofule. — Huile de foie de morue et tisanes amères.

Sirop de coquelicot ioduré (Vidal).

Sirop de coquelicot....   500 grammes.
Iodure de potassium...   10   —
Faites dissoudre.

De trois à dix cuillerées par jour, dans une tisane amère, comme antiscrofuleux.

Solution caustique contre les scrofulides (Hardy).

Iodure de potassium..   8 grammes.
Iode pur ....   3 à 4   —
Eau distillée........   30   —
Faites dissoudre.

On fait, avec cette solution, une légère cautérisation des plaies scrofuleuses, pour en faciliter la cicatrisation. On conseille en outre les préparations amères et antiscorbutiques à l'intérieur, et un régime tonique, dans lequel les viandes rôties doivent entrer pour une large part. Bains sulfureux et bains de mer.

Topique iodé (Schoenlein).

Sel marin............   180 grammes.
Sulfate de magnésie...   60   —
Teinture d'iode.......   2   —
Eau.................   500   —
Faites dissoudre.

On imbibe, avec cette solution, des compresses que l'on applique sur les engorgements strumeux. Ces compresses déterminent une assez vive irritation.

Vin antiscrofuleux.

Teinture d'iode......   6 à 8 grammes.
Infusion de roses rou-
    ges...............   50   —
Vin vieux...........   250   —
Faites dissoudre.

Une cuillerée, soir et matin, pour combattre la scrofule. — Régime azoté, bains salés et bains de mer, exercice au grand air, gymnastique.

Vin ioduré (Boixet).

Iodure de potassium...   5 grammes.
Vin blanc..............   500   —
Faites dissoudre.

Une cuillerée à bouche, trois fois par jour, dans les affections scrofuleuses, syphilitiques, les dermatoses chroniques, etc.

SÉCRÉTION LACTÉE.

Bols antilaiteux (Bouchut et Després).

Acétate de soude pul-
    vérisé..............   10 grammes.
Camphre pulvérisé....   4   —
Nitrate de potasse pul-
    vérisé..............   4   —
Rob de sureau........   q. s.
F. s. a. 60 bols.

On en donnera deux, matin et soir, pour faire cesser la sécrétion du lait. — Alimentation peu abondante.

Liniment pour tarir la sécrétion lactée (Gardner).

Essence de menthe poivrée..............	6 grammes.	
Huile de ricin........	110	—
Essence de bergamote.	6	—
Camphre.............	2 gr 50	

F. s. a. un liniment, avec lequel on oindra les mamelles, dont on désire tarir la sécrétion.

SPASMES.

Mixture antispasmodique (Grinrod).

Éther sulfurique......	15 grammes.	
Esprit d'ammoniaque aromatique.........	15	—
Acétate de morphine..	3 centigr.	
Mixture camphrée....	60 grammes.	

Mêlez.

Une cuillerée à café, dans une petite quantité d'eau, pour combattre les spasmes.

Mixture calmante antispasmodique (J. Simon).

Teinture de belladone..........	} ãã	5 grammes.
Alcoolature de racine d'aconit...		
Laudanum de Sydenham.......		5 gouttes.

Mêlez.

Trois gouttes, matin et soir, en élevant progressivement la dose d'une goutte par jour, aux enfants qui ont dépassé l'âge de 2 ans, et qui sont atteints d'affections des voies respiratoires, avec prédominance de l'élément spasmodique et des phénomènes

nerveux. — On peut leur donner également, de une
cuillerée à café à une cuillerée à dessert, d'un mélange à parties égales de sirop de codéine et de
sirop de belladone.

Pilules antispasmodiques.

Castoréum pulvérisé....	30 centigr.
Valériane-pulv.........	1 gr. 50
Oxyde de zinc..........	1 gramme.
Extrait de valériane....	q. s.

F. s. a. 6 pilules.

Trois par jour, comme calmant et antispasmodique.

Pilules antispasmodiques.

Asa fœtida.......		
Galbanum	ãã	2 grammes.
Myrrhe.........		
Thériaque		1 gramme.

Mêlez à la chaleur du bain-marie, et divisez en
40 pilules.

Deux à quatre par jour, comme antispasmodiques,
dans les affections nerveuses.

Pilules antispasmodiques (Pharmacopée anglaise).

Aloès socotrin pulv....	1 gramme.
Asa fœtida...........	1 —
Savon médicinal dessé-ché...............	1 —
Confection de roses....	q. s.

F. s. a. 20 pilules.

Une à quatre dans les vingt-quatre heures, pour
combattre les spasmes nerveux, en déterminant une
irritation légère des voies intestinales.

Pilules antispasmodiques et antinévralgiques (RAYER).

Extrait de valériane.
Asa fœtida........
Galbanum.........
Castoréum........ } ãã 1 gramme.

F. s. a. 18 pilules.

On donne trois de ces pilules par jour : une le matin, une à midi et une le soir, à titre de calmant antispasmodique et antinévralgique. En outre, on combat les douleurs locales par des liniments au chloroforme, ou par de petits vésicatoires pansés avec la morphine. Si le malade est anémique, il prendra une préparation ferrugineuse, au commencement des deux principaux repas.

Potion antispasmodique.

Teinture éthérée de
   succin .... 1 gramme.
Teinture de castoréum. 1 —
Sirop d'éther......... 25 grammes.
Eau distillée......... 125 —

F. s. a. une potion, qu'on administrera par cuillerées, de deux en deux heures, dans les affections nerveuses.

Potion antispasmodique illico (HERMANT).

Essence de menthe..... 1 gramme.
Alcool à 80° centésimaux 6 grammes.
Laudanum de Syden-
   ham .... 10 —
Éther sulfurique....... 30 —

Mêlez.

Dix gouttes, ajoutées à une cuillerée à bouche

d'eau sucrée, donnent extemporanément 15 grammes de potion antispasmodique ; de sorte que, à la campagne, le médecin peut toujours avoir sous la main une potion antispasmodique toute préparée, et condensée sous un petit volume.

Potion calmante antispasmodique.

Hydrolat de laurier-cerise....................	20 grammes.
Hydrolat de laitue.....	60 —
Extrait de belladone...	5 centigr.
Sirop d'éther..........	20 grammes.

F. s. a. une potion, à donner par cuillerées dans la journée.

Potion calmante antispasmodique (Velpeau).

Hydrolat de tilleul.....	120 grammes.
Laudanum de Sydenham................	10 gouttes.
Éther sulfurique......	1 gramme.
Sirop d'écorces d'oranges amères........	30 —

F. s. a. une potion, à donner en deux ou trois fois, à une heure d'intervalle, aux malades qui ont subi une opération grave, ou à ceux qui ont fait une chute d'un lieu élevé.

SPERMATORRHÉE.

Pilules contre la spermatorrhée.

Lupulin................	60 centigr.
Camphre pulv.........	60 —
Extrait de belladone....	10 —

F. s. a. 10 pilules.

Deux à cinq par jour, pour remédier aux pollutions nocturnes. — Lotions froides au périnée, hydrothérapie, alimentation tonique et reconstituante.

Pilules contre la spermatorrhée (Guipon).

Masse pilulaire de Vallet................	10	grammes.
Lupulin...............	2	—
Castoréum pulv........	2	—

F. s. a. 100 pilules.

Deux à huit par jour, dans la spermatorrhée. — Injection prolongée dans l'urèthre, tous les soirs au moment du coucher, avec de l'eau saturnée. — Lotions et immersions froides, abstention rigoureuse de tout excitant ; entretenir le ventre libre.

STOMATITE.

Collutoire antiseptique (Wendt).

Eau distillée de rue.	60	grammes.
Extrait de quinquina.	4	—
Éther chlorhydrique.	4 à 8	—
Miel rosat..........	30	—

Mêlez.

Conseillé pour toucher les gencives et la face interne des joues, dans la gangrène de la bouche et la stomatite mercurielle.

Collutoire tonique et antiseptique.

Eau de chaux.........,...	45	grammes.
Teinture de myrrhe ...	8	—
Miel rosat............	8	—

Mêlez.

Conseillé pour toucher, plusieurs fois le jour,

les ulcérations superficielles de la muqueuse buccale.

Gargarisme antiseptique (JEANNEL).

Chlorate de potasse...	10	grammes.
Eau..................	250	—
Mellite de roses.......	50	—
Acide chlorhydrique...	2	—

F. s. a. un gargarisme, conseillé contre la stomatite ulcéreuse et gangréneuse, et contre la salivation
mercurielle.

Gargarisme astringent et détersif (BRANDE).

Décoction d'écorce de quinquina..........	100	grammes.
Infusion de roses rou- ges................	100	—
Teinture de myrrhe...	8	—
Acide chlorhydrique..	10	gouttes.

Mêlez et filtrez.

Employé comme astringent et détersif, dans les
inflammations de la bouche et de la gorge.

Gargarisme chloruré.

Chlorure de chaux li- quide.............	12	grammes.
Mellite de roses.......	25	—
Eau distillée.........	150	—

Mêlez.

Recommandé contre l'angine et la stomatite ulcéreuses, et contre la fétidité de l'haleine.

Gargarisme contre la stomatite ulcéro-membraneuse (Jaccoud).

Chlorate de potasse...	6 grammes.	
Alcoolature de cochléaria...............	30	—
Sirop de quinquina....	60	—
Décoction de quinquina.............	250	—

F. s. a. une solution, avec laquelle le malade se gargarisera toutes les deux ou trois heures.

Pour nourriture, du hachis de viande, des potages et du vin de Bordeaux. Dans la journée, le malade sucera quelques tablettes de chlorate de potasse.

Gargarisme contre la stomatite (Van Holsbeck).

Acide salicylique....	2 à 4 grammes.	
Sirop de mûres......	30	—
Hydrolat de roses....	120	—

Faites dissoudre. Conseillé contre la stomatite et l'angine.

Gargarisme stimulant (Copland).

Infusion de roses de Provins	150 grammes.	
Acide chlorhydrique dilué................	2	—
Teinture de capsicum..	6	—
Miel	20	—

Ce gargarisme est recommandé dans la stomatite quand les ulcérations tardent trop à se cicatriser.

Mixture contre la stomatite mercurielle (J. Simon).

Alcoolature de cochléaria................	10 grammes.

            Teinture de quinquina.   8 grammes.
            Teinture de cachou....   4   --
            Teinture de benjoin...   2   —
            Eau de Botot.........   200   —
Mêlez.

On verse une certaine quantité de cette mixture
dans de l'eau chaude, et on se gargarise, matin et
soir, pour prévenir le développement de la stomatite
mercurielle, dans le cours du traitement antisyphilitique. — Si la stomatite se déclare malgré l'emploi
de cette mixture, on prescrit le chlorate de potasse,
tant sous forme de potion, que sous forme de collutoire.

Poudre contre la stomatite.

            Acide salicylique.......   2 grammes.
            Sucre pulv.............   20   —
Mêlez.

On trempe un pinceau mouillé dans la poudre,
et on s'en sert pour toucher la muqueuse buccale
et gingivale.

Solution contre la stomatite mercurielle (GOSSELIN).

            Chlorate de potasse.   4 grammes.
            Laudanum de Sy-
              denham.........   1 gramme.
            Hydrolat de laurier-
              cerise...........   } āā 15 grammes.
            Eau distillée......   )
Faites dissoudre.

On trempe des plumasseaux de charpie dans ce
mélange, et on les introduit dans les gouttières gin-
givales, en haut et en bas. — Le malade les garde
plusieurs heures par jour, en crachant au besoin, et
les renouvelle deux ou trois fois.

SUEURS FÉTIDES.

Lotion contre les sueurs fétides.

Permanganate de potasse..............	15 grammes.
Eau distillée.........	1000 —

Faites dissoudre.

On lavera les pieds, deux fois le jour, avec cette solution, pour combattre la fétidité de la transpiration ; puis on les essuiera, et on les saupoudrera avec de la fécule de pommes de terre.

Lotion contre les sueurs fétides (ORTEGA).

Hydrate de chloral....	1 gramme.
Eau distillée.........	100 grammes.

Faites dissoudre.

On lotionne les pieds tous les soirs avec cette solution, puis on en imbibe une serviette, avec laquelle on les enveloppe pendant la nuit. — Au bout de quelques jours, l'odeur disparaît et les petites ulcérations guérissent.

Poudre contre les sueurs fétides.

Acide salicylique.......	3 grammes.
Amidon	10 —
Talc en poudre........	87 —

Mêlez.

On saupoudre avec ce mélange l'intérieur des chaussures, pour faire disparaître la fétidité de la sueur.

On peut employer dans le même but, un mélange de 95 parties de plâtre et de 3 à 5 parties de coaltar. On éteint du plâtre, on le dessèche, on le pulvérise, et on en mélange 2 parties avec une partie de plâtre anhydre. Ce dernier communique à la poudre la propriété absorbante, tandis que le plâtre hydraté lui enlève la propriété de durcir.

Poudre contre la transpiration des pieds (Hager).

Alun calciné...........	5 grammes.	
Acide salicylique.......	2 gr. 50	
Amidon de blé.........	15 grammes.	
Talc de Venise........	50	—

Mêlez, et faites une poudre impalpable.

On lave les pieds avec de l'eau tiède, et à l'aide d'une houppe de coton plongée dans le mélange, on les saupoudre avec soin.

M. Hardy emploie simplement des bandelettes de diachylon, appliquées avec un grand soin, et renouvelées tous les matins. Seulement, avant de les réappliquer, il fait faire une friction énergique avec un morceau de flanelle. Par-dessus les bandelettes, on enroule une bande, et le malade doit rester au lit. Après la guérison obtenue, il doit encore, pendant quelques mois, saupoudrer ses bas avec une poudre astringente et désinfectante.

SYNCOPE.

Lavement vineux.

Vin blanc........		
Eau-de-vie.......	ãã	120 grammes.
Eau chaude......		

Mêlez, pour un lavement.

Employé pour combattre la syncope, après les pertes de sang considérables, telles, par exemple, que celles qui se produisent chez la femme dans certains accouchements laborieux.

SYPHILIDES.

Injection antisyphilitique (Van den Corput).

Deutochlorure d'hydrar-gyre	10 centigr.
Chlorure de sodium	1 gramme.
Eau distillée	45 grammes.

F. s. a. une solution, dont on injecte quatre cinq gouttes sous la peau, deux fois par jour.

Le docteur Van den Corput a vu employer cett solution, sous forme d'injection hypodermique, dan le traitement de la syphilis, à l'Hôpital des vénérieu de Rome, et il affirme que ces injections ne donner point lieu, comme celles de calomel, à de petit phlegmons locaux.

Injection antisyphilitique (Staub).

Bichlorure de mercure.	1 gr. 25
Chlorhydrate d'ammo-niaque	1 — 25
Chlorure de sodium	4 — 15
Eau distillée	125 grammes.

Faites dissoudre et filtrez.

D'autre part, faites dissoudre un blanc d'œuf dan quantité suffisante d'eau distillée, pour obten 125 grammes de solution, filtrez et réunissez l deux solutions.

Un gramme de cette liqueur renferme 5 milli grammes de sublimé. La dose moyenne à inject est d'un centigramme, soit deux injections d'u gramme par jour.

La solution chloro-albumineuse a, selon l'auteu l'avantage d'éviter les accidents locaux qui survie nent, lorsqu'on injecte une dose un peu forte sublimé. On doit, pour pratiquer l'injection, se servir d'une seringue en gomme, en buis ou en caoutchouc vulcanisé.

Liqueur de Van Swieten modifiée (MAURIAC).

Bichlorure de mercure.	1 gramme.
Alcool................	95 grammes.
Sirop de morphine....	250 —
Hydrolat de fleurs d'oranger	100 —
Eau distillée.........	550 —
Alcoolat de menthe....	4 —

F. s. a. une solution, dont chaque cuillerée bouche renferme : sublimé corrosif, 2 centigrammes ; sirop de morphine, 5 grammes ; chlorhydrate de morphine, 2 milligrammes et demi.

Mixture antisyphilitique (BOINET).

Tisane de salsepareille..............	100 grammes.
Teinture d'iode.......	1 gramme.
Iodure de potassium..	10 centigr.
Sirop simple.........	q. s.

A prendre en quatre ou cinq fois dans la journée.

Mixture antisyphilitique (H. GREEN).

Bichlorure de mercure.	25 centigr.
Teinture de gentiane..	100 grammes.
Sirop de fleurs d'oranger	50 —

Faites dissoudre.

Deux cuillerées à café par jour, dans les affections vénériennes secondaires, et dans les maladies de peau chroniques, particulièrement celles qui sont accompagnées d'éruptions sèches et squameuses.

Pastilles antisyphilitiques (Cazenave).

Chlorate de potasse....	4 grammes.
Proto-iodure de mercure.	1 gramme.
Essence de menthe.....	q. s.

Pour 20 pastilles, qui contiendront chacune 5 centigrammes de proto-iodure.

Une par jour, pour combattre la syphilis, et particulièrement les affections vénériennes de la cavité buccale. L'association du chlorate de potasse et de l'iodure mercuriel offre, selon l'auteur, l'avantage d'empêcher la stomatite mercurielle de se produire.

Pilules antisyphilitiques (Velpeau).

Proto-iodure de mercure	1 centigr.
Acétate de morphine...	1 —
Thridace	3 —

F. s. a. une pilule.

Deux par jour, pour combattre les accidents secondaires de la syphilis.

Pilules mercurielles (Dzondi).

Bichlorure de mercure	75 centigr.
Sucre blanc pulv.	12 grammes.
Mie de pain..... } ãã	q. s.
Eau distillée..... }	

F. s. a. 240 pilules, qui renfermeront chacune 3 milligrammes de bichlorure de mercure. — On

:peut en donner deux, matin et soir, dans les affec-
:tions vénériennes secondaires, et dans les maladies
)de peau chroniques, à forme squameuse.

Pommade antisyphilitique (ROLLET).

Proto-iodure de mer-
    cure .... 1 gramme.
Axonge................. 3) grammes.
F. s. a. une pommade.

Dans le cas de syphilides crustacées, on applique
un cataplasme émollient, pour faire tomber les
croûtes, puis on panse l'ulcération mise à nu avec
de la charpie, sur laquelle on a étendu une mince
couche de la pommade.

Pommade contre les syphilides (ROLLET).

Oxyde de zinc......... 2 grammes.
Calomel............... 2   —
Axonge 30   —

F. s. a. une pommade, conseillée contre certaines
syphilides crustacées ou légèrement ulcéreuses. On
commence par faire tomber les croûtes, à l'aide d'un
cataplasme.

Poudre contre les ulcères syphilitiques (ZEISSL).

Iodoforme pulv......... 15 centigr.
Sucre de lait pulv..... 10 grammes.
Mêlez.

Pour saupoudrer les plaies d'origine syphilitique.

Sirop antisyphilitique (BAZIN).

Bi-iodure d'hydrargyre. 5 centigr.
Iodure de potassium.. 5 grammes.
Sirop de sucre........ 400   —

F. s. a. un sirop composé, dont on donnera une
ou deux cuillerées à café par jour, aux enfants atteints d'accidents tertiaires syphilitiques.

Sirop antisyphilitique (Puche).

Bi-iodure de mercure..	50 centigr.
Iodure de potassium...	50 —
Sirop de sucre........	500 grammes.

Faites dissoudre.

Ce sirop est conseillé à la dose de 25 à 50 grammes, aux malades qui présentent à la fois des signes
de syphilis secondaire et tertiaire.

Sirop antisyphilitique (Puche).

Iodure de potassium..	10 grammes.
Tartrate ferrico-potassique.............	10 —
Hydrolat de cannelle..	20 —
Sirop de sucre........	480 —

F. s. a. un sirop composé.

Conseillé aux malades chloro-anémiques qui présentent à la fois des symptômes secondaires et tertiaires de la syphilis. On commence par une cuillerée
à bouche par jour, et on va en augmentant.

Sirop de café ioduré (Calvo aîné).

Sirop de café........	500 grammes.
Iodure de potassium..	16 —

Faites dissoudre.

Le sirop de café est un excellent véhicule, pour
déguiser la saveur de l'iodure de potassium, et pour
rendre agréable aux malades l'emploi de ce précieux
médicament.

Solution antisyphilitique (IZNARD).

Iodoforme...............	3 grammes.	
Alcool rectifié	10	—
Glycérine pure.........	30	—

Faites dissoudre. — Ou bien :

Iodoforme...............	2 grammes.	
Éther sulfurique	30	—

Chez 100 malades atteints d'affections syphilitiques diverses, telles que ulcères, bubons, gommes et pa-pules ulcérées, qui ont été traités à la clinique de Prague, le professeur Pick a employé localement l'une ou l'autre de ces solutions, ou encore la poudre d'iodoforme. Comme remède interne, il a prescrit chaque jour 6 à 8 pilules d'iodoforme de 10 centigr., et les résultats de ce traitement ont toujours été des plus satisfaisants.

Dans aucun cas, on ne fut obligé de remplacer l'iodoforme par un autre agent antisyphilitique, et dans aucun cas, l'iodoforme ne troubla les fonctions digestives, non plus que la circulation et le système nerveux. Chez un malade seulement, il survint de la diarrhée, qui disparut dès qu'on eut cessé l'emploi de l'iodoforme. Cependant on constata fréquemment de l'acné iodique.

Solution contre les syphilides (HANDY).

Iodure de potassium.	16 grammes.	
Bi-iodure de mercure.	5 à 10 centigr.	
Eau distillée.........	250 grammes.	

F. s. a. une solution, dont on prescrira une cuil-lerée à bouche par jour, dans une tasse de tisane de houblon, pour combattre les syphilides tuberculeuses, et en particulier la variété perforante. Si la constitution générale est altérée, on conseillera au malades une saison aux eaux minérales sulfureuses, telles que Barèges, Bagnères-de-Luchon et Uriage.

Solution contre les syphilides ulcérées (Langlebert).

> Teinture d'iode...... 5 à 10 grammes.
> Iodure de potassium.   1 gramme.
> Eau distillée........   100 grammes.

F. s. a. une solution, avec laquelle on imbibera de la charpie, qui sera placée ensuite sur les ulcéra-tions, plus ou moins étendues, occasionnées quelquefois par les syphilides humides.

Solution iodurée (Velpeau).

> Iodure de potassium..   15 grammes.
> Eau distillée..........   500   —
> Faites dissoudre et filtrez.

On donne deux cuillerées à bouche de cette solution, pour combattre les accidents tertiaires de la syphilis, et en particulier les affections des os. Chaque cuillerée contient environ un demi-gramme d'iodure de potassium.

Quand les malades éprouvent de la répugnance à prendre cette liqueur, on peut la rendre plus agréable. en y ajoutant quelques cuillerées de rhum. qui masquent la saveur de l'iodure.

Solution de peptone mercurique ammonique, pour injections hypodermiques (Delpech).

> Peptone en poudre de
>   Catillon..............   9 grammes.
> Chlorure d'ammonium
>   pur...............   9   —

    Sublimé corrosif.......   6 grammes.
Dissolvez dans :
    Glycérine de Price.....   72   —
    Eau distillée..........   24   —

Cinq grammes de cette solution normale filtrée contiennent exactement 0 gr. 25 centigr. de sublimé. Etendus de 25 grammes d'eau distillée, ils donnent une solution renfermant, pour 1 gr. 20 centigr., contenance habituelle de la seringue à injection hypodermique, 10 milligrammes de sublimé.

Cette solution de peptone mercurique ammonique se trouble au bout d'un certain temps, et ne doit être préparée qu'en petite quantité à la fois.

Pour combattre les diverses manifestations de la syphilis, le Dr Martineau substitue au sublimé corrosif administré par la bouche les injections hypodermiques de peptone mercurique ammonique. Il injecte, chaque jour, dans le tissu cellulaire sous-cutané, en une fois, de 2 à 10 milligrammes de sublimé. Chez certains malades, le nombre des injections a été porté jusqu'à 45, sans aucun accident local, sans troubles intestinaux et sans salivation.

Solution de peptone mercurique ammonique glycérinée, pour usage interne (Delpech).

    Peptone mercurique am-
    monique...........   1 gramme.
    Glycérine de Price.....   50 grammes.
    Eau distillée.........   200   —
Faites dissoudre.

Cette solution, destinée à remplacer la liqueur de Van-Swieten, est, comme elle, dosée au millième de sublimé.

On la fait prendre par cuillerées à café, qui représentent chacune 5 milligrammes de sublimé.

Traitement de la syphilis cérébrale (A. Fournier).

Dans la syphilis cérébrale, le professeur A. Fournier prescrit habituellement l'iodure de potassium à
la dose de 5 grammes par jour, et chaque jour une
friction avec 5, 8 et 10 grammes d'onguent napolitain. Ce traitement est prolongé pendant toute la durée des accidents cérébraux ; seulement, au bout de
6 à 8 semaines, on le suspend pendant quelques
jours ; puis on ne fait que des frictions pendant
20 jours environ. On cesse les frictions, pour administrer exclusivement l'iodure de potassium à l'intérieur, et ainsi de suite, en alternant les deux
modes de traitement, afin d'empêcher l'accoutu-
mance, qui en diminuerait l'efficacité. — Après la
disparition des manifestations cérébrales syphilitiques, on reprend plusieurs fois le traitement, pour
prévenir les récidives. Enfin, on recommande d'éviter à l'avenir : 1° les excès vénériens ; 2° la fatigue
intellectuelle ; 3° les excès alcooliques ; 4° tous les
genres de fatigue qui peuvent provoquer du côté des
centres nerveux des phénomènes congestifs.

Traitement de la syphilis hépatique (Rendu).

L'iodure de potassium paraît être le remède le
plus efficace contre les engorgements hépatiques
liés à la syphilis. On en prescrit 1 gramme par jour
au début, et on arrive progressivement à 3 et 4
grammes. Si le malade est cachectique, qu'il existe
de la diarrhée, de l'œdème des jambes, on associe à
l'iodure de potassium l'iodure de fer et les préparations de quinquina. Quant à la médication mercu-

rielle, on y a recours : 1° quand l'iodure de potassium est mal supporté ; 2° quand l'état général est mauvais, et qu'il est urgent de modifier rapidement l'économie. Dans ce cas, on recommande les frictions hydrargyriques sous les aisselles, sur l'abdomen ou aux aines, en s'arrêtant à temps pour éviter la salivation. Douches chaudes suivies de douches froides très courtes sur toute la surface du corps, et particulièrement sur la région du foie.

TACHES DE LA CORNÉE.

Collyre antimonié (Pereira).

> Tartrate antimonié de
> potasse .... 5 centigr.
> Eau distillée.......... 50 grammes.
> Faites dissoudre.

Instiller quelques gouttes de cette solution dans l'œil, trois fois par jour, dans l'ophthalmie chronique accompagnée de taches de la cornée.

Collyre belladoné (Tavignot).

> Eau distillée.......... 125 grammes.
> Extrait aqueux de bel-
> ladone .... 8 —
> Faites dissoudre.

En instiller, tous les deux jours, deux ou trois gouttes dans l'œil, pour dilater la pupille, dans le cas de tache centrale de la cornée. — On peut continuer presque indéfiniment l'usage de ce collyre, sans altérer la sensibilité de la rétine.

Collyre contre les taies de la cornée (Ansiaux).

Sulfate de cadmium.	6 centigr.
Mucilage de gomme arabique	
Laudanum de Sydenham.........	āā 8 grammes.

F. s. a. un collyre.

On trempe un petit pinceau de blaireau dans ce collyre, et on le passe sur la taie. On ordonne au malade de tenir les paupières fermées, pendant di il minutes environ, pour que le médicament ne soit pas entraîné tout de suite par les larmes, et on répète cette application trois fois par jour.

Si ce collyre est bien supporté, on peut augmenter la dose de sulfate de cadmium, et la porter même exceptionnellement jusqu'à 60 centigrammes.

Collyre contre les taches de la cornée (Guérin).

Sulfate de cuivre......	50 centigr.
Sulfate de morphine..	10 grammes.
Sulfate d'alumine et de potasse	1 gramme.
Eau distillée.....	100 —

Faites dissoudre.

On fait tomber trois gouttes de ce collyre dans une cuillerée d'eau, et on pratique 10 à 20 lotions par jour.

Collyre ioduré (Lohsse).

Iode	5 centigr.
Iodure de potassium....	10 —
Eau distillée...........	18 grammes.

Faites dissoudre.

Instiller, chaque jour, quelques gouttes de ce collo

Ivre dans les yeux, pour combattre les opacités de la cornée.

Pommade ophthalmique (Hildreth).

Onguent mercuriel	16 grammes.
Créosote.........	10 à 30 gouttes.

Mêlez.

On étend gros comme un pois de cette pommade sur le pourtour de l'orbite, dans le cas d'ophthalmie scrofuleuse, accompagnée d'opacité de la cornée.

Pommade ophthalmique (Lousse).

Iode	8 centigr.
Iodure de potassium...	1 gr. 25
Axonge récente........	15 grammes.

On dissout l'iode et l'iodure de potassium, dans une petite quantité d'eau distillée, et la solution ainsi obtenue est incorporée à l'axonge.

On graisse le pourtour de l'orbite, avec une petite quantité de cette pommade, pour combattre les opacités de la cornée.

TACHES DE ROUSSEUR.

Lotion contre les taches de rousseur (Hardy).

Bichlorure de mercure.	4 grammes.
Sulfate de zinc........	8 —
Alcool camphré.......	10 —
Eau distillée.........	300 —

Faites dissoudre.

On coupe avec deux ou trois parties d'eau, on imbibe une petite éponge avec la solution, et on fait des lotions tous les jours, pour combattre les taches de rousseur. Sous l'influence de ces lotions, il se produit une excoriation légère de l'épiderme, et les taches disparaissent momentanément. (C'est cette lotion qui se vend dans le commerce, sous le nom d'eau antéphélique.)

Pommade contre les éphélides de la grossesse (Neumann).

> Acide chrysophanique.. 1 gramme.
> Axonge............... 40 grammes.

Mêlez.

On fait une onction douce sur la peau préalablement nettoyée à l'eau de savon, et on applique par dessus un linge destiné à empêcher la pommade de couler. On pratique de cette manière trois ou quatre onctions à deux jours d'intervalle, en ayant soin de ne pas toucher les paupières, et de ne pas employer une pommade trop active sur une peau délicate. Les régions enduites deviennent rouges, puis noires; la peau se desquame et la tache disparaît.

On pourra essayer le même remède sur les taches pigmentaires qui s'observent en dehors de la grossesse.

TEIGNE ET PORRIGO.

Crayons à l'huile de croton (Limousin).

> Beurre de cacao et
> cire blanche.... } ãã 5 grammes.
> Huile de croton ti-
> glium.......... 10 —

On fond dans un petit ballon le beurre de cacao et la cire, puis on ajoute l'huile en ayant soin de tenir le ballon fermé avec un bouchon. Quand le mélange commence à se refroidir, on le coule dans de moules, et chaque crayon est enveloppé d'une feuille d'étain, pour empêcher la volatilisation du principe âcre de l'huile de croton.

Ces crayons permettent de circonscrire l'action de l'huile sur une surface bien limitée, et se conservent pendant plusieurs mois, sans perdre de leurs propriétés. Ils sont conseillés pour le traitement de la teigne tonsurante.

Lotion contre la teigne (Hardy).

Bichlorure de mercure.   1 gramme.
Alcool................   q. s.
Eau distillée........   500 grammes.
Faites dissoudre.

Conseillée dans le traitement de la teigne. Immédiatement après l'épilation, on passe sur le cuir chevelu une éponge imbibée de cette solution, et on répète l'opération, matin et soir, pendant huit jours. Au bout de ce temps, on enduit le cuir chevelu avec une pommade soufrée, pour assurer la destruction du champignon.

Lotion et pommade contre la pelade (Hardy).

Au début de la pelade (porrigo decalvans), afin d'arrêter les progrès du mal, on fait arracher autour de la plaque glabre une couronne de cheveux déjà atteints et destinés à tomber. Cela fait, on lotionne les parties malades, matin et soir, pendant quelques jours, avec une solution de sublimé au cinq-centième; puis, un peu plus tard, on fait frictionner les mêmes régions, avec une pommade contenant pour 30 grammes d'axonge, deux grammes de turbith minéral et un gramme de camphre. Un peu plus tard encore, on réserve cette pommade parasiticide pour

le soir, et le matin, on fait frictionner avec une liqueur alcoolique stimulante, soit avec le baume de
Fioravanti, soit avec un mélange de 9 parties d'alcool camphré pour une partie de teinture de cantharides. Dès que les poils commencent à repousser sous
la forme d'un léger duvet, on fait raser les parties
malades, tous les 8 ou 10 jours, on cesse les pommades parasiticides, et on se borne aux frictions stimulantes. — Lorsque les cheveux repoussés sont
grêles et décolorés, on les épile.

Comme médication générale, on prescrit les préparations de fer et de quinquina, l'huile de foie de
morue, les amers et les antiscorbutiques. On conseille les bains sulfureux, une alimentation tonique
et reconstituante. — Pour empêcher la pelade de se
propager, il est bon d'isoler les malades, et de recommander aux personnes qui les entourent, de ne
point se servir de leurs objets de toilette ou de leurs
vêtements.

Pommade contre le porrigo decalvans (BILTT).

Écorce de quinquina
rouge finement pul-
vérisée .... 8 grammes.
Huile d'amandes douces. 8 —
Moelle de bœuf........ 24 —

On fait fondre ensemble, au bain-marie, l'huile et
la moelle de bœuf, et quand le mélange est convenablement refroidi, on y incorpore la poudre de
quinquina.

La pommade ainsi obtenue est destinée à faire
repousser les cheveux; mais on ne l'emploie que
quand la période aiguë de la maladie a été préalablement calmée par les lotions savonneuses, les cata-

plasmes de fécule de pommes de terre, les bains de vapeur, etc.

Pommade contre la teigne.

Charbon de bois pulvérisé..... } Soufre sublimé.. }	ãã	25 grammes.
Suie........... } Carbonate de potasse........ }	ãã	12 —
Axonge........		100 —

F. s. a. une pommade avec laquelle ou graissera, le soir, le cuir chevelu. Le lendemain matin, on nettoiera la tête à l'eau de savon, et on recommencera les onctions le soir.

Pommade contre la teigne.

Noix de galle finement pulvérisée..........	4 grammes.
Sulfate de cuivre.....	1 gr. 25
Axonge..............	100 grammes.

Faites fondre le sulfate de cuivre dans une petite quantité d'eau, et mélangez intimement cette solution avec l'axonge et la noix de galle.

La pommade ainsi obtenue est employée dans l'Inde au traitement de la teigne.

Pommade contre la teigne décalvante (Kraus).

Extrait de quinquina...	8 grammes.
Teinture de cantharides.	4 —
Huile de cade.........	2 —
Huile essentielle de bergamote..............	1 gramme.
Axonge	60 grammes.

F. s. a. une pommade, avec laquelle on frictionnera le cuir chevelu, tous les soirs. On commencera
par couper les cheveux très courts et par épiler.

Pommade contre le favus (BAZIN).

Turbith minéral.	50 centigr. à 1 gr.
Huile d'amandes douces	āā 2 grammes.
Glycérine.......	
Axonge.........	15 —

Mêlez.

Pour combattre le favus, on étend sur le cuir chevelu une couche d'huile de cade, destinée à étein-
dre la sensibilité de cette région, puis on procède à
l'épilation, qui devient ainsi plus facile et moins
douloureuse. Immédiatement après l'épilation, afin
que le liquide puisse pénétrer dans l'ouverture encore béante des follicules, on lave le cuir chevelu
avec une solution aqueuse de sublimé au cinq-centième, et on se sert pour cela d'une brosse douce,
d'une éponge ou d'un tampon de charpie. Les
mêmes lotions sont continuées, matin et soir, pendant deux ou trois jours après que l'épilation est
terminée, puis on recourt à la pommade au turbith,
que l'on emploie jusqu'à complète guérison. Ordinairement, deux ou trois épilations sont nécessaires.

Pommade contre la pelade (EICHORST).

Salicylate de soude.....	5 grammes.
Acide phénique........	2 —
Axonge...............	40 —

F. s. a. une pommade, pour onctions contre la
pelade, que l'auteur considère comme étant, dans
beaucoup de cas, de nature parasitaire.

Pommade contre la pelade (Molland).

Baume de Fiora-vanti...............		12 gr. 50
Baume nerval et savon animal...	ãã	50 grammes.
Huile de ricin et glycérine.......	ãã	12 gr. 50
Extrait de quin-quina...........		2 gr. 50
Rhum		12 gr. 50
Teinture de can-tharides........		2 gr. 50

F. s. a. une pommade, avec laquelle on fait une onction chaque jour, sur la tête préalablement ra-sée. — Une fois par semaine, on lave au savon noir, et on frictionne légèrement avec de l'alcool.

Pommade épilatoire (Claudat).

Carbonate de soude....	4 grammes.
Chaux vive pulv........	2 —
Charbon pulv..........	50 centigr.
Glycérine neutre.......	5 grammes.
Axonge...............	25 —

F. s. a. une pommade qui facilite l'épilation, chez les sujets atteints de favus. — Après 10 ou 12 jours d'onctions avec cette pommade, la peau prend une teinte rosée, et les cheveux peuvent être arrachés sans douleur.

TREMBLEMENT.

Traitement du tremblement (N. Guéneau de Mussy).

Dans le cas de tremblement, occasionné par une
intoxication mercurielle ou saturnine, l'auteur prescrit chaque jour deux à quatre pilules contenant
chacune 4 milligrammes de phosphure de zinc. Sous
l'influence de ce traitement, le tremblement s'a-
mende, et guérit en quarante-huit, trente-six ou
vingt-quatre heures. — Le phosphure de zinc est
inefficace contre le tremblement alcoolique.

TUMEURS

Caustique au sulfate de zinc (J. Y. Simpson).

Sulfate de zinc dessé-
  ché et pulvérisé...... 30 grammes.
Glycérine.............. 4   —
Mêlez.

La pâte ainsi obtenue n'agit que sur la peau dé-
pouillée de son épiderme. L'escarre est blanche, et
se détache généralement le cinquième ou le sixième
jour.

Les avantages attribués à ce caustique sont les
suivants : 1° effet escarrotique énergique ; 2° rapi-
dité d'action ; 3° facilité de maniement ; 4° aucune
tendance à fuser ; 5° innocuité complète.

Caustique au sulfate de zinc (H. Thomson).

Sulfate de zinc dessé-
  ché .... 15 grammes.
Acide sulfurique....... q. s.

Le sulfate de zinc qu'on a desséché, pour le pri-
ver de son eau de cristallisation, est délayé avec de
l'acide sulfurique concentré, de manière à produire

une pâte ayant la consistance d'une gelée, qu'on applique à l'aide d'une spatule ou d'une tige de verre. On recouvre les parties voisines de la tumeur qu'il s'agit de détruire, avec une pommade ferme, destinée à limiter l'action du caustique.

Liniment fondant (BONARDEN).

Fiel de bœuf............	12	grammes.
Extrait de ciguë........	4	—
Savon de soude........	8	—
Huile d'olives.........	3J	—

Mêlez, pour un liniment.

Quatre frictions par jour, contre les tumeurs hypertrophiques des glandes mammaires.

Pâte de Canquoin modifiée (DEMARQUAY).

Chlorure de zinc.......	10	grammes.
Glycérine.............	4	—
Farine de froment.....	20	—

Mêlez.

La pâte ainsi obtenue est malléable, et s'applique avec la plus grande facilité, qu'elle soit ancienne ou récente.

Pommade mercurielle composée.

Onguent mercuriel.....	12	grammes.
Cire jaune............	6	—
Huile d'olives.........	6	—
Camphre.............	3	—

Faites fondre la cire et l'huile, et quand ce mélange sera presque froid, ajoutez-y le camphre en poudre, l'onguent mercuriel, et faites du tout un mélange homogène. — Cette pommade est très employée en Écosse, contre les tumeurs indolentes.

TUMEUR LACRYMALE.

Collyre contre la tumeur lacrymale (DE GRÆFE).

Nitrate d'argent cristal-
lisé................. 1 gramme.
Eau distillée.......... 50 grammes.

Faites dissoudre. — Pour injection de bas en haut,
dans le sac lacrymal, dans le cas de tumeur lacrymale.

ULCÈRES

Charpie noire (HIGGINBOTTOM).

Nitrate d'argent cristal-
lisé................. 4 grammes.
Eau distillée.......... 50 —

Faites dissoudre, et plongez dans la solution :

Charpie fine........... 15 grammes.
Faites sécher sur une assiette.

Fricke prépare une solution de nitrate d'argent
quatre fois plus faible.

La charpie noire est conseillée dans le traitement
des ulcères chroniques, qui ont besoin d'être excités.
— Quand la plaie exhale une mauvaise odeur, on
peut substituer à la charpie noire la charpie coal-
tarée, c'est-à-dire celle qui a été plongée dans une
émulsion de coaltar et séchée.

Lotion contre les ulcères indolents.

Chlorure de chaux.... 4 grammes.
Opium pulvérisé...... 6 —
Eau distillée......... 150 —
Faites dissoudre.

On imbibe des compresses avec la solution trouble ainsi obtenue, et on les applique sur les ulcères indolents des jambes, pour en amener la cicatrisation. — Ce même liquide est employé avantageusement, pour le pansement des chancres, après la cautérisation.

Pansement à l'iodoforme (FÉRÉOL).

On applique l'iodoforme en poudre sur l'ulcère, et on recouvre le tout d'un peu de baudruche gommée, ou d'un linge enduit de cérat, ou mieux encore de bandelettes de diachylon superposées. On laisse le pansement en place, quatre ou cinq jours, avant de le renouveler.

Ce pansement a été employé avec succès contre les ulcères variqueux, le rupia syphilitique, le chancre phagédénique, les rhagades et plaques muqueuses interdigitales, la fissure à l'anus. Dans ce dernier cas, on introduit chaque jour la poudre d'iodoforme dans la fissure, à l'aide d'une sonde cannelée.

On peut, d'après le conseil de Gubler, employer l'iodoforme sous forme de solution éthérée, qui se prépare de la manière suivante :

Iodoforme cristallisé....	1 gramme.
Éther à 60° Baumé.....	4 grammes.

Par suite de la rapide volatilisation du dissolvant, l'iodoforme se trouve dans un état de ténuité extrême, et recouvre les surfaces d'une manière uniforme.

Pommade antiseptique (VAN HOLSBECK).

Acide salicylique.......	4	grammes.
Huile d'amandes douces.	2	—
Axonge................	30	—

F. s. a. une pommade pour le pansement des plaies, des ulcères atoniques et de mauvaise nature.

Pommade contre les ulcères des jambes (COURTY).

Précipité rouge .... 1 gramme.
Axonge .... 40 grammes.
Mêlez.

Si l'ulcère est tout à fait atonique, on prescrit un gramme de précipité rouge pour 30 grammes d'axonge ; si au contraire l'ulcère est peu ancien, on se contente d'un gramme de précipité pour 50 grammes d'axonge.

On lotionne attentivement les vieilles plaies des jambes, avec de l'eau phéniquée ou additionnée de coaltar saponiné. Puis, quand elles sont convenable ment détergées, on les lave pendant plusieurs minutes avec du vin aromatique. Ces lotions sont faites deux fois par jour, et dans l'intervalle, on applique sur l'ulcère la pommade au précipité rouge. On étale cette dernière sur une compresse fenêtrée, et par-dessus on applique un gâteau de charpie ou une feuille de coton cardé. Le pansement est soutenu par une bande de toile, qui exerce sur le membre une compression méthodique, depuis la pointe du pied, jusqu'au-dessus de la plaie. Par-dessus la bande de toile, on enroule une bande de caoutchouc ; par-dessus cette dernière, une nouvelle bande de toile, et par-dessus le tout, enfin, un long bas qui empêche tout le pansement de se déranger. — Lorsque les bourgeons charnus affleurent les bords de l'ulcère, on remplace la pommade au précipité rouge par le cérat laudanisé. Enfin, quand la cicatrice est formée, il est indispensable de la protéger par des cuirasses molles ou dures, habilement appliquées autour de la jambe.

Pommade contre les ulcères chroniques (WYNDHAM COTTLE).

> Iodoforme................ 1 gr. 20
> Axonge .... 28 grammes.
Mêlez.

Cette pommade est conseillée contre les ulcères chroniques des jambes, pourvu qu'ils ne soient point actuellement enflammés. — On peut aussi les saupoudrer avec de l'iodoforme, mélangé à parties égales, soit avec de la magnésie, soit avec du tannin, soit avec de l'argile. — Enfin on peut dissoudre l'iodoforme dans l'alcool, l'éther ou le chloroforme, et employer ces solutions à badigeonner les plaies ulcéreuses. — Les pansements à l'iodoforme sont également efficaces contre les ulcères vénériens et contre les bubons suppurés, avec anfractuosités et décollements.

Pommade stimulante.

> Résine jaune pulvérisée. 4 grammes.
> Cire jaune............ 15 —
> Axonge benzinée....... 15 —
> Essence de térébenthine. 30 —
Mêlez à une douce chaleur.

Cette pommade est employée au pansement des vieux ulcères et des plaies de mauvais aspect.

ULCÈRE DE L'ESTOMAC.

Potion contre l'ulcère stomacal (GUÉNEAU DE MUSSY).

> Sous-nitrate de bis-
> muth.............. 2 grammes.
> Extrait de belladone... 10 centigr.
> Julep gommeux....... 125 grammes.

F. s. a. une potion, à donner par cuillerées, dans

les vingt-quatre heures, pour arrêter les vomissements, dans le cas d'ulcère simple de l'estomac. Régime lacté. — Si les vomissements persistent, on applique à la région épigastrique un emplâtre composé d'extrait de belladone et de thériaque, à parties égales, et qu'on renouvelle tous les deux ou trois jours.

URTICAIRE.

Bain contre l'urticaire (D. Bulkley).

Carbonate de potasse pulvérisé.	90 grammes.	
Carbonate de soude pulvérisé ..	60	—
Borate de soude pulvérisé......	30	—
Amidon..........	100 à 200	—

Mêlez, pour ajouter à l'eau du bain. — Après le bain, on frictionne doucement la peau avec du glycérolé d'amidon, contenant, pour 30 grammes, de 0gr,30 à 0gr,60 centigrammes d'acide phénique.

Lotion contre l'urticaire (D. Bulkley).

Bicarbonate de soude.	8 à 24 grammes.	
Glycérine...........	8 à 30	—
Eau................	475	—

Faites dissoudre, ou bien :

Acide phénique......	4 à 10 grammes.	
Eau	475	—

Faites dissoudre.

On mouille la peau atteinte d'urticaire, soir et matin, avec l'une ou l'autre de ces solutions, et on la saupoudre ensuite légèrement avec de l'amidon ou de la poudre de riz.

Lotion contre l'urticaire (HARDY).

    Chloroforme............ 10 grammes.
    Huile d'amandes douces. 30   —
Mêlez.

En lotions, pour calmer les démangeaisons de l'urticaire.

Dans les cas rebelles, l'auteur recommande les lotions avec la solution suivante :

    Bichlorure de mer-
        cure............. 10 à 15 centigr.
    Alcool............. 10 grammes.
    Eau distillée........ 90   —

Il prescrit en outre la médication alcaline à l'intérieur, et si elle est insuffisante, la médication arsenicale.

Le malade évitera soigneusement de manger des moules, des huîtres et certains poissons.

Pommade contre l'urticaire (BULKLEY).

    Hydrate de chloral.)
    Gomme pulv......   } ãã   4 grammes.
    Camphre pulv....   )
    Cérat............ 30   —

On triture ensemble les trois premières substances, jusqu'à ce que le mélange se liquéfie, puis on ajoute le cérat. — Onctions, matin et soir, pour calmer le prurit de l'urticaire.

Poudre contre l'urticaire (PORCHER).

    Oxyde de zinc pulv.... 4 grammes.
    Camphre pulvérisé..... 4   —

Fécule de pommes de
    terre............... 80 grammes.
Mêlez.

On lotionne souvent la peau, avec de l'infusion
tiède de fleurs de sureau ; puis, sans essuyer, on
saupoudre avec le mélange ci-dessus.

Dans les cas rebelles, et pour éviter les récidives,
l'auteur prescrit les préparations arsenicales à l'intérieur.

UTÉRUS (MALADIES DE L').

Crayons contre les ulcérations du col utérin (GALLARD).

Iodoforme finement pul-
    vérisé.......... ...... 10 grammes.
Gomme arabique pulv.. 50 centigr.
Mucilage .... q. s.

Pour consistance pilulaire. — On divise en dix cylindres égaux, de 4 centimètres de longueur, et on
fait sécher à l'air. — Ces crayons, qui doivent être
conservés à l'abri de la lumière, sont conseillés contre les ulcérations superficielles du col utérin. On
les introduit dans la cavité de ce dernier, et on les y
maintient à l'aide d'un tampon d'ouate.

Crayon élastique de nitrate d'argent (PAJOT).

On prend une tente de laminaire de deux millimètres de diamètre, on la plonge dans un mucilage
épais, et on la roule dans du nitrate d'argent fondu,
finement pulvérisé. On la laisse sécher, et on obtient
de cette manière un crayon élastique, qui a le volume
ordinaire, et qui peut être introduit dans l'utérus,
sans courir risque d'être brisé. L'auteur est d'avis
que ce crayon peut également servir à la cautérisation d'autres cavités, et que ce mode de préparation
est applicable à d'autres caustiques plus puissants.

Injection contre le cancer utérin (MARTINEAU).

Hydrate de chloral...	10 grammes.
Essence d'eucalyptus.	1 gramme.
Alcool...............	50 grammes.
Eau................	1000 —

Faites dissoudre.

Pour injections calmantes et désinfectantes, dans le cas de cancer de l'utérus.

Un bon moyen aussi d'appliquer le chloral consiste à l'enfermer dans des sachets d'ouate, qu'on introduit ensuite jusqu'au fond du vagin, comme on le fait pour le tannin et d'autres médicaments.

Injection contre les ulcères du col utérin (CRÉDÉ).

Acide salicylique.	1 à 4 grammes.
Eau............	500 à 900 —

Faites dissoudre.

Pour injections vaginales, chez les nouvelles accouchées, dans le cas d'ulcères du col utérin consécutifs à l'accouchement, et comme désinfectant général.

Injection vaginale calmante (TROUSSEAU).

Feuilles sèches de belladone......		
Feuilles sèches de stramoine	āā 15 grammes.	
Eau commune...	750 —	

Faites bouillir jusqu'à réduction à 500 grammes, passez et ajoutez :

Laudanum de Rousseau...............	2 à 4 grammes.

Ce liquide s'administre sous forme d'injections, pour calmer les douleurs du cancer utérin ; il serait toxique, s'il était pris en lavement.

Pommade contre les granulations utérines (A. Guérin).

  Précipité rouge........ 1 gramme.
  Axonge .... 15 grammes.
Mêlez.

On couvre de cette pommade l'extrémité d'un tampon de ouate, et on l'introduit à l'aide d'un spéculum jusque sur le col utérin, quand il est le siège de granulations. On renouvelle le pansement tous les jours, en le faisant précéder d'une injection de feuilles de noyer.

Poudre contre les granulations du col utérin (Delioux).

On imbibe de glycérine un tampon de ouate, on le couvre de poudre de feuilles de myrte, et on le maintient en place, pendant vingt-quatre heures, au contact du col utérin qui est le siège de granulations ou d'ulcérations. — Au bout de ce temps, on retire le tampon, on fait des injections d'infusion de myrte pendant une journée, puis on replace le tampon de ouate glycérinée, saupoudré de myrte, et ainsi de suite, jusqu'à ce que la guérison soit obtenue.

Sachets contre les ulcérations du col utérin (de Saint-Germain).

  Acide tannique .... 12 grammes.
  Glycérine .... 100 —
Faites dissoudre.

On prépare des cylindres de gaze, de 5 à 6 centimètres de long, et un peu plus gros que le pouce ;

on les emplit de farine sèche de graine de lin, et après les avoir trempés dans la solution précédente, on les introduit dans le vagin, pour combattre les ulcérations du col utérin, qui ne s'accompagnent pas de vives douleurs. On les laisse en place trois ou quatre jours, puis on pratique des injections abondantes, et on recommence à introduire un nouveau sachet.

Quand les ulcérations sont accompagnées de violentes douleurs, on remplace la glycérine au tannin par la solution suivante :

> Extrait de belladone...   8 grammes.
> Glycérine   100   —

Enfin, quand il existe une leucorrhée abondante, sans ulcération du col, l'auteur prescrit simplement des bains sulfureux, et des injections répétées avec l'eau du bain.

Solution contre le cancer utérin (Fleischer).

> Hydrate de chloral.....   8 grammes.
> Eau distillée..........   90   —

Faites dissoudre.

On trempe des tampons de coton dans cette solution, et on les introduit au fond du vagin préalablement lavé à l'eau tiède. On renouvelle le pansement toutes les deux heures. Après deux ou trois applications de chloral, la douleur a perdu de son intensité, et l'écoulement vaginal est notablement moins irritant.

Suppositoire contre le cancer utérin (C. Paul).

> Beurre de cacao........   11 grammes.
> Cérat blanc............   7   —
> Hydrate de chloral.....   6   —

F. s. a. 6 suppositoires.

On les introduit dans le vagin, dans le cas de cancer utérin, et dans le rectum, pour obtenir des effets hypnotiques plus prononcés. — S'il survient de l'irritation, on diminue de moitié la dose de chloral.

Suppositoire contre le cancer utérin (Purdon).

Iodoforme.............	1 gramme.
Beurre de cacao.......	25 grammes.

F. s. a. cinq suppositoires, destinés à être introduits dans le col utérin, pour calmer les douleurs occasionnées par le cancer de cet organe.

Topique contre le fibrôme utérin (Bertet).

Glycérolé d'amidon....	500 grammes.
Bromure de potassium.	20 —
Extrait de jusquiame..	20 —

F. s. a. un mélange.

En imbiber un tampon de coton, de grosseur convenable, muni d'un fil, que l'on porte sur le col au moyen du spéculum, que l'on laisse à demeure plus ou moins longtemps, et dont l'extraction est suivie d'une injection d'eau froide.

Conseillé dans le cas de corps fibreux de l'utérus, pour combattre le catarrhe fétide, l'ulcère et l'hypertrophie du col et du corps utérin.

Traitement du cancer utérin (Verneuil).

Pour combattre l'épithélioma du col utérin, M. Verneuil touche, une fois par semaine, les fongosités cancéreuses, avec un pinceau de charpie légèrement imprégné d'acide chromique pur, en ayant soin de ne pas laisser le caustique pénétrer dans le col, ni s'écouler dans le vagin. Afin d'empêcher la cautéri-

sation des parois vaginales, il recommande d'introduire un tampon immédiatement après la cautérisation ; mais ce dernier doit être enlevé au bout de 5 ou
6 heures, de crainte que, jouant le rôle de corps
étranger, il ne provoque à son tour une hémorrhagie. Les cautérisations d'acide chromique sont purement palliatives ; mais, dans un cas grave, elles ont
réussi à arrêter complètement les hémorrhagies, et à
restaurer d'une manière remarquable la santé générale.

VAGINISME

Pommades contre le vaginisme (Gallard).

1° Iodoforme pulv.. ⎱
Beurrre de cacao. ⎰ āa 2 grammes.
Axonge......... 15 —
Mêlez.

2° Extrait de bella-
done.......... 2 grammes.
Axonge.......... 15 —
Mêlez.

Quand la muqueuse du vagin est rouge et excoriée, on introduit dans ce canal une mèche enduite
de la pommade n° 1. S'il n'existe que de la douleur,
sans lésion apparente de la muqueuse vaginale, on
emploie de préférence la pommade n° 2. En tout
cas, on revient à cette dernière quand, sous l'influence de la pommade d'iodoforme, la rougeur et les
excoriations vulvaires ont disparu. De jour en jour,
on augmente le volume de la mèche, jusqu'à ce
qu'on ait obtenu une dilatation vaginale suffisante.

Suppositoire contre le vaginisme (Bouchut).

Beurre de cacao........ 5 grammes.
Extrait de ratanhia..... 3 —
Pour un suppositoire.

On en introduit un, matin et soir, dans le vagin, pour combattre le vaginisme, qui est souvent déterminé par une petite fissure longitudinale, étroite, située au niveau de la fourchette. — Un bain de son tous les jours.

Suppositoire contre le vaginisme (N. Guéneau de Mussy)..

> Bromure de potassium.. 30 centigr.
> Extrait de belladone.... 10 —
> Beurre de cacao........ 2 grammes.

F. s. a. un suppositoire.

Conseillé contre le vaginisme et l'hyperesthésie vulvaire.

VAGINITE

Glycéré de tannin (Demarquay).

> Tannin............., 1 à 2 grammes.
> Glycérine.......... 10 —

Faites dissoudre.

On imbibe des tampons d'ouate de cette solution, et on les introduit dans le vagin, pour combattre la vaginite. Mais il faut tout d'abord faire cesser les symptômes aigus, à l'aide des grands bains, des injections émollientes et du repos. — Le glycéré de tannin peut être employé utilement aussi, dans les cas d'hémorrhoïdes et de fissure à l'anus.

Injection astringente (Maisonneuve).

> Sulfate de fer........ 10 grammes.
> Eau commune........ 500 —

Faites dissoudre.

Cette solution est conseillée en injections contre

la vaginite, et après chaque injection on introduit dans le vagin une certaine quantité d'amidon.

Injection contre la vaginite (BOURGEOIS).

Permanganate de po-
tasse..............   15 centigr.
Eau distillée......... 500 grammes.
Faites dissoudre.

Pour injections dans la vaginite aiguë. Injecter 200 à 300 grammes de liquide, et le maintenir quelque temps en contact avec la muqueuse enflammée. — Grands bains. — Pour la vaginite chronique, on élève la dose du permanganate à 20 centigrammes pour 500 grammes d'eau.

Injection contre la vaginite (LANGLEBERT).

Eau distillée.......   1000 grammes.
Teinture d'iode....   20 à 40   —
Iodure   de potas-
sium...........   q. s.
Pour empêcher la précipitation de l'iode.

F. s. a. une solution, conseillée en injection contre la vaginite, après toutefois qu'on aura calmé l'acuité de l'inflammation, à l'aide d'injections émollientes et de bains de siège.

S'il existe des ulcérations, on les touchera légèrement avec le nitrate d'argent. — Enfin, si l'écoulement vaginal exhale une odeur nauséabonde, on aura recours à l'injection chlorurée suivante :

Eau distillée.........   800 grammes.
Liqueur de Labarraque. 200   —
Mêlez.

Solution salicylique pour injections (Hénocque).

Acide salicylique......	1 gramme.
Alcool à 90°.........	10 grammes.
Eau distillée.........	100 —

Faites dissoudre.

On mélange cette solution avec 100 ou 200 parties d'eau, de façon à obtenir une solution au deux-centième ou au trois-centième, ou plus étendue si c'est nécessaire.

Pour les injections vaginales, soit dans les cas de leucorrhée, soit à la suite de l'accouchement, les injections au millième suffisent, lorsqu'on emploie une grande quantité de liquide; mais l'injection au cinq-centième est ordinairement préférable. — C'est aussi celle que l'auteur recommande pour les maladies de l'oreille. Enfin, c'est la solution au cinq-centième, que M. le professeur Guyon emploie avec succès pour les injections vésicales.

Tampon contre la vaginite (Scanzoni).

Dans la vaginite, Scanzoni recommande l'emploi d'un tampon trempé dans de la poudre d'alun, et si la sensibilité est trop vive, il associe l'alun à une ou deux parties de sucre.

Le tampon ne doit pas séjourner dans le vagin pendant plus de douze heures, et il doit être appliqué tous les deux ou trois jours. Quand on le retire, il faut déterger le vagin, à l'aide d'injections d'eau tiède, et prescrire à la malade un grand bain, pendant la durée duquel elle pratiquera encore des injections.

M. Duclos remplace le tampon d'alun par un sachet cylindrique, contenant des substances astringentes, telles que la poudre de chêne par exemple.

VARICES

Pansement de l'ulcère variqueux (Martin).

Pour guérir l'ulcère variqueux de la jambe, si rebelle à tous les traitements, le Dr Martin, de Boston, conseille d'appliquer un bandage roulé, fait avec une bande de caoutchouc aussi pur que possible. Il se sert d'une bande mince de 3 mètres et demi de long sur 7 centimètres et demi de large, et il l'enroule directement sur la peau, en commençant par les malléoles. La bande est placée le matin, avant le lever du malade, et ne doit pas être trop serrée. On la retire le soir, on la lave et on la met sécher. La jambe est lavée à son tour et essuyée ; puis on applique sur l'ulcère une compresse huilée, que l'on maintient en place au moyen d'une bande de toile. Le lendemain matin, on enlève avec soin l'huile de la plaie variqueuse, avant de réappliquer la bande de caoutchouc. On continue ainsi jusqu'à ce que l'ulcère se cicatrise, sans tenir compte de la rougeur et de la sensibilité qui se manifestent après quelques jours d'enveloppement, et qui résultent de l'occlusion de la peau sous la bande imperméable.

Traitement des varices (Rigaud).

On met à nu la veine variqueuse, et on en isole les parois, sur un morceau de diachylon ou de ruban de toile. Laissée à l'air, la veine se dessèche, s'oblitère et se rompt vers le septième jour. La plaie simple qui résulte de l'opération se guérit promptement. Quelquefois la rupture n'a pas lieu, et le paquet variqueux se transforme en un tissu fibreux, ce qui n'empêche pas la guérison d'être également définitive.

Chez quelques sujets, de nouvelles varices se dé-

veloppent dans les veines collatérales ; mais ell[es]
sont moins fatigantes.

VARIOLE

ommade contre les pustules varioliques (Revillod)..[

    Savon................. 10 grammes.
    Glycérine.............   4   —

Triturez ensemble et ajoutez :

    Onguent napolitain..... 20   —

Cette pommade réussit, selon l'auteur, à fai[re]
avorter les pustules varioliques de la face, pourv[u]
qu'elle soit appliquée dès le début, ou au moi[ns]
avant la transformation des papules en vésicules. ·.

Pommade contre les ulcérations varioleuses (N. Guénea[u]
de Mussy).

    Acide tannique........   2 grammes.
    Oxyde de zinc.........   2   —
    Calomel............... 25 centigr.
    Extrait thébaïque...... 10   —
    Cérat .... 30 grammes.

F. s. a. une pommade, qu'on applique sur l[es]
pustules varioleuses ulcérées. — Dans l'interval'l[e]
des onctions, on lave les parties malades, avec d[e]
l'eau additionnée de quelques gouttes de teintur[e]
de benjoin.

VÉGÉTATIONS

Poudre pour détruire les végétations (Langlebert).

    Poudre de sabine...   5 grammes.
    Poudre d'alun cal-
      ciné.............   5   —

    Calomel ....   2 grammes.
    Sublimé ....   5 à 10 centigr.
Mêlez exactement.

Le malade couvre deux fois par jour ses végétations avec cette poudre, en ayant soin, à chaque
pansement, de détacher avec l'ongle ce qui reste de
la précédente application. En cas d'insuffisance de
ce moyen, on procède à l'excision ou à la destruction
par le caustique.

Poudre pour détruire les végétations (VELPEAU).

    Alun calciné pulvérisé..   20 grammes.
    Sabine pulvérisée......   10   —
Mêlez.

On touche les végétations, matin et soir, avec cette
poudre, et si le malade a des antécédents syphilitiques, on lui administre en même temps une préparation mercurielle.

Poudre pour le pansement des condylômes (COULSON).

    Sulfate d'alumine et de
       potasse pulvérisé....   4 grammes.
    Sabine pulvérisée......   4   —
Mêlez.

Cette poudre est destinée au pansement des condylômes indolents ; car pendant la période inflammatoire, il est préférable de les traiter par les
cataplasmes, les bains émollients et les applications
de pommades opiacées. — Si le condylôme se rat-
tache à une infection syphilitique, comme c'est le
cas le plus ordinaire, il convient d'administrer à
l'intérieur les préparations antisyphilitiques, en
même temps qu'on fait des pansements locaux.

VERRUES

Poudre pour détruire les verrues.

Sabine pulvérisée...
Vert-de-gris pulv.... } ãã parties égales.
Mêlez.

Cette poudre est conseillée pour détruire les verrues.

VERS INTESTINAUX

Apozème contre le tænia (Laboulbène).

Écorce sèche de raci-
ne de grenadier (du
Midi, de l'Espagne
ou du Portugal de
préférence) . . . . . . 60 à 90 grammes.
Eau pure. . . . . 2 verres.

On fait macérer 24 heures, après quoi on réduit le liquide à la moitié de son volume, d'abord à feu doux, puis sur la fin à grand feu.

Cette préparation s'administre en une fois, le matin à jeun, ou en deux fois, aux personnes qui ont une grande tendance à vomir, pourvu toutefois qu'on se soit assuré que des fragments de tænia ont été rendus récemment. — Dès que le malade commence à éprouver un malaise dans l'abdomen, et la sensation d'un corps qui remue ou se pelotonne, on administre hardiment l'huile de ricin, à la dose de 15, 30, 60 et jusqu'à 90 et 100 grammes, en une, deux ou trois fois. — En procédant ainsi, on a des chances d'obtenir l'expulsion complète du tænia, avec la tête.

Électuaire tænifuge (Du Plessis).

Kamala	6 à 12 grammes.
Pulpe de tamarin . .	30 à 40 —
Suc de citron	q. s.

A prendre en une seule fois, le matin à jeun.

Le Kamala, doué d'un pouvoir purgatif et souvent même drastique, narcotise le tænia et l'expulse. A des gargouillements indolores, succèdent, sans ténesme, plusieurs selles très liquides. Quelquefois vers le milieu du jour, en tout cas vers le soir, une dernière évacuation se termine par l'expulsion d'un peloton plus ou moins volumineux, qui contient le ou les tænias. Si la tête n'est pas expulsée, on recommence, au bout de quelques mois, l'administration du même remède, et pour plus de chances de succès, on vide l'intestin la veille, à l'aide d'un léger purgatif salin. Avec le bothryocéphale, la cure est ordinairement radicale du premier coup.

Quand on a pu s'assurer à l'avance qu'on avait affaire à un tænia, on administre la plus forte dose (12 à 15 grammes).

Au lieu du Kamala, on peut donner sa teinture, à la dose de 4 à 16 grammes.

Électuaire vermifuge (Bouchut).

Semences de citrouille mondées et pilées	60 grammes.
Miel de Narbonne	20 —

F. s. a. un électuaire, à donner par cuillerées à dessert toutes les demi-heures, contre le tænia.

Émulsion vermifuge (Desnos).

Semences de courge décortiquées	60 grammes.

                    Eau................... 200 grammes.
                    Sirop d'écorces d'oran-
                        ges amères......... 60   —

F. s. a. une émulsion, dans laquelle on laissera
la pâte de semences de courges tenue en suspension.

A prendre en une ou deux fois, le matin à jeun.
Deux heures environ après l'ingestion de l'émulsion, le malade doit avaler 45 grammes d'huile de
ricin.

Infusion anthelminthique.

            Spigélie du Maryland..   15 grammes.
            Eau bouillante........ 285   —
Laissez infuser pendant une heure, et filtrez.

La veille, au soir, on administre une dose de calomel, suffisante pour obtenir un léger effet cathar-
tique, et, le lendemain, on donne l'infusion, en six
fois, de trois en trois heures. Après la dernière dose,
le malade avale une once d'huile de ricin. Cette infusion est employée, en Amérique, pour chasser les
vers intestinaux, et en particulier le lombric. On peut
encore recourir à l'infusion suivante, préconisée par
le Dr Cox :

            Spigélie du Maryland..   15 grammes.
            Séné................   15   —
            Jalap pulvérisé........   2   —
            Semence de cardamome   2   —
            Bitartrate de potasse..   4   —
            Extrait de réglisse.....   8   —
            Eau bouillante........ 200   —

Laissez infuser pendant une heure et filtrez.
A prendre par cuillerées à bouche.
Enfin, l'infusion anthelminthique peut encore être
formulée de la manière suivante :

Spigélie du Maryland..   15 grammes.
Séné.................   12   —
Semences d'anis......   4   —
Eau bouillante.......   400   —

Infusez pendant une heure et filtrez.

Deux cuillerées à bouche de trois en trois heures.

Lavement d'aloès.

Aloès des Barbades...   2 gr. 50
Carbonate de potasse..   1 gramme.
Décoction d'amidon...   300 grammes.

Faites dissoudre.

Ce lavement est conseillé pour chasser les ascarides du rectum, et pour déterminer un effet purgatif, chez les femmes dont la constipation coïncide avec l'aménorrhée.

Lavement vermifuge.

Semen-contra........   4 grammes.
Racine de valériane...   4   —
Asa fœtida..........   1 gramme.
Jaune d'œuf.........   n° 1.
Eau.................   160 grammes.

F. s. a. un lavement, destiné à chasser les oxyures vermiculaires.

Miel de fougère (DUNGLISON).

Extrait éthéré de fou-
    gère mâle..........   2 grammes.
Miel rosat...........   16   —

Mêlez.

Cette préparation est conseillée pour détruire le ver solitaire. On en donne moitié le soir, moitié le

lendemain matin ; et, deux heures après la dernière
dose, on administre 50 grammes d'huile de ricin.

Il est important que l'extrait ait été préparé avec
des rhizomes de fougère récemment séchés, et que
le malade n'ait pris que des potages clairs, le jour
où le remède est ingéré.

Pilules contre le tænia (MAYET).

Huile éthérée de fou-	
gère mâle du Codex..	4 grammes.
Gomme arabique pulv..	1 gr. 20
Eau...................	1 — 20
Poudre récente de fou-	
gère mâle...........	q. s.

Pour 24 pilules.

Pour combattre le tænia, on fait prendre douze
pilules le soir au coucher, et douze le lendemain
matin. Une heure et demie plus tard, on administre
45 grammes d'huile de ricin.

Si le tænia n'est point expulsé, on recommence la
même médication, quelques jours plus tard, en
ajoutant à l'huile de ricin 8 grammes d'huile essentielle de térébenthine.

Pilules purgatives anthelminthiques.

Calomel à la vapeur.. ..	60 centigr.
Scammonée d'Alep.....	2 grammes.
Rob de sureau.........	q. s.

F. s. a. 10 pilules.

De une à quatre, comme purgatif et anthelminthique.

Pilules vermifuges.

Santonine	1 gramme.
Extrait d'absinthe......	1 gr. 50
Guimauve pulvérisée...	q. s.

Pour 20 pilules.

Une à deux, le matin à jeun, pour les enfants, et une à six pour les adultes, dans le but de débarrasser l'intestin des ascarides lombricoïdes.

Pommades vermifuges (Pharmacopée Batave).

Aloès pulvérisé	4 grammes.
Fiel de bœuf épaissi....	6 —
Huile de pétrole.......	6 —
Axonge	45 —

, Mêlez.

On obtient une préparation analogue avec les substances suivantes :

Fiel de bœuf épaissi.)	
Extrait de brou de ⟩ ãã	5 grammes.
noix ....)	
Axonge	45 —
Essence de tanaisie.	15 gouttes.

Mêlez.

Ces deux pommades sont conseillées comme vermifuges. On s'en sert pour frictionner, trois fois par jour, la région ombilicale.

Potion anthelminthique (Jaccoud).

Mousse de Corse......	20 grammes.
Semen-contra........	10 —
Sirop d'armoise composé............	60 —
Lait...............	125 —

GALLOIS, 3ᵉ édit.   34

Faites infuser la mousse et le semen-contra dans
le lait, et ajoutez le sirop. — A donner le matin, à
jeun, pour provoquer l'expulsion de l'ascaride lom-
bricoïde.

Potion vermifuge.

Semen-contra..........	5	grammes.
Mousse de Corse.......	4	—
Café torréfié..........	4	—
Eau bouillante........	125	—
Sirop de capillaire.....	30	—

F. s. a. une potion à prendre en trois fois, le matin à jeun, pour provoquer l'expulsion des ascarides
lombricoïdes et des oxyures.

Poudre purgative anthelminthique (Dupuytren).

Poudre de jalap........	2	grammes.
Poudre de rhubarbe...	30	centigr.
Calomel..............	10	—

Mêlez.

A prendre en une fois, le matin à jeun.

Poudre vermifuge.

Semen-contra pulvérisé.	2	grammes.
Mousse de Corse pulv...	2	—
Valériane pulvérisée...	1	gramme.
Calomel..............	20	centigr.

Mêlez et divisez en 2 prises, qu'on administrera
deux jours de suite, le matin à jeun, dans de la gelée de groseille.

Le troisième jour, on fera prendre une cuillerée
d'huile de ricin.

Poudre vermifuge (Bouchut).

Calomel à la vapeur....	15 centigr.
Santonine.............	10 —
Sucre de lait pulvérisé..	1 gramme.

Mêlez.

A donner le matin, à jeun, dans une cuillerée à café de miel, à un enfant de deux ans environ, pour détruire les ascarides lombricoïdes et les oxyures vermiculaires.

Suppositoire et lavements vermifuges (Trousseau).

Acide tannique.........	1 gramme.
Beurre de cacao.......	4 grammes.

Pour un suppositoire, à employer contre l'oxyure vermiculaire.

Trousseau recommandait aussi, en pareil cas, les lavements suivants :

1° Calomel............	25 centigr.
Décoction de lin......	120 grammes.

Mêlez pour un lavement.

2° Bichlorure de mercure.	2 centigr.
Eau distillée.........	100 grammes.

Faites dissoudre, pour un lavement.

Debout conseillait tout simplement des lavements froids d'eau sucrée. Niemeyer prescrit les lavements froids d'eau vinaigrée.

Tablettes vermifuges (Guichon).

Santonine pulvérisée...	10 grammes.
Résine de jalap........	50 centigr.
Chocolat fin..........	90 grammes.

Faites des tablettes de 1 gramme. — On en donne une, le matin à jeun, à un enfant de un à deux ans, et deux ou trois aux enfants plus âgés.

Tablettes vermifuges (PIDERIT).

Sulfate de fer pur...... 2 grammes.
Semen-contra pulv...... 6   —
Sucre pulvérisé........ 24   —
Mucilage .... q. s.

F. s. a. 32 tablettes.

On en donnera de trois à six, le matin à jeun, et le lendemain, une dose d'huile de ricin.

VOMISSEMENTS NERVEUX

Douches contre les vomissements de la grossesse
(LUBELSKI).

Dans le cas de vomissements incoercibles liés à la grossesse, on dirige sur la région épigastrique et sur la partie correspondante du rachis, une douche d'éther pulvérisé, à l'aide de l'appareil de Richardson... On prolonge la durée de ce jet d'éther, de trois à cinq minutes et plus, si la femme en éprouve quelque bénéfice, et on recommence ainsi de trois en trois heures. Dans les cas rebelles, on fait alterner les douches d'éther avec les douches de chloroforme.

Emplâtre belladoné (GUÉNEAU DE MUSSY).

Emplâtre diachylon
Emplâtre de thé-
riaque .... } ãã 2 parties.
Extrait de bella-
done.......... 1 partie.

F. s. a. un épithème de 12 centimètres de diamètre.

Cet épithème, qui peut rester appliqué sur l'épigastre pendant douze à quinze jours, a réussi à faire cesser des vomissements opiniâtres, chez des malades qui en étaient tourmentés depuis de longues années. — Il a été employé, également avec succès, contre les vomissements dépendant de causes très diverses, dans la phthisie pulmonaire, et contre le mal de mer.

Lavement contre les vomissements de la grossesse
(BUSEY).

Bromure de potassium..............	2 à 4 grammes.
Thé de bœuf.........	150 —

Faites dissoudre.

.On y ajoute à volonté, et selon l'état général de la malade, de l'eau-de-vie et du laudanum.

On administre ce lavement toutes les quatre heures, jusqu'à ce que les nausées et les vomissements aient cessé, et jusqu'à ce que l'estomac soit capable de supporter quelques aliments, unis à des stimulants, si cela est nécessaire. Ce résultat obtenu, on diminue graduellement les doses de bromure de potassium, en mettant plus d'intervalle entre les lavements.

Mixture contre les vomissements incoercibles (FRIEDREICH)

Bromure de potassium.	10 grammes.
Eau distillée.........	150 —

Faites dissoudre.

3 cuillerées à soupe dans les vingt-quatre heures, contre les vomissements incoercibles de la grossesse. — Dans quatre cas cités par l'auteur, des femmes épuisées par des vomissements incessants ont recouvré la santé.

Pilules antivomitives (TOURNIÉ).

Extrait d'opium........ 20 centigr.
Thridace .... 2 grammes.
F. s. a. 20 pilules.

En prescrire trois ou quatre par jour, à quelques heures d'intervalle, mais une surtout, quelques minutes avant le repas, aux femmes grosses qui vomissent.

Potion contre les vomissements nerveux.

Chlorhydrate de morphine............. 15 milligr.
Bicarbonate de soude.. 1 gramme.
Hydrolat de laitue..... 75 grammes.
Hydrolat de laurier-cerise............. 15 —
Sirop tartrique....... 20 —

F. s. a. une potion, à donner par cuillerées de demi en demi-heure, contre les vomissements nerveux. — Glace par petits morceaux, après chaque cuillerée de potion.

ZONA (HERPÈS ZOSTER)

Pommade contre le zona (GLONER).

Oxyde noir de cuivre. 75 centigr. à 4 gr.
Pommade rosat...... 30 grammes.
Mêlez.

Onctions légères, soir et matin, sur la région qui est le siège du zona. — Cette pommade a pour avantage, selon l'auteur, de sécher les vésicules, d'empêcher une nouvelle éruption, et de faire cesser les douleurs névralgiques concomitantes.

Poudre calmante (HARDY).

Poudre d'amidon........ 3 parties.
Oxyde de zinc.......... 1 partie.
Mêlez.

Cette poudre est utile dans le traitement du zona compliqué de névralgie. On enduit d'huile la partie affectée, et on saupoudre avec le mélange ci-dessus, qui forme une couche protectrice pour les vésicules. Quand il n'y a point de douleurs névralgiques, on se contente de saupoudrer avec de l'amidon ou du lycopode.

Traitement du zona (GUIBOUT).

On badigeonne les parties malades plusieurs jours de suite, avec le collodion riciné, en ayant soin d'étendre successivement les nouvelles couches sur les anciennes. Ce topique présente, d'après l'auteur, un triple avantage : 1° par sa composition chimique, il est un anesthésique local; 2° en se solidifiant, il exerce une pression uniforme sur les parties malades ; 3° il les recouvre d'un feutrage épais et imperméable, qui les met à l'abri du contact de l'air et de toutes ses conséquences fâcheuses. Après l'emploi de ce moyen, on constate rarement l'existence de ces douleurs névralgiques, si intenses et si tenaces, toujours à redouter pendant et après le zona.

Traitement du zona (LAILLER).

Perchlorure de fer su-
    blimé................ 10 grammes.
Alcool à 90°............ 40   —
Faites dissoudre.

On applique cette solution, à l'aide d'un pinceau,

sur la peau bien sèche, pendant la période initiale du zona, pour essayer de faire avorter l'éruption... Au bout de quelques instants, l'alcool s'évapore, et il ne reste qu'une coloration jaune. On n'emploie pas d'autre topique, et cette application ne provoque aucune douleur.

Traitement du zona (THORNLEY).

On trempe une aiguille dans de l'acide phénique pur, et on pique plusieurs points rapprochés de la même vésicule. S'il existe une ulcération, on la touche avec de la charpie imbibée d'acide phénique et de glycérine, dans la proportion de 1 pour 8.

On a tenté de faire avorter les vésicules d'herpès zoster, en introduisant dans leur intérieur un crayon très fin de nitrate d'argent ; mais ce procédé a l'inconvénient de produire des marques indélébiles.

FIN.

TABLE DES AUTEURS

MÉMORIAL THÉRAPEUTIQUE

Poudre dentifrice alcaline, 87. Teinture odontalgique, 88. Traitement de la fluxion dentaire, 88.

Carie osseuse. — Liqueur de Villate modifiée, 89.

Carreau. — Poudre contre le carreau, 89.

Cataracte. — Collyre belladoné, 90.

Catarrhe. — Voy. *Asthme* et *Bronchite*.

Catarrhe de la vessie. — Électuaire antiblennorrhéique, 59. — Voy. *Cystite*.

Céphalalgie. — Eau chloroformée, 90. Mixture contre la céphalalgie, 91. Pilules contre la céphalalgie, 91 et 286. Pilules contre la céphalalgie chlorotique, 98. Pilules contre la migraine goutteuse, 254. Potion contre la céphalalgie, 91. Remèdes contre la céphalalgie, 91.

Cérébral (RHUMATISME). — Voy. *Rhumatisme*.

Chancre. — Liquide prophylactique, 92. Liquide prophylactique contre l'infection du chancre, 93. Lotion contre le chancre, 93. Pansement à l'iodoforme, 507. Pansement du chancre gangréneux, 93. Pommade astringente, 94. Pommade mercurielle opiacée, 94. Potion ferrugineuse, 441. Solutions contre le chancre, 94. Solution pour le pansement du chancre, 95. Traitement du chancre simple phagédénique, 95.

Chancre gangréneux. — Pansement du chancre gangréneux, 93. Pansement à l'iodoforme, 507. — Voy. *Phagédénisme*.

Cheveux (CHUTE DES). — Voy. *Alopécie, Calvitie*.

Cheveux (POUSSE DES). — Voy. *Alopécie, Calvitie*.

Chloro-anémie. — Électuaire ferrugineux anticachectique, 96. Poudre antidyspeptique, 187. Poudre contre la chloro-anémie, 102. — Voy. *Chlorose*.

Chlorose. — Bols ferrugineux, 96. Électuaire ferrugineux anticachectique, 96. Électuaire ferrugineux, 97. Mixture contre la chlorose, 97. Pilules amères ferrugineuses, 97. Pilules de Blaud modifiées, 97. Pilules contre la céphalalgie chlorotique, 98. Pilules contre la chlorose, 98. Pilules emménagogues, 17. Pilules contre la gastralgie chlorotique, 99. Pilules contre la ménorrhagie, 311. Pilules ferrugineuses, 99. Pilules toniques et ferrugineuses, 100. Pilules toni-purgatives, 100. Potion contre la chlorose, 101. Poudre contre la chlorose, 101. Poudre contre la chloro-anémie, 102. Poudre ferrugineuse composée, 102. Sirop ferrugineux, 102.

Granulations du col utérin. — Pommade contre les granulations utérines, 514. Poudre contre les granulations du col utérin, 514.

Granuleuse (ANGINE). — Voy. *Angine.*

Gravelle. — Pilules contre la gravelle, 259. Potion contre la gravelle, 260.

Grippe. — Potion contre la grippe, 260. Tisane sudorifique, 261. Voy. *Bronchite.*

Grossesse. — Douches contre les vomissements de la grossesse, 532. Emplâtre belladoné, 533. Lavement contre les vomissements de la grossesse, 533. Mixture contre les vomissements incoercibles, 533. Pilules antivomitives, 534. Potion contre les vomissements nerveux, 534.

Haleine fétide. — Gargarisme au chlorure de chaux, 261.

Hématurie. — Pilules antihémorrhagiques, 261. Potion contre l'hématurie, 262.

Héméralopie. Collyre contre l'héméralopie, 262.

Hémoptysie. — Inhalations d'essence de térébenthine, 263. Injection antihémorrhagique, 266. Pilules antihémoptoïques, 262, 263. Potion contre l'hémoptysie, 264. Poudre contre l'hémoptysie, 264. Prises contre l'hémoptysie, 265.

Hémorrhagie. — Collodion hémostatique, 265. Coton hémostatique, 266. Injection antihémorrhagique, 266. Pilules antihémorrhagiques, 267. Pommade antihémorrhagique, 267. Tampon contre l'hémorrhagie alvéolo-dentaire, 267. Potion contre la cystite hémorrhagique, 152. Poudre contre la chloro-anémie, 102. Voy. *Ménorrhagie, Métrorrhagie.*

Hémorrhagie intestinale. — Potion contre les hémorrhagies intestinales, 268.

Hémorrhoïdes. — Lavement antihémorrhoïdal, 268. Pilules antihémorrhoïdales, 268. Pommade antihémorrhoïdale, 269. Pommade astringente, 226, 269. Pommade calmante, 270. Pommade contre les hémorrhoïdes, 270. Suppositoire antihémorrhoïdal, 270. Suppositoire calmant, 271. Suppositoire contre les hémorrhoïdes, 271. Suppositoire d'acide tannique, 271. Suppositoire irritant, 271. Suppositoire opiacé au tannin, 272. Traitement des hémorrhoïdes, 272.

Hépatique (COLIQUE). — Voy. *Colique.*

Herpès. — Collodion morphiné contre l'herpès, 272. Liniment contre l'herpès de l'oreille, 353. Lotion antiherpé-

Collyre antiseptique contre l'ophthalmie purulente, 340. Huile et glycérine antiseptiques, 363. Huile phéniquée, 400. Liquide antiseptique, 364. Pansement antiseptique des abcès, 1. Pansement des plaies, 401. Pommade antiseptique. 364, 402 et 507. Pommade salicylée, 402. Solution antiseptique, 365, 403, 404. Solution phéniquée, 1. Solution contre la diphthérie, 173. Tampons salicylés pour pansements, 366.

Paralysie DU MUSCLE CILIAIRE. — Traitement de la paralysie du muscle ciliaire, 294.

Parasites. — Pommade de foie de soufre, 367. Pommade parasiticide, 366, 367. Solution et pommade pour détruire les poux, 367. Voy. *Eczéma, Gale, Muguet, Pityriasis, Teigne*, etc.

Paupières (ULCÉRATION DES). — Collyre au bichlorure de mercure, 340. Voy. *Blépharite*.

Paupières (ECZÉMA DES). — Pommade contre la blépharite, 63.

Paupières (FURONCLE DES). — Traitement du furoncle des paupières, 355. Voy. *Orgeolet*.

Peau. — Lotion contre le prurit, 423. Mixture antisyphilitique, 487. Pilules arsenicales composées, 429. Pilules contre les maladies cutanées rebelles, 368. Pilules mercurielles, 488. Pilules soufrées, 430. Pommade arsenicale soufrée, 369. Potion diaphorétique, 455, 459. Sirop alcalin, 398. Sirop dépuratif, 369. Solution iodée contre le lupus, 308. Vin ioduré, 475. Voy. *Acné, Eczéma, Herpès, Lichen, Lupus, Pityriasis, Psoriasis, Prurigo*, etc.

Pelade. — Voy. *Teigne* et *Porrigo*.

Pemphigus. — Pommade contre le pemphigus gangréneux, 369. Traitement du pemphigus bulleux, 370. Traitement du pemphigus bulleux chronique, 370. Traitement du pemphigus des nouveau-nés, 371.

Périostite. — Pommade fondante, 371.

Péritonite. — Traitement de la péritonite, 371.

Phagédénisme. — Du bain prolongé contre les ulcères phagédéniques, 372. Inhalations contre le phagédénisme, 373. Pommade contre les ulcérations phagédéniques, 373. Potion contre le phagédénisme, 374. Traitement du chancre simple phagédénique, 95. Traitement du phagédénisme tertiaire, 374.

469. Pommade contre la scrofulide pustuleuse, 470. Solution caustique contre les scrofulides, 474.

Scrotum (ECZÉMA DU) — Pommade contre l'eczéma, 199.

Scrotum (PRURIGO DU). — Lotion antiprurigineuse, 422, 423. Solution contre le prurigo, 420.

Sécrétion lactée. — Bols antilaiteux, 475. Liniment pour tarir la sécrétion lactée, 476.

Sein (GERÇURES DU). — Glycéré au tannin, 247. Liniment contre les crevasses du sein, 248. Liniment contre les gerçures, 248. Liniment oléo-calcaire opiacé, 248. Lotion de borax composée, 249. Lotion contre les gerçures du sein, 249. Traitement des gerçures du sein. 249. Voy. *Gerçures* et *Crevasses*.

Sein. — Pansement des abcès du sein, 1. Poudre désinfectante, 403.

Spasmes. — Gouttes antispasmodiques, 31. Mixture antispasmodique, 476. Mixture calmante antispasmodique, 476. Pilules antispasmodiques, 477. Pilules antispasmodiques et antinévralgiques, 478. Pilules opiacées camphrées, 152. Potion antispasmodique, 478. Potion antispasmodique *illico*, 478. Potion calmante antispasmodique, 479.

Spermatorrhée. — Pilules contre la spermatorrhée, 479-480.

Stéatose DU FOIE. — Traitement de la stéatose du foie, 233.

Stomatite. — Collutoire antiseptique, 480. Collutoire tonique et antiseptique, 480. Gargarisme antiseptique, 481. Gargarisme astringent, 40. Gargarisme astringent et détersif, 481. Gargarisme calmant, 379. Gargarisme contre la stomatite, 482. Gargarisme contre la stomatite ulcéro-membraneuse, 482. Gargarisme chloruré, 481. Gargarisme détersif, 325. Gargarisme stimulant, 482. Mixture contre la stomatite mercurielle, 483. Poudre contre la stomatite, 483. Solution contre la stomatite mercurielle, 483. Voy. *Aphthes*, *Plaques muqueuses, Salivation mercurielle*.

Stomatite aphtheuse. — Voy. *Aphthes*.

Sueurs fétides. — Lotion contre les sueurs fétides, 484. Poudre contre les sueurs fétides, 484. Poudre contre la transpiration des pieds, 485. Solution désinfectante, 404.

Sueurs des phthisiques. — Liqueur contre les sueurs nocturnes, 381. Lotion contre les sueurs nocturnes, 381. Lotion contre les sueurs des phthisiques, 382. Mixture contre les sueurs des phthisiques, 382.

Typhoïde (Fièvre). — Voy. *Fièvre typhoïde.*

Ulcérations du col utérin. — Crayons contre les ulcérations du col utérin, 512. Crayon élastique de nitrate d'argent, 512. Injection contre le cancer utérin, 513. Injection contre les ulcères du col utérin, 513. Injection vaginale calmante, 513. Pommade contre les granulations utérines, 514. Poudre contre les granulations du col utérin, 514. Sachets contre les ulcérations du col utérin, 514. Solution contre le cancer utérin, 515. Suppositoire contre le cancer utérin, 515, 516. Topique contre le fibrôme utérin, 516. Traitement du cancer utérin, 516. Voy. *Cancer utérin.*

Ulcérations des paupières. — Collyre au bichlorure de mercure, 340. Voy. *Blépharite.*

Ulcères. — Charpie noire, 506. Collutoire créosoté, 456. Gargarisme antisyphilitique, 28, 29. Gargarisme au sublimé, 30. Gargarisme ioduré, 30, 31. Gargarisme stimulant, 482. Goudron glycériné, 400. Lotion balsamique, 401. Lotion contre les plaques muqueuses, 409. Lotion contre les ulcères indolents, 506. Pansement à l'iodoforme, 507. Pommade antiseptique, 507. Pommade antisyphilitique, 489. Pommade contre le prurigo, 420. Pommade contre les syphilides, 489. Pommade contre les ulcères des jambes, 508. Pommade contre les ulcères chroniques, 509. Pommade mercurielle opiacée, 94. Pommade stimulante, 509. Poudre contre les ulcères cancéreux, 84. Poudre contre les ulcères syphilitiques, 489. Solution antisyphilitique, 491. Solution contre les ulcères scorbutiques, 464. Solution contre les syphilides ulcérées, 492. Solution éthérée d'iodoforme, 507. Solution pour le pansement du chancre, 95. Topique astringent, 145. Traitement du coryza ulcéreux, 145. Voy. *Cancer, Chancre, l'hagédénisme, Plaies, Plaques muqueuses, Syphilides,* etc.

Ulcère de la cornée. — Voy. *Ophthalmie, Taches de la cornée.*

Ulcère de l'estomac. — Potion contre l'ulcère stomacal, 509. Voy. *Cancer, Ulcère variqueux, Pansement de l'ulcère variqueux,* 521.

Urèthre (Rétrécissement de l'). — Pommade astringente, pour l'urèthre, 61. Pommade de nitrate d'argent, 61. Voy. *Blennorrhagie* et *Blennorrhée.*

ment d'aloès, 527. Lavement vermifuge, 527. Miel de fougère, 527. Pilules contre le tænia, 528. Pilules purgatives anthelminthiques, 528. Pilules vermifuges, 529. Pommade vermifuge, 529. Potion anthelminthique, 529. Potion vermifuge, 530. Poudre purgative anthelminthique, 530. Poudre vermifuge, 530, 531. Suppositoire et lavements vermifuges. 531. Tablettes vermifuges, 531, 532.

Vertiges. — Inhalations de nitrite d'amyle dans les affections aortiques, 111. Solutions de morphine pour injections hypodermiques, 116.

Vessie (Spasme de la). — Suppositoire contre la métrite, 315. Voy. *Cystite.*

Vomissements nerveux. — Douches contre les vomissements de la grossesse, 532. Emplâtre belladoné, 532. Lavement contre les vomissements de la grossesse, 533. Liniment contre le choléra, 103. Mixture contre les vomissements incoercibles, 533. Pilules antivomitives, 534. Potion contre les vomissements nerveux, 534.

Vulve (Prurit de la). — Voy. *Prurit.*

Yeux (Maladies des). — Voy. *Amaurose, Blépharite, Cataracte, Conjonctivite, Fistule lacrymale, Iritis, Kératite, Ophthalmie, Pannus, Taches de la cornée, Ulcère de la cornée.*

Zona. — Pommade contre le zona, 534. Poudre calmante, 535. Traitement du zona, 535, 536.

FIN DU MÉMORIAL THÉRAPEUTIQUE.

M

FIN DE LA TABLE DES MATIÈRES.

3273-81. — Corbeil, typ. et ster. Crété